현대 물리학의 위대한 발견들

SIX ROADS FROM NEWTON
—— GREAT DISCOVERIES IN PHYSICS

by Edward Speyer

Korean translation copyright © 1997 by Pumyang Publishing Co.
Copyright © 1994 by John Wiley & Sons, Inc.
All Rights Reserved.

This Korean edition was published by arrangement with
John Wiley & Sons, Inc., New York.
through DRT International, Seoul.

이 책의 한국어판 저작권은 DRT International/뿌리깊은 나무 저작권 사무소를 통해 저작권자와의 독점계약으로 (주)범양사출판부에 있습니다. 신저작권법에 의해 한국 내에서 보호를 받는 저작물이므로 무단 전재 및 복제를 금합니다.

SIX ROADS FROM NEWTON
GREAT DISCOVERIES IN PHYSICS

Edward Speyer

Wiley Popular Science

John Wiley & Sons, Inc.

New York • Chichester • Brisbane • Toronto • Singapore

신과학총서 52
현대 물리학의 위대한 발견들

에드워드 스파이어 지음
조영석 옮김

(주)범양사 출판부

옮긴이의 말

> *추한 것을 아름답게 만드는 것은 정신이다*
> — 막스 뮐러의 《독일인의 사랑》에서

과학 발전의 역사를 돌이켜 볼 때 물리학은 언제나 그 첨병 역할을 해왔다. 뉴턴이라는 걸출한 물리학자는 우리 인류가 주변의 자연을 이해하고 그 시야를 우주로 넓혀주는 데 결정적인 역할을 했다. 그리고 18세기에 들어서면서 와트James Watt를 중심으로 하는 열역학자들은 열기관을 발명함으로써 인류를 힘든 육체노동에서 해방시켜 주었다. 다시 말해서 인류는 열기관을 통해 막대한 생산성을 갖게 되었고 많은 사람들은 지적인 활동에만 전념할 수 있게 됨으로써 각 분야에서 문명의 꽃을 피우게 된 것이다.

현대 인류문명은 사실상 열기관에 의존하고 있다 해도 과언이 아니다. 그러나 그 열기관을 유지하기 위하여 막대한 에너지가 사용되고 있다. 그러나 이 지구상에서 사용하기에 편리한 형태의 에너지원인 화석 연료의 양이 제한되어 있어서 언젠가는 고갈되고 말 것이다. 하지만 지금까지 그래 왔듯이 물리학자들은 새로운 과학적 발견을 통해서 인류의 에너지 위기를 슬기롭게 극복할 수 있는 길을 마련해 낼 것으로 기대된다.

이 책은 현대 물리학의 이론들이 발전해 온 역사적인 측면들과 그것들의 과학철학적인 내용을 적절히 배합하고 있는데, 비교적 복잡한 이론들을 가능한 한 쉽게 조망할 수 있도록 쓰여졌다. 저자는 현대 물리학의 논란이 되고 있는 몇 가지 쟁점들을 뉴턴의 역학 체계로부터 시작해서 여섯 부분으로 나눠, 우리들이 즐거운 여행을 하듯이 읽을 수 있도록 구성했다.

이 책의 본래 제목은 '뉴턴으로부터 나온 여섯 갈래의 길Six Roads from Newton'이고, 부제는 '물리학의 위대한 발견들Great Discoveries in Physics'이다. 여기서 여섯 갈래의 길이란 파동, 장場, 확률론, 특수 상대성 이론, 양자론, 일반 상대성 이론을 말한다. 독자들은 이 길들을 따라 여행하면서 저자의 쉽고도 간결한 문장에 매료되어, 물리학이 딴 세계의 학문이 아니라 친숙한 우리의 이웃처럼 느끼게 될 것이다.

이 책의 장점은 과학적 사실들을 왜곡시키지 않으면서 독자들의 상상력과 호기심을 자극하는 데 있다. 나아가 이 책은 이러한 여섯 가지 갈래의 여행을 통해서 앞으로 물리학이 나아갈 방향을 제시해 주고 있다. 독자들은 이 책을 천천히 읽다 보면 물리학에 대한 강한 호기심을 느낄 것이다. 그리고 그러한 호기심은 바로 과학을 배우고자 하는 동기로 변할 것이다. 물리학을 좋아하게 되는 동기는 많다. 그 중에 좋은 물리학 책을 접하여 그 진솔한 매력에 빠지게 되는 경우도 그 하나일 것이다. 이 책이 그러한 좋은 계기가 되길 바라며, 동시에 물리학이라는 복잡한 장벽을 쉽고도 안전하게 뛰어 넘을 수 있는 도구가 되길 바란다.

국민대학교 물리학과 학생들로 구성된 학술부가 활동을 하기 시작한 지도 벌써 10년이 되었다. 그동안 학생들과 여러 차례의 세미나를 통해 이 책의 내용을 토론하며 보냈던 시간들은 말 그대로 살아 있는 교육이었다. 그동안 수고한 학술부원들 —— 심우석, 남진우, 박성춘, 임재범, 이은주 —— 에게 감사를 표하는 바다. 그리고 이 책의 번역을 지원해 준 향산재단과 출판할 수 있게 해준 (주)범양사 출판부에 감사를 드린다.

물리학은 끊임없이 발전하고 있다. 저자가 후반부에 기술한 바와 같이 "과학의 혁명은 아직 끝나지 않았다"라는 생각으로 이 책을 접하는 많은 독자들이 과학을 진보시키는 데 일조하기를 바란다.

1997년 5월
북악 기슭에서 옮긴이

차 례

옮긴이의 말 • 7
머리말 • 13

1 • 뉴턴의 우주 • 19
2 • 파동과 입자의 차이점 • 60
3 • 장: 공간은 과연 비어 있는가 • 88
4 • 확률: 무엇을 측정하고자 함인가 • 105
5 • 특수 상대성 이론: 오직 한 속도만 절대적이다 • 128
6 • 양자론: 새로운 현상, 새로운 원칙 • 154
7 • 일반 상대성 이론 • 183
8 • 또 다른 길들 • 196
9 • 결정론도 비결정론도 아닌 • 213
10 • 별들을 향한 길 • 245

부록 1 • 에너지란 무엇인가 • 269
부록 2 • 현대 물리학에서 불가능한 것들 • 272
부록 3 • 정보의 창출로서의 측정 • 275
부록 4 • 물리학자들은 수학을 너무 심각하게 생각해서는 안 된다 • 283
부록 5 • 벡터의 불변성 • 291
부록 6 • 최소의 원리로부터 스넬의 법칙 유도(페르마의 원리) • 294
찾아보기 • 297

머리말

우리는 현재 중세 사상을 반대해 일어났던 르네상스 혁명에 버금가는 과학적·철학적 혁명의 와중에 놓여 있다. 이 책은 이러한 혁명의 핵심 개념들을 역사적인 순서에 따라 개괄적으로 다루고 있다. 그 개념들은 모두가 하나같이 흥미롭고, 기본 개념을 다루고 있으며, 그 적용 범위가 넓고, 호기심을 자극하며 또한 뜨거운 논쟁의 대상이다. 혁명의 시대를 살고 있는 우리들도 대개는 현재 문제가 되고 있는 것들에 대한 호기심과 함께 최소한 간접적으로나마 이러한 흥밋거리에 동참하기를 원할 것이다. 블랙홀, 그것은 과연 무엇인가? 우주선을 타고 여행하면 나이를 천천히 먹는다는데 그것이 과연 가능한 일인가? 우연이라는 또 다른 법칙에 지배되는 원자들과 특별한 원인도 없이 관찰되는 현상들은 또 어떻게 해석하겠는가? 물리량을 구성하는 기본적인 입자성과 모호성은 과연 무엇인가? 또한 우리의 전통적인 과학관이었던 결정론적 인과율, 실재, 확률, 과학적 진리는 과연 앞으로 어떻게 되는 것인가? 우주(물질 세계)는 우리에게 납득되는 규칙들에 따라 움직이는가? 아니면 그것을 파악하고 그려 내려는 노력은 포기하고 단지 예측하고 계산하는 것으로만 만족해야 하는가?

이 책은 부분적으로 현대 물리학과 과학사 그리고 과학 철학에 대한 소개서가 될 수도 있다. 그러나 주된 목적은 새롭게 발견된 흥미로운 과학의 세계로 독자들을 인도하는 안내서 역할을 하는 것이다. 독자들은 아마도 새로운 세계의 언어에 생소할지도 모르겠다. 이를 감안하여 이 안내서에서는 독자들이 주목해야 할 만한 것들을 강조했으며 설명은 간략하게 했고 복잡한 기술적 문제들은 피하려고 노력했다. 이 책은 단지 어디에 무엇이 있고 어떻게 거기에 도달할 수 있는지를 보여 준다. 더욱 깊이 있는 내용을 원하는 독자는 참고 문헌들을 살펴보기 바란다.

첫 장에서는 뉴턴의 관점에서 바라본 기계론적 우주관을 다루고 있다. 이는 곧 뉴턴의 역학 법칙에 대한 복습이라고 볼 수 있는데, 고등학교 물리 과정을 거친 사람이라면 누구나 쉽게 이해할 수 있을 것이다. 이어지는 여섯 장은 각각 뉴턴이라는 근원으로부터 뻗어 내려오는 주요한 여섯 갈래의 길을 각각 다루고 있다. 이 여섯 갈래의 길은 뉴턴의 기계론적 우주관을 넘어선 과학 세계에까지 이를 뿐 아니라 우주에 대한 새로운 관점을 제시해 주고 있다. 우주는 기본적으로 파동으로 구성되어 있는가? 아니면 장場으로? 입자로? 이는 양자화되어 있는가? 그것은 우연적인 것인가 아니면 엄격한 인과율의 지배를 받는가? 시간과 공간, 질량과 에너지가 모두 우리가 속해 있는 운동에 상대적인 것이라면 그것은 무엇을 의미하는가? 이러한 모든 것을 다루는 데 있어서 고등학교의 대수학 정도의 수학만을 이용하게 될 것이다.

제8장에서는 더욱 흥미를 자아내는 여러 길을 대강 살펴보려고 하는데, 이는 독자들에게 오늘날의 물리학자들이란 도대체 어떤 일들을 하고 있는지를 충분치는 않지만 간략하게 소개하기 위해서다. 제9장에서는 다른 장보다는 약간 더 기술적인 내용들을 다루고자 하는데, 아마도 실전 경험이 없는(특히 과학이나 공학 분야를 접해 보지 않은) 독자라면 때로 그 길에서 안개를 만나게 될지도 모르겠다. 하지만 약간의 어려움으로 인해 되돌아서는 일은 없기를 바란다.

마지막으로 제10장에서는 밤하늘의 별들을 바라보던 고대 사상가들에 의해 제기되었던 몇 가지 큰 주제를 다시 한 번 검토해 보고자 한다. 뉴턴은 이 주제들에 대하여 상당한 진전을 이루었지만 일부 용어만 대체되었을 뿐 이들은 오늘날에도 여전히 과학자들간에 논란의 대상이 되고 있다. 물론 궁극적인 해답은 주어질 수 없지만, 토론의 내용을 살펴보면 우리의 연구에서 물리학이 많은 기여를 하고 있으며 앞으로도 할 수 있으리라는 가능성을 엿보게 한다. 그것은 과학 혁명이 실험실과 연구 기관이라는 영역을 넘어서 우리의 생활뿐만 아니라 인류의 사고 체계에도 지대한 영향을 끼칠 수 있다는 것을 보여 준다.

부록에서는 본문에서 밀려났던 주제들을 다루고 있다. 특별히 수학을 싫어하는 독자는 현대 물리학에서 수학의 역할을 경시하는 〈부록 4〉를 즐길 수도 있을 것이다. 과학 혁명의 두 핵심은 상대론과 양자론이다. 또 뉴턴이라는 근원으로부터 그것이 어떻게 연결되는지가 바로 우리의 주된 관심거리이기도 하다.

혁명이란 부득이 논쟁을 수반한다. 독자는 여기에 주어진 해석 이외에 또 다른 해석이 가능하다는 것과, 경우에 따라서는 다수의 물리학자들이 그 또 다른 해석을 지지할 수도 있다는 것을 알아야 한다. 그에 반해 현대 과학은 그 대중성에도 불구하고 누구나 동의하는 통합적인 세계상을 제시해 주지는 못하고 있다. 심지어 그러한 세계상이 가능한 것인지 또 그것이 꼭 필요한지에 대해서도 합의를 이끌어 내지 못하고 있다. 이 책에 인용된 사실과 언급된 대부분의 이론은 나름대로 정설로 받아들여지는 것들이지만, 그 일부 해석은 소수의 의견이기도 하다. 예를 들어 복잡한 수학적 내용을 배제한 것은 수학에 익숙지 않은 독자에 대한 배려 때문만은 아니다. 현대 물리학은 수학적 계산과 물리적 과정 사이의 근본적인 차이를 경시하는 경향이 있는 듯하다. 수학적인 양들은 정확하여 그 계산이 맞거나 아니면 틀리거나 둘 중 하나지만, 물리적 실재는 이렇게 간결하지가 못하다. 뉴턴의 시대 이래로 주된 시선은 대개 실험에 초점이 맞추어져 왔다. 언제나 실험을 바탕으로 이론이 해석되며 또한 재해석되기 때문이다. 특히 논쟁의 여지가 있거나 또는 이단적인 이론들에 거의 경고를 덧붙이지 않았는데, 독자들이 이 이론들과 교과서적인 이론들 사이의 차이점을 비교하여 본다면 상당히 흥미가 있을 것이다. 이에 대하여 필자는 흔히 정치가들 사이에 비난의 수식어로 사용되는 다음과 같은 비판도 감수할 준비가 되어 있다. "당신은 새롭고 진실된 많은 것들을 말했다. 그러나 당신의 말 중 새로운 것들은 진실이 아니며, 진실된 것들은 전혀 새롭지 않다."

　양자론의 역설은 여전히 논란이 되고 있다. 심지어 소수의 물리학자는 해석상에 문제가 있는지까지도 토론의 대상으로 삼는다. 아인슈타인의 "신은 우주를 가지고 주사위 놀이를 하지 않는다"는 말은 주사위 놀이와 같은 확률 계산으로는 물리학 이론을 완벽하게 기술할 수 없다는 점을 지적한 것이다. 이에 대하여 다수파의 대변인이라고 볼 수 있는 보어는 "아인슈타인, 제발 신이 무엇을 하고 있다는 말은 좀 하지 마시오"라고 말한다. 뉴턴에 근원을 둔 고전 물리학은 그 내용이 아주 상식적이지만 20세기에 발견된 많은 실험 결과를 예측하고 설명하는 데는 실패했다. 반면에 양자론은 이 결과들을 예측(계산)하기는 했지만 그것들을 설명해 주지는 못한다. 양자론 자체가 상식적이지 않고 비인과적이기 때문이다. 이렇게 두 가지 모두를 수용하기 어려운 상황이라면, 최선의 길은 제3의 대안을 찾는 것이다. 제9장에서는 이러한 시도가 이루어질 것이다.

이 책의 뒷면의 목적은 독자들의 호기심을 자극하는 것이다. 호기심이야말로 과학을 배우고 행하는 동기가 된다. 이 책은 "바보 취급을 받는 것도 재미있다. 그러나 배우는 것은 더 재미있다"는 입장을 취한다. 따라서 이 우주가 우리가 이해할 수 있도록 합리적으로 창조되었다고 믿는 사람들에게 희망의 말을 전하기도 한다. 과학의 목적은 사람들을 어리둥절한 채 두는 것이 아니라 바로 우주의 신비를 벗겨 내는 것이다.

뉴턴의 업적과 또 그로부터 발전되어 온 우주에 대한 과학적 관점에서 본다면 모든 것은 합리적이어야 한다(다시 말하면 인간의 지성으로 납득되어야 한다는 것이다=역주). 어떤 물리적인 현상이 법칙을 완벽하게 따르지 않는다면 이는 우리 과학자들이 그 현상을 완벽하게 측정하거나 계산하지 못했기 때문이다. 즉, 우주는 완전하지만 사람은 불완전하다. 그러나 아리스토텔레스, 스피노자, 디드로, 뉴턴, 로베스피에르, 듀이 그리고 아인슈타인에 이어지는 전통 속에서 인간의 지성은 그런 대로 쓸 만하다고 할 수 있다.

그러나 뉴턴 시대 이후 이러한 기계적인 우주관에서는 커다란 결함이 발견되기 시작했으며, 이는 곧 그 이상의 중요한 무언가가 있음을 암시했다. 뉴턴적 관점에서 발견된 물리학의 여섯 갈래가 바로 이 책에서 다루어진다. 아인슈타인의 다음과 같은 말이 이 책의 주제다. "신은 교묘하다. 그러나 악의는 없다." 이는 아인슈타인 자신의 신앙심을 강조하는 표현이다. 이는 양자론의 영역을 포함하여 온 우주는 우리가 그 모호함을 파헤치려는 노력을 경주한다면 납득할 수 있을 것이며, 그리고 자연은 그렇게 치사한 속임수나 모순, 비논리성으로 가득 차 있지는 않다는 뜻이다. 혹자는 이를 '무신론자의 일신론─神論'이라고 부른다. 그 이유는 신── 최초의 운동자, 위대한 설계자, 궁극적 목적, 하늘에 계신 아버지 등 ── 에게 호소하는 것을 피하면서도 동시에 통일성, 질서 그리고 지성에 대한 기본적인 확신을 표출하고 있기 때문이다. 물리 현상은 인과율을 따르는 것과 아닌 것 또는 객관적인 것과 주관적인 것 등과 같은 두 가지 배타적인 종류로 분류되지는 않는다. 관찰 가능한 모든 현상들은(비록 측정할 수는 없다 하더라도) 항상 납득할 수 있는 과정들로 이루어진다(또한 그래야 한다). 우주의 질서, 그 핵심은 비록 단순하지는 않지만 인류가 이해할 수 있는 영역의 것이며 또 인류에게 그것을 촉구하고 있다. 그러나 이해할 수 있는 우주란 아직은 입증되지 않은 가정이며 어떤 측면에서는 신념의 문제다. 하지만 그것이 없다면 물리학은 단순히 특별한, 학계에서나 찬성하는 마약 문화에서의 환각제 수준으로 추락할 수도 있다.

1
뉴턴의 우주

고대의 과학

원시 시대에는 흔히들 말하듯이 과학과 종교 사이에 구분이 없었다. 주변의 공포스러운 존재들은 그것들과 비슷한 이미지를 풍기는 동물이나 사람 등으로 의인화되었으며, 생소한 것들은 이미 잘 알고 있는 것들로 구체화되었다. 종교와 마찬가지로 과학에서도 이것이 해석의 초보 단계였는데, 이를 신인동형론神人同形論이라고 부른다. 즉, 비는 우신雨神에 의해 내리고, 천둥은 천둥을 다스리는 신에 의해 발생한다는 것이다. 폭풍우, 화산 폭발, 지진 등은 신의 노여움의 결과며 질병은 악령에 의한 것이었다. 이렇듯 세상의 모르는 현상은 알려져 있는 것과 연관되었으며 인간의 일은 그를 창조한 신들에 의하여 조종되고 있었다.

오늘날 우리가 과학이라고 부르는 것들은 사실 종교를 배척하기 위한 것이 아니었으며 종교와 함께 발전해 왔다. 그리스를 포함한 고대 과학자와 초기의 현대 과학자는 종교가였으며 일부는 종교 분야의 글을 남기기도 했다. 공기가 압력이 낮은 쪽으로 흐르는 이유에 관한 설명에도 이와 유사한 방법이 응용되는데, 즉 "자연은 진공 상태를 싫어한다"는 것이다. 이러한 공식을 현대 과학에 적용한다면 소음, 불확정성 그리고 분해능의 한계 등에 대하여 아마 다음과 같은 표현이 가능하지 않을까? "자연은 완벽함을 싫어한다"고.

과학은 연구의 대상이 되는 것과 그것에 던져지는 질문 사이의 거리가 가까워지는 방향으로 발전하는 경향이 있다. 천문학을 보자. 천문학의 대상은 별이다. 그리고 별은 수많은 질문이 던져지는 질문의 현장으로부터 거의 수천억 킬로미터나 떨어져 있다. 질문이란 다음과 같은 것들이다. 우리는 누구이며, 어디서 왔으며, 어디로 갈 것인가? 우리가 여기에 있는 목적은 무엇이고, 우리의 미래에는 어떤 일이 일어날까? 한 탐정이 살인 현장에 불려 왔다고 상상해 보자. 그는 방으로 들어가 바닥에 있는 시체를 보고 나서 티베트로 가는 첫 비행기를 타러 떠났다. 사건은 바로 가까이에서 일어났는데 문제의 실마리를 찾기 위해 왜 그는 그렇게도 멀리 가는가?

여러 세기가 지나면서 과학의 대상은 더욱 우리 주변 가까이로 돌아오고 있다. 생물학, 화학, 지질학 그리고 사회학과 인류학, 심리학 등의 발전이 그것이다. 스스로에 대한 호기심에 서서히 눈을 뜨게 된 것이다. 과거에 별, 동물 그리고 화산에 대하여 궁금해 했다면 이제는 우리 느낌에 대해서 "왜?"라는 질문을 던지게 되었다.

과연 인간이 우주의 중심에 있는가? 고대인들은 지구가 태양계와 온 우주의 중심에 위치한다고 믿었다. 지구 중심설이 바로 그것이다. 이러한 관점은 우주를 이해할 수 있는 대상으로 파악하려는 인간의 욕구가 잘못 반영된 것이기는 하지만, 이것이 과학 발전의 원동력이 되었다는 사실은 부인하기 어렵다. 사실 우리가 우주의 중심에 위치하느냐 아니냐에 관계없이 우주의 주인은 우리다. 던져지는 질문, 도덕적 가치, 측정과 해석은 우리가 하는 것이기 때문이다. 지구 중심설이란 곧 인류가 우주의 주인공인 것에 대한 인식이다. 우주의 창조자가 그 외의 길을 열어 놓지 않은 것이다. 오늘날에는 이 사상을 이렇게 표현한다. "인간은 만물의 척도다."

고대의 천문학은 점성술이 주류를 이루었다. 점성가들은 지금도 영업을 하고 있으며 여전히 같은 방법을 사용한다. 2500년 동안 별로 발전한 게 없는 것이다. 그러나 그리스 시대로 접어들면서 과학적 사고는 중요하고도 새로운 국면으로 접어든다. 그리스인은 우주를 단순히 신비의 대상으로 덮어 두지 않았으며, 그것을 적절히 해석함으로써 이해할 수 있는 대상으로 파악하려고 노력했다. 그리스에는 많은 사상가가 있었다. 그 중에서도 가장 '현대적인' 사상가로 아르키메데스Archimedes;B.C. 287~212를 꼽는데, 지금도 그의 이름이 붙어 있는 아르키메데스의 원리는 그 탁월한 논리성으로 과학적 사고의 좋은 예가 되고 있다. 또 물질의 원자설을 주장한 데모크리토스Democritos;B.C. 460~370를 언급하지 않을 수 없다. 에라토스테네스Eratosthenes;B.C. 276~194는 서로 위도가 다른 두 지점에서 같은 시각에 측정한 태양의 고도를 이용해 지구 둘레의 길이를 처음으로 계산했는데 이는 콜럼버스나 마젤란이 계산한 값보다도 훨씬 참값과 가까웠다. 사실 콜럼버스의 계산이 에라토스테네스만큼이라도 정확했더라면 인도를 찾는 데 실패하지 않았을 것이다. 아리스타르코스Aristarchos;B.C. 300~250는 태양 중심의 태양계 모형을 제시했으며, 프톨레마이오스Ptolemaeos;A.D. 70~147는 고대의 지구 중심설을 더욱 확고한 기반 위에 올려 놓았다. 물론 그 외에도 수많은 과학자가 있다.

아리스토텔레스에서 갈릴레이까지

아마도 고대 그리스에서 가장 훌륭한 사상가이자 학문의 체계를 세운 사람은 바로 아리스토텔레스Aristoteles;B.C. 384~322일 것이다. 그의 저서들은 1800여 년이 지난 르네상스 시대에서도 모든 사고의 체계를 지배했다. 아리스토텔레스의 사고 실험들은 거의 완벽하여 갈릴레이G. Galilei나 뉴턴Issac Newton;1642~1727도 그것들을 정밀하게 재분석해야만 할 정도였다.

어느 누구도 아리스토텔레스가 전 시대에 걸쳐 가장 훌륭한 천재 중 한 사람이었다는 사실에 의심을 품지 않는다. 모든 천재의 특징 중 하나는 그들이 다루는 영역 전 분야에 걸쳐 뛰어난 연구와 작품을 가득 채워 놓기 때문에 누구든지 그 업적을 뛰어넘어 새로운 영역에 도달하려면 필연적으로 그들의 연구와 부딪쳐야만 한다는 점이다. 다시 말하자면 새로운 연구의 출발점은 언제나 천재들과의 논쟁으로부터 시작할 수밖에 없다. 이는 과학에서도 마찬가지여서 우리 업적의 질은 결국 우리가 비판하고자 하는 사상가들의 그것과 밀접한 관계가 있다.

2000여 년 동안 믿어 왔던 지혜들을 분석해 보면 아리스토텔레스에게서도 수많은 실수가 발견된다. 그럼에도 불구하고 많은 현대적인 지혜는 아리스토텔레스의 글에서 시작함으로써 정립될 수 있었고, 과학적인 지식도 그의 저서로부터 진화되어 온 것이다. 그 과정에서 수많은 사람들의 기여는 오히려 무시되고 잊혀지기 일쑤였다. 반면에 천재들은 그들이 옳건 그르건 간에 언제나 논쟁의 중심을 차지한다. 그들은 언제나 논점의 핵심을 설파하고 있기 때문이다.

아리스토텔레스는 사물을 그 내재적 성질에 따라 흙, 물, 공기, 불의 네 가지 기본 물질 혹은 원소로 나눌 수 있다고 보았다. 이들은 그 내재적 성질에 따라 공간에서 각각 적당한 위치를 차지한다. 흙은 제일 밑, 물은 흙 위 그리고 그 위에는 공기가 있다. 불은 그 위에서 별을 향한다. 돌멩이는 흙으로 되어 있으므로 땅으로 떨어지며 물 속으로 가라앉는다. 반면에 공기 방울은 물을 뚫고 위로 올라간다. 각 원소는 언제나 자신의 자연스러운 위치로 돌아가려는 경향이 있는데 이는 자연 속에 그 인과율이 내재해 있기 때문이며 따라서 이를 위해서 외부의 작용은 필요치 않다. 별과 별 사이에 다섯째 원소가 있는데 이는 나중에 에테르라고 불리게 된다.

그 외에도 아리스토텔레스의 연구는 광범위하지만 우선 그가 물체의 운동에 대하여 어떻게 기술하고 있는지 살펴보자. 그는 일차적으로 물체의 운동(속도)은 힘에 기인한다고 생각했다. 화살이 공기 중을 뚫고 날아가고 있다면 이는 힘이 화살을 밀고 있기 때문이라는 것이다. 더 빠른 화살은 그것을 추진하는 힘이 더 크기 때문이다. 그것을 밀고 있는 힘이 멈추면 화살은 정지한다. 또한 아리스토텔레스는 공기의 마찰이 아니라면 무거운 물체는 가벼운 물체와 같은 속도로 떨어질 것이라고 추론했다. 그는 진공 상태는 불가능하다고 결론지었다! 아리스토텔레스의 제자들은 이를 이용하여 무거운 물체가 가벼운 물체보다 더 빨리 떨어진다는 이론에 아리스토텔레스의 권위를 부여했다.

자, 그러면 부분적으로는 옳고 부분적으로는 틀리기도 하지만, 다섯 가지 기본 원소 사이에 상호 작용하는 아리스토텔레스의 힘에 대한 기본 개념을 알아보자. 물 속에 있는 돌에는 아래 방향으로 힘(중력)이 작용한다. 그렇다면 물 속에서 기포를 위로 밀어올리는 힘은 무엇인가? 무슨 힘이 기포를 또는 물 속에 잠긴 나무토막을 위로 밀어올리는가? 우리가 풀장 안으로 다이빙하여 들어갈 때 수면 위로 떠오르게 하는 힘은 무엇인가? 뜨거운 공기가 들어 있는 기구나 수소로 채워진 기구는 또 어떠한가? 아리스토텔레스의 힘에 대한 개념은 이들에 대하여 적절하고 정확한 설명을 제시하지 못하고 있다. 그러나 아리스토텔레스의 힘의 개념이 뉴턴 물리학이 세워지는 기본 초석이 되었음도 부인하기 어렵다.

아마도 아리스토텔레스의 업적 중 가장 오래도록 유효한 것은 그의 논리일 것이다. 그는 논리적 삼단 논법을 수립했으며 그가 가르쳤던 대부분의 논리들은 오늘날에도 강의의 내용이 되고 있다. 그의 논리는 이분법적이다. 어떤 것이든 A이거나 또는 A가 아니거나이며 하나의 가설은 진실이거나 또는 진실이 아니거나 둘 중의 하나다. 어떤 것이 진실이라고 가정하고 이러한 가정이 결과적으로 모순된다는 사실을 보여 줌으로써 그것이 진실이 아님을 증명할 수 있다. 이는 소위 '간접적 증명'이라고 불리는데 주로 수학적 방법론으로 많이 사용된다. 아리스토텔레스의 이분법적 논리는 2진 코드를 이용하는 컴퓨터 분야에서도 많이 응용된다. 한 숫자는 0이거나 1이다. 한 회로는 열려 있거나 닫혀 있다. IBM 카드는 구멍이 뚫려 있거나 구멍이 없다. 이러한 논리에 따르면 위의 질문들은 언제나 '예'나 '아니오'로 대답될 수 있다.

현대에 이르러 이러한 이분법적 논법은 의문을 불러일으키고 있으며 어떤 이들은 이에 대하여 비웃기까지 한다. "존재하고 있는 것은 존재하는 것이고, 존재하지 않는 것은 존재하지 않는 것이다. 그리고 그 외의 것은 악마에 맡겨라." 또 어떤 이는 다음과 같이 노래한다. "중간적인 존재와는 상대를 말아라." 그러나 정말로 이러한 중간적 존재들과 친해져야 하는 사람들은 과학자일 것이다. 예를 들면 분자들이 완전히 속박되어 있는 상태인 고체 상태와 개개의 분자들이 자유로운 기체 상태 그리고 그 중간에 또 하나의 안정된 상태인 액체 상태가 존재한다는 사실은 누가 보아도 의심의 여지가 없지 않은가.

또한 이분법적 논리는 전체가 그 부분들의 단순한 합과는 전혀 다를 수도 있다는 가능성을 발견하는 데 방해 요소가 되기도 한다. 물리적 양의 크기가 크게 변하면 그것의 기본적 특성 자체를 변화시킬 수도 있다. 변증법적 용어로 말하자면 양적인 것에서 질적인 것으로 변환이 가능하다는 것인데, 예를 들면 핵 물질이 임계 질량을 초과하거나 또는 외부의 충격에 의해 가공할 폭발력을 지니게 되는 것이 그것이다. 아리스토텔레스의 논리는 과학적으로 여전히 중요하다. 다만 뉴턴으로부터 뻗어 나온 여러 갈래의 길을 성공적으로 여행하기 위해서는 보다 유연하고도 치밀한 논법이 필요하다. 존재, 진리 그리고 인과율은 너무 꽉 짜인 범주 안에 안주하지 않는다.

아랍의 학자들이 없었다면 서구 문명은 중세 시대를 거치며 훨씬 더 많은 고대의 지혜를 잃어버렸을 것이다. 역사는 계속적으로 진보하는 것만은 아니다. 사회와 지혜는 간혹 퇴보하기도 한다. 1320년경 오컴 Willium of Occam은 어떤 현상을 설명함에 있어서 꼭 필요하지 않으며 증명되지 않은 가정은 배제해야 한다고 주장했다. 이는 지금도 '오컴의 면도날'이라는 인색한 원리로 잘 알려져 있다. 오컴은 면도날이라는 이름에 걸맞지 않게 무릎까지 닿는 긴 턱수염을 가졌다고 한다. 지금도 우리는 그의 이름을 빌어 쓸데없는 전제조건이나 가정들을 잘라 버리고 있다. 아인슈타인의 상대성 이론은 과학적으로 뉴턴의 이론보다 훨씬 간단하다(비록 수학적으로는 더 복잡하지만). 앞으로 상대성 이론의 길에서 살펴보겠지만 아인슈타인은 뉴턴의 절대 운동, 절대 시간과 같은 가정들을 과감하게 배제했다.

오컴의 면도날이 적용된 가장 좋은 예는 프톨레마이오스의 천체계가 코페르니쿠스의 천체계로 대체된 것이다. 프톨레마이오스는 아리스토텔레스의 이론을 그대로 받아들여 우주의 중심에 지구를 위치시키고 달과 태양, 행성들 그리고 별들의 궤도를 천구 주위에 배열했다. 이를 프톨레마이오스의 지구 중심설이라고 한다. 오늘날 우리는 우주가 확장하고 있다고 믿는다. 우주의 더 바깥 쪽에 위치한 별들이 더 빠른 속도로 우리로부터 멀어져 가고 있는 것이다. 그렇다고 이것이 우리가 우주의 중심, 빅뱅의 중심에 있다는 것을 의미하는가? 우주가 그렇게 넓음에도 불구하고 빅뱅은 왜 바로 우리 옆에서 일어나야만 했단 말인가? 넓은 공연장에 마구잡이로 앉을 때 당신이 제일 앞 자리 중앙에 앉을 확률은 과연 얼마나 될까? 우주가 확장하며 모든 별들이 지구로부터 멀어지고 있다고 해서 그것이 곧 지구 중심설을 의미하는 것은 아니다. 풍선에 점을 여러 개 찍은 다음 그것을 불어 보자. 그 점이 어디에 있건 관계없이 다른 점들은 그 점들로부터 멀어지고 있음을 볼 수 있다. 확장하고 있는 우주의 모습은 어떤 은하계에서나 유사하게 보이는 것이다. 현대 과학자들은 아무런 실험적 증거도 없이 우리를 우주의 특정한 위치에 놓는 것을 거부한다.

 프톨레마이오스의 천체계에서 가장 큰 문제가 된 것은 행성들의 역행이었다. 행성들은 다른 별과는 달리 때때로 그 움직이는 방향이 반대가 되는데, 그들의 움직임을 자세히 관찰해 보면 궤도 운동이 늦어지기 시작하다가 결국 방향이 반대가 된다. 이러한 역행 현상은 여러 날 동안 계속되다가 다시 방향이 바뀐다. 이것은 갑자기 일어나는 것이 아니라 나름대로 주기를 가지고 있었으며 화성의 경우 가장 확연하게 나타났다. 프톨레마이오스는 행성의 역행 현상을 설명하기 위하여 천구상을 도는 행성이 또 다른 작은 원을 돌고 있다고 생각했다. 이렇게 원 궤도를 도는 또 다른 작은 원을 주전원이라고 부르는데 이는 분명 오컴의 면도날에는 위배되는 것이었다. 지구가 우주의 중심에 위치한다는 자신의 주장을 정당화하기 위하여 프톨레마이오스는 우리가 아무런 지구의 움직임도 감지할 수 없다는 것을 그 증거로 내세웠다. 그러나 주전원을 도입하지 않으면 안 되었다는 것은 프톨레마이오스의 천체계가 갖는 약점이었다.

현재 우리가 옳다고 믿는 천체계는 코페르니쿠스Copernicus ; 1473~1543에 의해 제안된 태양 중심의 천체계다. 프톨레마이오스의 추종자들과 코페르니쿠스의 추종자들은 이 두 천체계 모형을 놓고 거의 한 세기 이상 논쟁을 벌였다. 모든 과학적 논쟁이 그러하듯이 최종 결론은 언제나 실험적 결과로부터 도출되기 마련이다. 지구 중심설과 태양 중심설 간의 논쟁에서는 두 가지 사실이 관건이었다. 그 하나는 앞에서도 이야기한 행성들의 역행이다. 프톨레마이오스의 관점은 이미 설명한 바와 같으므로 이번에는 코페르니쿠스의 설명을 들어 보자. 코페르니쿠스에 의하면 역행은 지구의 궤도 운동이 행성의 궤도 운동을 추월하기 때문이라는 것이다. 말하자면 빨리 달리는 자동차가 느린 자동차를 추월할 때 느린 자동차가 뒤로 가는 것처럼 느껴지는 것과 같다.

두 번째는 별들의 시차에 대한 것인데 여기에는 두 물체 사이의 상대적 운동이라는 개념이 개입된다. 즉, 움직이고 있는 계에서 볼 때 멀리 있는 물체와 가까이 있는 물체는 서로 다르게 행동한다. 고속 도로에서 자동차를 타고 가며 달을 관찰하면 달이 나무 사이로 우리를 따라오는 것처럼 보이는 것이 좋은 예다. 지구 중심설의 주장자들은 다음과 같이 묻는다. 지구가 움직이고 있다면 지구로부터 가까이에 있는 별은 지구로부터 더 멀리 있는 별들을 배경으로 움직여야 하는데 어째서 모든 별들이 다같이 움직이냐는 것이다. 19세기에 이르러 크기가 매우 작은 별들의 시차가 측정되기 전까지, 코페르니쿠스의 추종자들은 이 질문에 전혀 대답할 수 없었다. 별들이 너무 멀기 때문에 그 시차가 아주 작아서 측정할 수 없다는 이유는 사실 정당한 것이었지만 당시로서는 다만 궁색한 변명에 지나지 않았다.

행성의 역행 문제에서도 프톨레마이오스가 오히려 코페르니쿠스보다 우위를 점했다. 프톨레마이오스는 아예 오컴의 면도날과 같은 것은 무시했으며 그의 모델과 천문학적 관측 사이의 차이를 줄이기 위하여 주전원 내부에 또 하나의 작은 원 궤도를 도입하기에 이르렀다. 이렇게 원의 크기와 회전 속도를 조절하여 코페르니쿠스의 이론이 예측하는 정도의 정밀도를 갖출 수 있었다. 코페르니쿠스 추종자들의 문제점은 프톨레마이오스와 마찬가지로 완전한 원에 너무 집착했다는 점이다. 이후 케플러Johannes Kepler;1571~1630가 타원을 도입함으로써 코페르니쿠스의 천체계는 더욱 정밀한 예측이 가능해졌다. 논쟁 초반에 우위를 점한다고 해서 최종 승리가 담보되는 것은 아니다.

코페르니쿠스의 천체계가 승리하는 데 결정적인 역할을 한 사람은 누가 뭐래도 케플러와 갈릴레이일 것이다. 갈릴레이는 많은 분야에 업적을 남겼다. 그 중 가장 잘 알려진 것은 역시 망원경을 통한 수많은 발견이다. 그가 직접 망원경을 발명한 것은 아니지만, 과학적 용도로 망원경을 본격 사용하기 시작한 것은 그가 처음이었다. 그는 스스로의 광학 지식을 이용하여 성능이 우수한 망원경을 제작했으며, 이 망원경으로 목성의 네 개의 달을 발견했다. 이 달들에는 아직도 갈릴레이의 달이라는 이름이 붙어 있다. 이 목성의 달은 당시 상당한 흥분을 불러일으켰다. 이 달들은 우주의 중심인 지구가 아니라 목성을 중심으로 원운동을 하고 있었기 때문이다. 또한 이 목성의 달이야말로 지구가 그 주위를 도는 달과 함께 어떻게 태양의 주위를 돌 수 있겠는가 하는 프톨레마이오스 학파의 질문에 대하여 부분적인 답변이 되었다. 그러나 완전한 대답은 뉴턴의 만유 인력의 법칙이 발표되기까지 아직 더 기다려야만 했다. 갈릴레이로서도 중력의 개념은 미처 생각지 못했던 것이다.

갈릴레이는 금성도 달과 마찬가지로 차고 기울어짐이 있다는 사실을 처음으로 관측했다. 물론 그 이유는 지구 쪽에서 보기에 태양으로부터 받은 빛을 반사시키는 각도가 달라지기 때문이다. 그는 또한 달 표면에 분화구가 있음을 관찰했는데, 이 분화구가 화산의 폭발에 의한 것인가 아니면 유성이 떨어진 흔적인가에 대한 끝없는 논쟁이 시작되었다. 이 논쟁은 미국의 우주인이 가져온 월석으로 마침내 종지부를 찍었다. 지금은 두 가지 종류의 분화구가 모두 존재한다고 받아들여진다.

그 외에도 갈릴레이는 태양의 흑점이 존재한다는 사실을 발견했는데 갈릴레이의 비판가들은 이것을 그가 신의 작품의 완전성을 모독한 것으로 받아들였다. 사진에 의하면 태양의 흑점은 마치 진흙 더미에서 놀던 아이가 손을 닦고 난 수건같이 얼룩져 보인다. 교회의 성직자들만 갈릴레이를 비판한 것은 아니었다. 한 갈릴레이 비판가는 그가 만든 망원경을 가리켜 모든 사물을 있는 그대로가 아니라 왜곡시켜 보여 주는 부정한 것이라고 헐뜯고는 아무도 그것을 통해 세상을 보려 하지 않을 것이며 그것을 통해 보이는 것들이 진실이라고 믿지도 않을 것이라고 외쳤다.

단순히 이러한 사실들을 근거로 하여, 과학자들이 실험을 선호하는 경향이 있기 때문에 필연적으로 종교와는 멀어지게 된다고 결론을 내리는 것은 너무 성급하다. 실제로 갈릴레이를 포함한 초기 과학자들은 신비주의나 기적 그리고 판에 박은 권위주의적 해석을 배척하고 보다 합리적인 지성을 지향했다. 실험은 이론을 반대하기 위해서가 아니라 그것을 보완하기 위하여 행해졌다. 그러나 당시의 분위기는 심각한 논쟁에 대하여 성경, 아리스토텔레스의 문헌 그리고 성직자들의 글에서 먼저 그 해답을 찾고자 했다. 거기서도 답변을 찾을 수 없으면 그러한 질문은 일단 질문으로서의 가치가 없는 것으로 여겼다. 갈릴레이는 "나는 모른다"라는 답변을 주저하지 않았다. 그가 모른다고 대답하는 이면에는 더욱 연구하여 그 해답을 찾아보겠다는 의미가 내포되어 있었다. 반면에 성직자들의 "나는 모른다"라는 대답에는 그것을 알기를 원하지 않는다는 뜻이 포함되어 있었다. 코페르니쿠스 자신도 성직자였고 당시 몇몇 추기경도 코페르니쿠스의 이론을 옹호하는 입장이었음에도 불구하고 코페르니쿠스의 지동설과 관련된 갈릴레이의 주장이 교회의 청문회에서 문제가 되었던 것은 실상 개인의 사고와 관찰을 통해서 진실이 밝혀질 수 있다는 갈릴레이의 자세 때문이었다. 갈릴레이가 당시 관습을 무시하고 그의 책을 이탈리아어로 출간하면서, 이러한 자세는 이탈리아어만 읽을 수 있던 일반 독자의 신앙까지 위협하는 위험스러운 것으로 인식되기에 이르렀다.

갈릴레이는 그의 과학적 생각들을 주로 세 등장 인물 간의 대화로 설명하고 있다. 살비아티는 갈릴레이 자신을 대변하여 모든 것들을 자세히 설명한다. 우직한 지식인 사그레도는 언제나 올바른 질문을 던지며 살비아티의 이론에 동의하는 역할을 담당한다. 심플리치오는 모든 논쟁에서 항상 반대 진영에 선다. 그러나 그는 단순히 어리석은 일반인만은 아니다. 그는 사실 아리스토텔레스의 이론에 깊숙이 몰입한 전통적인 학자의 역할을 맡는다.

갈릴레이는 아리스토텔레스의 운동 이론이 지닌 결정적 결함을 알고 있었으며 그 핵심을 찔러 간다. 예를 들어 공기 중을 날아가는 화살에 아무런 힘이 작용하지 않는다면 화살은 일정한 속도로 날아간다는 것이다. 즉, 화살에 공기의 저항이 없다면 화살은 영원히 날아간다(물론 중력도 없다고 가정한다). 얼음판 위의 아이스 하키 퍽도 마찰이 없다면 끝없이 미끄러져 갈 것이다. 화살이 가지고 있는 속도는 화살이 쏘아질 때 시윗줄에 의해 작용된 힘으로부터 축적된 것이다. 따라서 힘과 직접 관련되는 것은 화살의 속도가 아니라 그 속도의 변화량이다.

갈릴레이의 이론 전개에서 약점이라면 좀더 치밀하지 못했다는 것과 수학적 형식으로 표현하지 않았다는 점이다. 이러한 약점은 뉴턴에 의해 곧 보완된다. 아무튼 갈릴레이라는 날카로운 창은 아리스토텔레스라는 무적의 방패를 보기 좋게 꿰뚫었으며 뉴턴의 운동 법칙에 길을 열어 주었다. 깃털이 돌멩이보다 늦게 떨어지는 이유는 단지 공기에 의한 저항의 크기가 다르기 때문이다. 공기가 없는 달의 표면에서 실험한다면, 아니 진공의 용기 속에서 실험한다면 —— 그것이 달에 우주인을 보내는 것보다는 비용이 쌀 테니까 —— 돌멩이와 깃털은 동시에 떨어진다는 사실을 실험적으로 증명할 수 있다.

뉴턴의 법칙

이탈리아에서의 과학 탐구 분위기는 엄격한 교회의 태도로 말미암아 그야말로 썰렁했다. 갈릴레이에게 가해진 압력이 그것을 상징한다. 반면에 창의적 아이디어들은 영국이라는 따뜻한 기후에서 꽃피기 시작했다. 현대 과학의 거대한 첫발은 이렇게 영국 상류 사회 지식인들의 취미로부터 시작되었는데, 그들은 충분한 시간과 금전적 능력, 교육 등을 두루 갖추었을 뿐만 아니라 교회의 압력으로부터도 자유로울 수 있었다. 국왕도 명예 회원으로 소속된 당시의 영국 왕립 학회에는 쟁쟁한 학자들이 모여 있었는데 그 중에서도 뉴턴은 단연 군계 일학의 뛰어남을 보였다.

뉴턴의 최고 대표작《자연 철학의 수학적 원리The Mathematical Principles of Natural Philosophy》는 1687년에 출판되었다. 이 해는 1776년이 미국에 중요하듯이, 물리학에서 중요한 해로 기록된다. 보통 '프린키피아Principia'라고 불리는 이 책은 아마도 성경을 제외하고는 인류 사회에 가장 큰 영향을 미친 저서로 평가받기에 부족함이 없다. 그 시대의 모든 사람들이 알 수는 없지만 후세의 사람들에게 알려질 어떤 일을 그 시대에 미리 알 수 있는 사람을 천재라고 정의한다면, 뉴턴은 분명히 아리스토텔레스, 다 빈치, 셰익스피어 그리고 모차르트와 같은 천재 중 하나임에 틀림없다. 뉴턴은 지금껏 살아온 어느 누구보다도 행복한 사람이어야만 한다. 우주의 법칙이 그에 의해 발견되었기 때문이다. 영국의 시인 포프Alexander Pope는 그의 업적을 시를 통해 다음과 같이 표현했다. "자연과 자연의 법칙은 어둠 속에 숨어 있었다. 하나님이 가라사대 뉴턴이 있으라 하니, 빛이 우주에 충만했다."

뉴턴은 여러 가지 수학적인 이론과 함께 미적분을 발명했는데 이는 행성의 궤도뿐만 아니라 다른 여러 문제들을 계산하기 위해서였다. 그의 광학에 대한 업적은 파동의 길에서 다시 만나게 될 것이다. 움직이는 물체를 일반적으로 다루고 있는 뉴턴의 동역학적 체계는 세 개의 운동 법칙과 만유 인력의 법칙으로 되어 있다. 원문이 라틴어로 된 이 세 가지 법칙을 번역해 보면 다음과 같다.

제1법칙: 관성의 법칙
정지 상태 또는 직선상을 등속 운동하는 물체는 외력이 작용하지 않는다면 계속해서 그 상태를 유지한다.
제2법칙: 가속도의 법칙

물체에 외력이 작용하면 그 힘의 방향으로 가속도 운동을 한다. 이 때 그 가속도의 크기는 힘에 비례하며, 물체의 질량에 반비례한다. 즉, 힘은 질량과 가속도의 곱과 동등하다: $F = ma$.

제3법칙: 반작용의 법칙

한 물체가 제2의 물체에 힘을 작용시키면 크기는 같고 방향은 반대가 되는 또 다른 힘이 두 번째 물체에 의해 첫번째 물체로 작용하게 된다. 작용과 반작용의 크기는 같다.

제1법칙이 말하려는 바는, 움직이는 물체는 그 움직이는 상태를 유지하려 하며 정지해 있는 물체는 그 정지 상태를 유지하려 한다는 것이다. 이러한 상황에 변화를 주는 원인이 곧 힘이다. 일정한 속도로 달리는 자동차가 속도를 늦추기 위해서는 브레이크를 작동시켜야 한다. 마찬가지로 자동차가 정지 상태로부터 출발하기 위해서는 엔진으로부터 추진력을 받아야 한다. 마찰과 같이 운동을 늦춰 주는 저항력이 없다면 한 번 움직인 물체는 태양계 밖의 우주 공간 속으로 영원히 그 움직임을 유지하게 될 것이다.

뉴턴은 과거에 모든 운동을 운동과 비운동으로 구분했던 것과는 달리 비운동을 포함하는 등속도 운동과 가속도 운동 두 가지로 분류했다. 따라서 단위 시간당 거리로 측정되는 속도의 개념과 속도의 변화율을 의미하는 가속도를 분명히 구분해야만 한다. 가속도는 물론 단위 시간당 거리로서, 속도의 변화량으로 측정된다.

속도와 가속도는 모두 각각 두 가지 고유한 성질인 크기와 방향을 갖는데, 이들은 각각 분리 측정이 가능하다. 물체가 매 초당 일정한 거리를 움직이고 있지만 그것이 한 점을 중심으로 원을 그리며 움직이는 것이라면 이는 등속도 운동이 아니다. 속도의 방향이 시간에 따라 변하고 있기 때문이다. 곡선의 궤도를 따라 움직이는 것이나 자전을 하는 것도 모두 가속도 운동의 범주에 속한다.

뉴턴의 제1법칙은 정지한 물체와 등속도의 물체를 동등하게 다룬다. 즉, 이 두 가지가 절대적 기준에서 구별되는 것이 아니라 단지 상대적으로만 구별될 수 있음을 의미한다. 당신이 정지해 있다고 생각하든 일정한 속도로 움직이고 있다고 생각하든 간에 당신이 관측하는 물리학이란 완전히 동일하므로 어떻게 생각해도 관계가 없다는 것이다. 이것이 바로 등속 운동과 관련된 상대성 원리다. 때로는 이를 뉴턴의 상대성 이론이라고도 불린다. 앞으로 상대성 이론의 길에서 살펴보겠지만 아인슈타인의 상대성 원리는 여기에서부터 연장 발전된 것이다.

뉴턴의 상대론에 대한 설명으로 다음과 같이 기차, 배 또는 비행기로 이동 중인 한 야구팀을 생각해 보자. 투수가 커브볼과 드롭볼을 연습하기 위해 포수에게 통로의 끝에서 그가 던지는 공을 받도록 했다. 그러면 배나 비행기가 정지해 있을 때와 움직이고 있을 때 투수는 어떤 차이점을 느낄 수 있는가? 뉴턴의 상대론에 의하면 배나 비행기가 직선상을 일정한 속도로 움직이고 있는 한, 두 사람은 그 차이를 전혀 느낄 수 없다. 그렇다면 이들이 창 밖을 내다보지 않고 그들이 움직이고 있는지 아닌지(지표면에 대하여) 말할 수 있겠는가? 대답은 '아니오'다.

간단한 문제를 하나만 더 생각해 보자. 돛대 꼭대기에서 선원이 연장을 떨어뜨렸다. 그 배가 등속 운동을 하고 있었다면 연장은 돛대 바로 아래로 떨어지겠는가 아니면 연장이 공중에서 낙하하는 동안 배의 움직임으로 해서 배의 뒤쪽으로 떨어지겠는가? 기억해야 할 것은 처음에 연장도 배와 같은 속도로 앞으로 움직이고 있었다는 점과 이 속도는 연장이 떨어지는 동안에도 관성에 의해 그대로 유지된다는 사실이다. 정답은 돛대 바로 아래 떨어진다이다. 제1법칙의 역도 또한 성립된다.

• 물체가 정지해 있거나 등속도 운동을 하고 있다면 이 물체에 작용하는 힘은 0이다. 즉, 그 물체에는 순수하게 외적인 힘이 전혀 작용하지 않는다.
• 한 물체에 힘이 작용하면 그것의 정지 또는 등속도 운동 상태에 변화가 일어난다. 이는 힘에 대한 정성적 정의로서 간주될 수 있다.

조금만 유연한 사고를 한다면 관성의 개념은 다음과 같이 확대 해석될 수도 있다. 생명체는 자기 보존 본능과 종의 번식을 통하여 자신의 존재를 유지하고자 한다. 이러한 관점에서 본다면 그 반작용에 해당되는 돌연 변이란 일종의 무작위적인 잡음과 같다. 모든 물리적 과정은 유한한 반응 시간으로 인해 일종의 관성을 갖는다. 불변하는 물리계나 일정한 변화가 지속되는 물리계는 새로운 변인이 나타날 때까지 그 상태를 유지하려는 경향이 있다. 물리적 과정을 그 변수들에 대한 그림표graph로 그려 보면 이러한 현상을 가시적으로 나타낼 수 있는데, 전압에 대응되는 저항의 개념이나 온도에 대응되는 압력과 같은 것들이 이러한 보편적 관성 개념의 예가 된다. 그림표로 표현되는 물리 과정에서 기울기란 한 물리적 변수의 변화를 의미하며 그것은 언제나 또 다른 인자가 중요해진다는 것을 의미한다. 반면에 일정하게 변하는 상태는 그림표상 직선으로, 변함이 없는 상태는 수평선으로 나타난다.

뉴턴의 제2법칙에 의해 제1법칙은 정량적으로 기술된다. 힘의 크기는 아리스토텔레스가 생각했던 것처럼 물체의 속도와 관계 있는 것이 아니라 가속도, 즉 속도의 변화율에 의해 결정된다. 만일 한

대형 트럭과 소형차가 도로에서 동시에 기름이 떨어졌다면 대형 트럭을 움직이기 위해서는 소형차보다 더 큰 힘으로 밀어야만 한다. 이는 트럭의 질량, 즉 관성이 소형차보다 더 크며 뉴턴의 제2법칙에 의하면 속도의 변화율이란 이 질량의 크기에 반비례하기 때문이다.

이러한 논리는 낙하하는 물체에 동일하게 적용되는가? 물론이다. 그런데 가속도는 물체에 작용하는 힘의 크기에 비례하고 또 무거운 물체에 작용하는 중력은 가벼운 물체에 작용하는 중력보다 크다고 하면, 왜 무거운 물체는 가벼운 물체에 비해 더 빨리 떨어지지 않는가? 아리스토텔레스의 이론으로 돌아가야만 하는 것이 아닌가? 전혀 그럴 필요가 없다. 무거운 물체는 그것을 가속시킬 때, 대형 트럭과 소형차의 경우처럼 가벼운 물체보다 더 많은 힘을 필요로 한다. 제2법칙은 힘과 가속도 사이의 비례 상수가 바로 가속시키고자 하는 물체의 질량이라는 사실을 보여 주고 있는데 이로써 우리는 아리스토텔레니즘으로부터 벗어날 수 있다. 이런 혁명적 생각들은 뉴턴의 만유 인력 법칙을 배우면 더욱 명백해진다.

우선 운동의 법칙을 마무리하기 위해서 뉴턴의 제3법칙을 먼저 다루기로 하자. 제3법칙은 방향이 서로 반대이며 크기가 같은 두 힘이 항상 쌍으로 발생한다는 것을 보여 준다. 예를 들면 책상 위의 책은 책상을 아래로 밀고 있으며, 동시에 책상은 그 책을 위로 밀고 있다. 각각의 힘은 서로 다른 물체에 작용하고 있다는 것을 분명히 인식해야 한다. 즉, 한 힘은 책을 향하여, 또 다른 힘은 책상에 작용하고 있다. 따라서 이 두 힘은 서로 상쇄될 수 없다. 만일 책이 책상을 미는 힘이 더 크다면 어떻게 될까? 그렇다면 책이 책상 속으로 밀려 들어가든지 아니면 책상이 부서지든지 둘 중 하나일 것이다. 만일 책상이 책을 미는 힘이 더 크다면? 그 때는 책이 공중으로 붕 떠오르게 될 것이다. 상호 작용하는 두 힘은 크기가 같으며 대칭으로 작용한다. 마루 위에 서 있는 사람의 경우도 역시 마찬가지다. 만일 마루가 사람을 밀어올리는 힘보다 사람이 마루를 미는 힘이 더 크면 마루는 무너지게 된다. 떨어져 있는 두 물체 사이에 작용하는 힘에도 이 제3법칙은 동일하게 적용된다. 지구는 달을 끌어당기며 달도 지구를 당기고 있다. 이 두 힘의 크기는 정확하게 같다. 물론 지구는 달보다 훨씬 더 크고 무거우므로 그 효과는 서로 다르다. 달이 지구의 주위를 회전하는 것은 같은 크기의 힘이지만 달에 나타나는 효과가 훨씬 크기 때문이다. 소총으로 사격할 때 어깨에 반동이 느껴지는 것이나 우주 공간에서 로켓이 가스를 분사시켜 추진력을 얻는 것도 모두 뉴턴의 제3법칙이 적용된 예이다.

좀더 복잡한 문제를 생각해 보기로 하자. 부두로부터 동일한 거리에 있는 작은 배 두 척이 부두에 정박하려고 한다. 한 배에 타고 있는 사람은 이를 위해 밧줄을 잡아당기고 있는데 그 밧줄의 끝은 부두 위 쇠말뚝에 묶여 있다. 또 다른 배에 타고 있는 사람도 마찬가지로 밧줄을 당기고 있는데 밧줄의 끝은 쇠말뚝에 묶여 있지 않고, 쇠말뚝 옆에 서 있는 또 다른 친구가 같은 힘으로 그 밧줄을 끌어당기고 있다. 세 사람은 모두 동일한 힘으로 밧줄을 당기고 있다고 한다. 두 번째 배는 첫번째 배보다 얼마나 빨리 부두에 도달할 수 있겠는가? 두 배는 같은 속도로 끌려 오며, 같은 시간에 부두에 도착한다. 왜냐하면 쇠말뚝 역시 같은 크기의 힘으로 첫번째 배를 끌어당기고 있기 때문이다. 함께 밧줄을 당긴 두 친구는 혼자 일한 사람에 비하여 절반만큼만 줄을 당겼다. 쇠말뚝이 배를 끌어당기지 않았다면 무슨 일이 일어나겠는가? 밧줄은 끊어지고 배는 물 속으로 가라앉을 것이다. 마찬가지로 쇠말뚝 옆에서 밧줄을 당기고 있는 친구가 부두의 바닥에 견고하게 고정되어 있지 않다면 그가 오히려 끌려 가서 물에 빠지게 될 것이다.

여기, 제3법칙에 관한 또 하나의 문제가 있다. 한 원숭이가 마찰이 없는 도르래의 한쪽 끝에 매달려 있고 그 반대 쪽 끝에는 그의 장모 원숭이가 매달려 있는데 두 원숭이의 무게는 같다. 처음의 원숭이는 장모 원숭이로부터 도망가기를 원한다. 이 원숭이가 자기가 잡은 밧줄을 늦춤으로써 장모 원숭이를 떨어뜨리는 방법이 가능한가? 대답은 '아니다'다. 자기 자신도 같은 속도로 떨어질 것이기 때문이다. 도르래 쪽으로 줄을 기어 올라가면 어떨까? 역시 안 된다. 그가 올라가면 장모 원숭이도 자연스럽게 위로 올라가기 때문이다. 그가 장모로부터 벗어날 수 있는 방법은 없다.

중력의 법칙

제10장에는 태양계의 구조와 행성들의 궤도에 대한 케플러의 세 가지 법칙이 간략하게 기술되어 있다. 케플러가 그의 세 가지 법칙을 뉴턴보다 앞서 발견했고 뉴턴은 운동에 관한 세 법칙을 찾아내는 데 케플러의 법칙을 이용했다. 케플러는 태양으로부터 행성에 작용하는 힘을 생각하지 않은 반면에 뉴턴은 그것까지 고려했다. 뉴턴의 만유 인력 법칙은 다음과 같이 표현되는데,

$$F = G \frac{m_1 m_2}{d^2}$$

여기서 F는 인력이며, 제3법칙이 말해 주고 있듯이 힘은 쌍방에 공히 작용한다. G는 어느 곳에서나 일정한 값을 갖는 만유 인력 상수다. m_1과 m_2는 인력이 작용하고 있는 두 물체의 질량, 즉 이 경우에는 각각 지구와 달의 질량이며, d는 두 질량 사이의 거리, 더 정확

히 말하면 두 물체의 무게 중심 사이의 거리다.

　우주의 모든 물체는 그것이 작은 질량이든 입자이든 간에 우주 안의 다른 물체들을 끌어당기고 있다. 그 인력의 크기는 그들의 질량에 비례하며 그들 사이의 거리의 제곱에 반비례한다. 그 질량은 별이나 은하만큼 클 수도 있으며 반대로 원자나 분자와 같이 아주 작을 수도 있다. 그것은 액체, 기체 또는 고체일 수도 있으며, 생명체이거나 무생물일 수도 있고, 뜨겁거나 차갑더라도 전혀 관계가 없다. 접시에 담긴 음식도 내 손을 끌어당기지만 그 크기가 너무 작아 느껴지지 않을 뿐이다. 두 물체 사이의 거리가 증가하면 인력의 크기는 감소하는데, 단순히 거리에 반비례하는 것이 아니라 거리의 제곱에 반비례한다. 즉, 1미터 떨어져 있던 두 물체 사이의 거리가 2미터가 된다면 그 인력은 4분의 1배가 되는 것이다. 제곱 반비례 법칙은 빛의 밝기에도 적용된다. 만일 읽고 있던 책으로부터 양초를 두 배 거리로 이동시킨다면 책장 위의 밝기는 4분의 1배로 줄어드는 것이다. 이와 같은 제곱 반비례의 법칙은 자기력, 전기력, 소리의 세기, 작은 열원으로부터 얻게 되는 열량 등에 적용된다. 이러한 현상들이 유사성을 가지는 원인은 무엇일까?

　위에서 언급한 각각의 경우에는 면적이 관련되어 있는데, 이를 좀더 구체적으로 표현하면 근원이 되는 것을 중심으로 하는 가상적인 구의 표면적이다. 그리고 이 표면은 바로 측정 장치가 놓이는 면이기도 하다. 구의 면적은 반지름이 증가함에 따라 제곱으로 증가한다. 제곱의 법칙이 나타나는 것은 바로 이 때문이다. 물리학적 법칙을 유도하기 위하여 공간의 기하학적 성질을 이용하고 있음에 주목하라. 또한 중심에 있는 근원으로부터 방출된 그 무엇들도 사방으로 고르게 퍼져 나가며 가장 가까운 거리를 택한다는 사실을 주목하라. 즉, 모든 물리적 과정은 가장 쉽고 가깝고 빠른 경로를 선택하려 한다. 이러한 경로를 측지선이라 부르는데 이와 같은 최소의 법칙은 그 외에도 물리학의 여기저기에서 발견된다. 이는 뒤에서 자세히 다루게 될 것이다.

만유 인력 상수 G(지구 중력에 의한 중력 가속도 g와 혼동해서는 안 된다)는 변하지 않는 일반적인 상수다. 또 그 값은 지구, 태양 근처, 또는 달 위 어디에서 측정하느냐에도 전혀 관계가 없다. 그 수치는 오로지 어떤 단위계를 사용하느냐에 따라서만 달라진다. 그러나 이 G값이 빛의 속도 c와 마찬가지로 우주의 특성을 나타내는가 하는 문제는 아직도 논란의 여지가 있다.

상당한 크기를 가진 두 물체 사이에 인력이 작용하고 있다면 문제는 좀 복잡해진다. 지구와 달의 경우를 생각해 보자. 달을 향하고 있는 지구의 부분은 그 반대 부분보다 달에 더 가깝다. 마찬가지로 지구상의 한 지점에서 달의 여러 부분에 대한 거리는 모두 다르다. 이렇게 지구상의 질점들과 달의 질점들 사이의 거리가 모두 다르므로 그 질점의 쌍들 사이에 작용하는 만유 인력의 크기도 모두 다르다. 지구나 달과 같이 거대한 물체는 수없이 많은 질점들의 모임으로 생각할 수 있으므로 지구와 달 사이의 총 만유 인력을 계산하려면 수없이 많은 질점들의 쌍에 작용하는 서로 다른 크기의 만유 인력을 모두 구한 다음 이를 전부 합해야만 한다.

뉴턴도 이러한 문제를 간파하고 있었다. 그는 특히 두 물체가 모두 균일하고 완전한 구의 모양을 가지는 경우에 대한 해답을 구했다. 이 경우 구의 대칭성으로 인하여 구의 중심보다 가까운 거리에 있는 질점들과 중심보다 먼 거리에 있는 질점들 사이의 만유 인력의 차이가 정확하게 상쇄되고 균형을 이루어, 구를 이루는 모든 질점들이 구의 중심에 집중되어 있는 것으로 간주할 수 있다는 사실을 계산을 통해 증명했다. 즉, 구 모양의 물체 사이의 만유 인력은 간단하게 계산할 수 있다. 그러나 그 외의 경우 계산은 매우 복잡해서 컴퓨터가 아니면 거의 불가능하다. 예를 들면 럭비공과 선수 사이의 인력은 그야말로 어마어마한 계산을 해야만 한다.

자, 이제 우리는 중력에 대하여 어느 정도 이해하게 되었고 또 갈릴레이가 주장했던 대로 어째서 무거운 물체와 가벼운 물체가 같은 속도로 낙하하는지 그 이유를 설명할 준비가 되었다고 본다. 뉴턴의 제2법칙에 의하면,

$$F = ma$$

여기서 m은 낙하하는 물체의 질량이다. 또한 뉴턴의 만유 인력의 법칙으로부터 물체에 작용하는 지구의 인력은 다음과 같다.

$$F = G \frac{mm_E}{R^2}$$

여기서 m_E는 지구의 질량이고, R은 지구의 반지름, 즉 지구의 중력 중심으로부터 물체까지의 거리다. 이 두 힘은 결국 동일한 힘을 두 가지 관점에서 다르게 표현한 것뿐이므로 두 식은 같다고 볼 수 있다. 두 식에서 낙하하는 물체의 질량을 소거하면 다음과 같은 식만이 남는다.

$$a = \frac{Gm_E}{R^2}$$

이는 지표면에서 낙하하는 모든 물체의 가속도는, 공기의 마찰과 지구의 자전 효과를 무시한다면, G, m_E, R의 세 가지 상수로 나타낼 수 있음을 말해 준다. 낙하하는 물체의 속도는 질량과 관계없다고 했던 갈릴레이가 옳았던 것이다. 이러한 현상은 달의 표면에서도 마찬가지다. 그러나 지표면의 낙하 속도와 달 표면의 낙하 속도는 서로 다르다. 앞에서 가속도를 결정하는 세 가지 상수 중 질량과 중력 중심으로부터 거리가 달라지기 때문이다. 달 표면에서는 지표

면에서보다 낙하 속도가 훨씬 느리다. 그러나 목성의 표면에서는 낙하 속도가 더 빠르다. 목성의 질량이 커지는 것이 그 반지름이 커지는 것을 보충하고도 남기 때문이다.

지표면에서 낙하하는 물체의 가속도를 특별히 문자 g로 표시한다. 높은 산의 꼭대기나 적도 지방에서는 그 값이 약간 작지만 지표면 대부분에서 이 가속도는 $9.8m/s^2$이다. 즉, $g=9.8m/s^2$이며, 공기의 마찰을 무시할 때 낙하하는 물체는 매 초마다 그 속도가 $9.8m/s$씩 빨라진다.

뉴턴은 만유 인력의 법칙을 지구와 달로 이루어진 계에 적용함으로써 밀물과 썰물에 대한 수수께끼를 해결했다. 수수께끼란 다름 아니라 지구는 하루에 단 한 번 자전을 하고 있는 데 반하여 지구상의 각 장소에서는 하루에 두 번씩의 밀물과 썰물이 있다는 것이 그 하나다. 두 번째 수수께끼는 다음과 같다. 만유 인력의 법칙을 이용하여 지표면에서 태양에 의한 인력과 달에 의한 인력을 각각 구해 보면 태양에 의한 인력은 달에 의한 인력에 비하여 178배나 더 강하다는 사실을 알 수 있다. 지구가 달의 주위가 아니라 태양의 주위를 공전하고 있다는 사실이 이를 말해 준다. 그렇다면 어째서 밀물과 썰물이 일어나는 위치는 태양의 방향이 아니라 달의 방향과 일치하는가?

뉴턴은 밀물과 썰물의 현상이 지구에 작용하는 직접적인 인력 때문이 아니라 지구의 각 부분에 작용하는 인력의 차이, 즉 이차적인 효과에 의해 나타나게 된다는 사실을 발견했다. 만약 달이 지표면의 모든 부분을 동등한 크기로 끌어당긴다면 이러한 현상은 일어나지 않을 것이다. 즉, 밀물이란 지표면에서 달에 가까운 쪽과 달에서 먼 쪽에 작용하는 달에 의한 인력이 차이가 나기 때문에 발생한다. 지구에서 태양까지의 거리는 달까지의 거리보다 훨씬 멀기 때문에 이러한 차이는 오히려 훨씬 더 작아진다. 밀물은 지표면에서 달과 가장 가까운 부분과 가장 먼 부분에서 나타난다. 하루에 두 번 이러한 현상이 나타나는 것은 이 때문이다.

그러나 단순히 이것만으로는 어째서 펀디Fundy 만에서는 만조가 34피트 높이에 이르며 대서양이나 태평양 연안에서는 만조가 펀디 만의 10퍼센트에 불과한지는 설명할 수 없다. 펀디 만에는 일종의 공명 현상이 일어나고 있다. 즉, 조수의 파동이 만의 너비로 이동하는 시간이 달에 대한 지구의 자전 주기와 조화를 이루는 것이다. 막대한 자금을 기꺼이 투자할 용의가 있다면, 예를 들어 체서피크 Chesapeake 만의 공명 주파수를 조정하여 그 조석 간만의 차이를 현재보다 더 높게 만들 수도 있다. 아마도 여러분은 소프라노가 유리잔과 공명을 이루는 소리를 냄으로써 유리잔을 깨뜨릴 수 있다는 이야기를 들은 적이 있을 것이다. 공명에 대한 자세한 논의는 파동의 길에서 다시 다루기로 한다.

우주 비행사와 뉴턴의 법칙

뉴턴의 법칙을 다시 한 번 음미해 보기 위하여 그 네 가지 법칙을 우주선으로 지구를 선회하는 우주 비행사에게 적용해 보자. 신문들은 대체로 독자가 이 책과 같은 전문 서적을 읽지 못했으리라 판단하기 때문에 우주 비행사의 문제를 다음과 같이 간결하게 설명하는 방법을 택한다. 즉, 우주선이 지상으로 떨어지지 않는 이유는 지구의 만유 인력에 의한 힘과 지구 궤도를 돌고 있는 우주선에 작용하는 원심력이 균형을 이루고 있기 때문이라는 것이다. 또 우주 비행사가 무중력 상태를 느끼는 것도 이 두 힘이 서로 상쇄되기 때문이라고 설명한다. 그러나 엄밀하게 말하면 이는 틀린 말이다.

뉴턴의 제3법칙에 의하면 지구가 우주선과 비행사를 아래로 잡아당긴다면 그들도 동시에 지구를 위로 잡아당기고 있다. 이 두 힘은 정확하게 같은 크기이면서 반대 방향을 향하고 있다. 또 그 크기는 만유 인력의 법칙으로 직접 계산이 가능하다. 같은 크기의 힘이라면 우주선의 가속도는 지구의 가속도에 비하여 매우 크다. 가속도는 질량에 반비례하며 지구의 질량은 우주선의 질량에 비해 엄청나게 크기 때문이다.

우주선에 뉴턴의 제1법칙을 적용해 보자. 만일 지구로부터의 인력이 없다면 우주선은 지구로부터 어떤 방향으로 튀어 나갈까? 접선 방향인가 아니면 지름 방향인가? 다윗이 물매에 돌을 채우고 빙빙 돌리다가 골리앗에게 던질 때에도 물매를 벗어난 돌이 과연 접선 방향으로 날아갈 것인지 아니면 지름 방향으로 날아갈 것인지를 알고 있어야 하지 않았을까? 물론 이 경우 가죽끈에 의한 힘은 우주선에서의 만유 인력과 같은 역할을 하고 있다. 정답은 접선 방향이다. 돌이 가죽끈으로부터 벗어나는 그 순간에 가지고 있는 그 속도를 그대로 유지하는 것이며 이것이 바로 다윗의 돌과 궤도를 선회하는 우주선의 관성이다. 우주 비행사가 관성에 의해서 접선 방향으로 날아가려 한다면, 지구에 의한 만유 인력, 즉 중력은 그것과 균형을 이룰 만한 힘이 없다. 왜냐하면 중력은 접선 방향과 수직으로 작용하고 있으며 서로 수직인 힘들은 절대 서로 균형을 이룰 수 없기 때문이다. 그러면 그 외의 어떤 힘이 중력과 상쇄될까?

그런 힘은 없다. 오로지 중력만이 줄곧 우주 비행사를 밑으로 끌어당기고 있다. 그리고 그것이 바로 그가 궤도를 유지하는 방법이기도 하다. 즉, 우주선의 궤도란 계속 수평선 밑으로 떨어지는 것이다. 좀더 자세히 살펴보자. 우주선은 지표면으로부터 일정한 높이에서 수평 방향으로 분사되는 로켓에 의해 수평 방향의 속도 성분을 얻는다. 또 이 수평 방향의 운동은 중력에 의해 야기되는 운동과 결합된다. 우주선의 궤도 운동이란 결국 두 가지 운동이 결합된 결과다. 하나는 로켓에 의한 수평 방향 운동이며 다른 하나는 중력에 의한 평범한 낙하 운동이다. 우주선이 지속적으로 방향을 바꾸고 있는 것 자체가 가속도 운동을 하고 있다는 뜻이며 이러한 가속도의 근원이 되는 힘은 바로 중력이다. 비록 우주선의 고도가 일정하게 유지되고 있기는 하지만 그렇더라도 우주선은 계속 낙하하는 중이다. 우주선이 낙하하고 있지 않다면, 다시 말해서 중력이 순간적으로 사라진다면, 우주선은 벌써 접선 방향으로 날아가 버렸을 것이다.

 자유 낙하가 무중력 상태와 어떻게 관계되는지 알아보자. 여기서 분명히 해야 할 점은 무중력이란 질량의 소멸을 의미하는 것이 아니라는 사실이다. 다만 중력에 반대하여 질량을 떠받치고 있는 힘의 소멸을 말한다. 손에 무거운 포환을 들고 건물 옥상에서 승강기를 탔다고 생각해 보자. 만일 포환을 놓친다면 이는 발 위로 떨어진다. 포환은 분명히 무게를 가진다. 이번에는 승강기 케이블이 끊어졌다고 하자. 승강기는 자유 낙하하게 될 것이고 포환도 마찬가지다. 이 때 포환을 놓치더라도 이는 발 위에 떨어지지 않는다. 왜냐하면 나와 포환을 포함한 모든 것이 질량에 관계없이 다 같은 속도로 낙하하고 있기 때문이다. 포환은 항상 내 옆에 머물러 있다. 또 나는 포환이 떨어지지 않도록 하기 위해서 어떠한 힘도 줄 필요가 없다. 포환은 무게가 없는 것이다. 포환의 무중력 상태를 이보다 더 잘 설명할 수 있는 방법에 어떤 것이 있겠는가? 내가 승강기 안의 저울 위에 서 있는 상태에서 케이블이 끊어졌다면 저울의 눈금은 0을 가리키고 있을 것이다. 저울과 내가 같은 속도로 낙하하고 있기 때문이다. 나 역시 무게가 없어진다. 승강기가 바닥에 도달하여 급속하게 감속될 때에는 이야기는 전혀 달라진다. 동시에 매우 슬픈 이야기가 될 것이 틀림없다.

앞에서 승강기는 수직으로만 운동한다. 승강기에서 일어난 일들을 궤도 운동하는 우주 비행사와 연관지으려면, 바다가 내려다보이는 해안의 벼랑에서 수평 방향으로 발사한 포탄과 같이 무언가 수평 방향의 속도 성분을 갖는 것을 생각해야 할 것이다. 절벽 위에서 수평 방향으로 발사한 포탄은 같은 위치에서 단순히 밑으로 자유 낙하시킨 포탄과 동시에 물을 튀기며 수면에 떨어진다. 수직 방향으로 떨어지는 비율은 포탄의 수평 방향 속도와는 무관하기 때문이다. 그러면 이번에는 아주 많은 양의 화약을 사용하여 포탄을 쏘아 보기로 하자. 포탄에 지구를 일주하기에 충분한 양의 화약을 넣는 것이다. 그렇더라도 포탄은 이전처럼 계속해서 낙하한다. 단, 지구가 평평하지 않기 때문에 수평선도 마찬가지로 자꾸만 떨어진다. 포탄이 궤도를 갖는 것은 자꾸만 지구 쪽으로 떨어지기 때문이다. 즉, 포탄에 지구의 만유 인력이 작용하는 것이다. 물론 포탄의 화약에 의해 주어진 수평 방향 속도와 적절히 결합되어야만 한다. 이러한 원리는 궤도 운동을 하는 우주선에도 동일하게 적용된다.

얼마만큼의 화약을 사용해야 할까? 너무 많은 화약을 사용한다면 포탄의 수평 방향 속도가 아주 커질 것이다. 그렇더라도 수직 방향으로는 g의 가속도로 낙하함에 변함이 없다. 그러나 수평 방향 속도와 결합했을 때 그 곡선 궤도가 지구의 곡률을 따르지는 않을 것이며 우주의 밖으로 날아가 버리고 말 것이다. 우주선이 포물선이나 쌍곡선이 아닌 타원 궤도를 갖도록 하기 위해서는 로켓에 의한 힘을 아주 주의 깊게 계산해서 쏘아야 한다.

그림 1은 뉴턴의 그림을 재구성한 것인데 산 위에서 발사한 로켓의 가능한 궤도를 보여 주고 있다. 이는 앞에서 언급했던 바다가

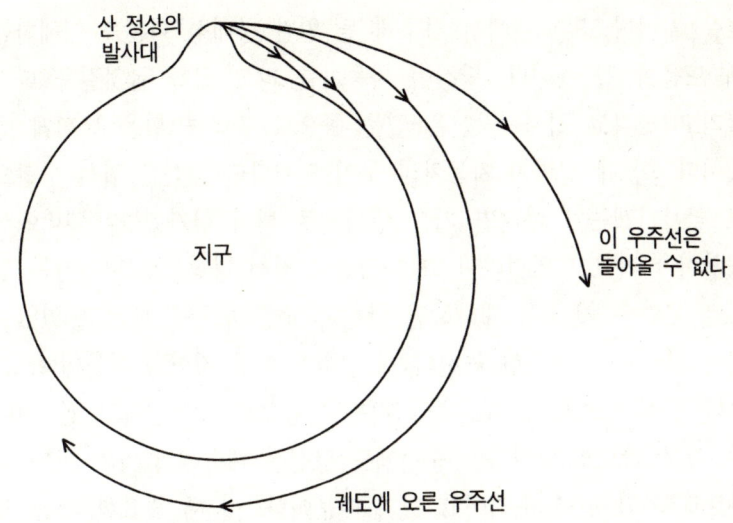

그림 1 인공 위성을 궤도에 진입시키는 계획(뉴턴의 밑그림을 기초로 함)

내려다보이는 절벽에서 포탄을 발사하는 경우와 유사하다. 행성의 궤도 그리고 거대한 시계와도 같은 우주라는 뉴턴의 관점은 유럽과 전세계로 퍼져 나갔다. 《프린키피아》는 라틴어로 쓰여졌다. 곧 영문 번역판이 출간되었지만 그것도 그리 읽기 쉬운 책은 아니었다. 그럼에도 불구하고 그의 책은 아주 유명해졌는데 이는 200년 후 아인슈타인의 상대성 이론이 그 난해함에도 불구하고 유명해졌던 것과 마찬가지다. 뉴턴의 책은 심지어 여성만을 위한 판까지 출간되기에 이르렀다. 아마도 대부분의 사람들은 물리학에는 관심이 없었는지도 모른다. 그러나 그들도 우주에서의 인간의 존재나 목적과 같은 거창한 질문에는 많은 관심이 있었고 이에 대하여 부분적인 답을 제공해 주는 책들을 읽었다.

우주 비행사에 대한 논의에서 원심력에 대하여는 전혀 언급도 하지 않았다. 원심력은 과연 어떻게 되었는가를 따져 보는 것은 흥미로운 일이며 또한 뒤에서 다루게 될 일반 상대성 이론을 이해하는 데 도움이 될 것이다. 당신이 자동차를 타고 급한 굽잇길을 따라 달리고 있다고 하자. 당신은 옆문 쪽으로 쏠리는 힘을 느끼게 될 것이다. 이 때 갑자기 자동차의 문이 열린다면 당신은 접선 방향으로 날아가겠는가 아니면 지름 방향으로 튀어 나가겠는가? 밖에서 경찰이 바라보고 있었다면 그는 당신이 접선 방향으로 날아가는 것으로 보았을 것이다. 왜냐하면 당신이 교통 법규를 따르고 있었는 지는 모르지만, 최소한 뉴턴의 제1법칙은 따를 것이기 때문이다. 그러나 당신 스스로는 차로부터 지름 방향으로 날아간다고 볼 것이다. 차문 밖으로 날아가는 순간에도 당신은 계속해서 차의 이동 방향으로 차와 함께 움직이고 있기 때문이다. 이 때 중요한 것은 차에 대한 당신의 상대 속도다. 자동차라는 기준 틀에서 볼 때 당신은 지름 방향으로 날아간다. 그러나 경찰, 즉 지구라는 기준 틀에서는 당신은 접선 방향으로 날아가는 것으로 보인다. 관측되는 운동의 방향은 관찰자의 운동에 따라 상대적이다. 이러한 착상은 상대론의 길에서 자세하게 논의될 것이다.

라플라스의 악마

뉴턴이 《프린키피아》에서 열어 놓은 문을 통과해 지나간 사람 중에 재능 있는 과학자이자 수학자이기도 한 라플라스Pierre Laplace; 1749~1827가 있다. 그는 라그랑주Joseph Lagrange, 오일러Leonhard Euler, 가우스Carl Gauss 등과 함께 뉴턴의 행성 궤도에 대한 수학적인 해석 방법을 더욱 발전시켰다. 그들의 연구 결과는 미래에 대한 천문학적 예측과 함께 과거에 대한 추측을 가능케 했다.

우주에 존재하는 모든 물질, 특히 생명체를 포함하여 지구상에 있는 모든 것이 입자로 이루어져 있고 또 이 입자의 운동은 일정한 방정식에 의해 지배되므로, 충분히 조심스럽게 다루기만 한다면 미래의 사건은 예측이 가능하다. 라플라스는 다음과 같은 상상을 한다.

한 지적인 존재가 있어서 주어진 어떤 한 순간에 자연계에 존재하는 모든 힘과 전체 우주에 존재하는 모든 질점의 현재 위치를 알고 있으며 또한 그 자료들을 적절히 처리할 만큼 충분한 계산 능력을 가지고 있다면, 그는 큰 물체에서부터 아주 작은 원자에 이르기까지의 모든 운동을 해석해 낼 수 있을 것이다. 세상에는 불확실성이란 한 점도 존재하지 않는다. 미래에도 또 과거에도

이 존재가 바로 '라플라스의 악마'로서 알려져 있다. 오늘날 슈퍼 컴퓨터가 바로 여기에 해당될지도 모르겠다. 악마가 되었든 컴퓨터가 되었든 간에 이는 철학적으로 결정론적 관점을 말해 주고 있는데, 마치 점성술에서 미래는 현재의 상태로부터 이미 결정되어 있다고 하는 것과 일맥 상통한다. 칼빈주의자의 예정설은 바로 이러한 사상이 신학적으로 표현된 것이라고 볼 수 있겠다. 우리의 행동을 포함하여 실제로 일어난 모든 일은 피할 수 없이 그렇게 되도록 예정되었던 것이며 실제로 일어나지 않은 일들은 그것이 불가능하기 때문이라는 것이다. 어떤 이들은 이를 "신은 또 다른 방법을 선택할 수 없다"고까지 말하기도 한다. 이러한 관점에서 본다면 원인과 결과의 관계는 직접적이고 확실하며 그리고 정확하다. 물리적인 과정과 그 원인 사이의 관계는 물체의 가속도와 뉴턴의 법칙에 의한 힘과의 관계처럼 기계적이라는 것이다.

오늘날 라플라스의 악마는 불가능한 것으로 간주된다. 과학적 업

적과 발견의 목록이 점차 길어질수록 전혀 불가능하거나 아니면 아주 특별한 경우에만 가능한 현상들이 계속 나타났기 때문이다. 예를 들면 영구 기관, 빛의 속도보다 더 빠른 속도의 물체, 열이나 시간이 거꾸로 흐르는 현상, 생명체가 스스로 발생하는 것, 고립된 자기 단극의 존재 등이 그것이다. 모든 발견이란 결국 특정한 제한적 요소의 관계들에 대한 단서를 찾는 일이다. 어떤 관계는 결코 성립될 수 없으며 어떤 일은 일어날 수 없다는 발견이 계속되었다. 반면에 라플라스의 악마라는 존재는 이미 알려질 수 없는 것이 없으며 또한 그들은 컴퓨터의 기억 장치에 입력될 수 있다는 사실을 내포하고 있다.

라플라스의 악마는, 물리적 우주를 정의하고 또 그것을 완벽하게 기술하는 데 필요한 정보는 유한하며 완전하다고 가정한다. 물체가 움직이고 사건이 발생하는 것을 지배하는 법칙도 보편적이고 정밀하다고 간주한다. 만일 어떤 과학적 이론이나 법칙이 모호하고 불완전하다면 그것은 과학자의 부정확한 측정으로 인한 실패에 그 원인이 있다는 것이다.

그러나 완벽함을 거부하는 것은 자연이지 사람이 아니다. 이러한 사실은 여러 곳에서 나타나고 있다. 첫째, 어떤 측정에 있어서 그 정밀도를 더욱 향상시키려고 하면 할수록 동시에 물리적 과정의 각 단계마다 잡음이 개입될 수밖에 없음이 그 예다. 우리가 끊임없이 추구하고자 하는 것과 또 열심히 배제하려고 하는 두 가지 사이에는 혼선과 함께 불가분의 상호 관계가 존재한다. 잡음의 한 근원은 열적인 요동이다. 온도가 통계적 개념이므로 요동은 필연적이다. 잡음의 또 다른 원인은 전하가 양자화되어 있다는 사실이다. 즉, 전자 한 개보다 작은 전하는 존재하지 않는다. 이로 인해 매우 작은 전류는 엽총의 탄환 줄기와 같이 불규칙적이다. 이를 탄환 소음이라고 부르는 것도 그 때문이다.

 아주 작은 전류를 측정할 때 갈바노미터라는 정밀한 검류계를 사용하는데 여기에는 아주 가벼운 거울이 달려 있어서 전류가 흐르면 이 거울은 작은 각도로 회전하게 된다. 빛이 반사되어 검출되도록 하는 거리는 마음대로 정해 줄 수 있으므로 거울의 회전 각도는 원하는 만큼 증폭시키면 측정이 가능할 것이다. 그러나 이러한 전략은 효과가 없다. 잡음이 우리가 측정하고자 하는 신호와 함께 증가하기 때문이다. 이로 인해 반사되어 나오는 빛은 매우 불안정하게 되는데 이는 브라운 운동과 유사하다.

 둘째, 잡음만으로는 충분치 않은지 측정 시간 또한 유한하다는 제한이 가해진다. 이로 인해 측정의 분해능은 필연적으로 유한해진다. 즉, 잡음이 없는 깨끗한 신호만 있다고 하더라도 실험 오차를 0으로 줄이는 것은 불가능하다. 예를 들어 어떠한 파동도 정확하게 한 가지 파장만을 가질(monochromatic) 수는 없다. 어떠한 파동도 무한히 길 수는 없으며 그렇다고 파장이 무한히 짧아질 수도 없기 때문이다. 그래서 항상 회절이라는 현상이 존재한다.

 셋째, 인간에게는 오차의 가능성이 항상 내재되어 있다는 것이다. 그것은 최소한의 실수에 대한 유한의 가능성이다. 우리가 좀더 현명해짐에 따라 '절대적 진리'에서 절대적이라는 말을 빼고 '진리'라고만 쓰는 것도 이러한 맥락이다.

 넷째, 인간의 개념과 심리적 구조는 물리적 현실보다 더욱 경직되어 있고 또한 도식적이다. 계산이 지나치게 정확할 때 그들은 본능적으로 그 상을 흐리게 만들어 버린다. 물리적 변수와 상수는 수학적 수치와는 달리 수많은 계산 속에서 그 정확한 의미가 상실되기 십상이다. 압력과 비중이란 그것을 측정한 표본의 개수가 한정되어 있다는 데서 그 의미를 잃어버릴 뿐만 아니라 그 표본이 거대하더라도 제한적인 의미밖에는 가질 수 없다. 우리는 우리가 말하는 것의 의미를 정확하게 전달하려 하지만 이미 뱉어진 말은 정확한 의미를 상실하는 것이다.

백설 공주의 사악한 계모가 이렇게 물었다. "거울아, 거울아, 이 세상에서 누가 가장 아름답지?" 거울은 과연 무엇을 근거로 여기에 대답할 수 있겠는가? 아름다움이란 과연 정확한 측정의 기준이 있는가? 지성적이란 말은 또 어떠한가? 질량은? 나이는? 온도는? 어떤 범위를 넘어서면 개념들 자체가 무너진다. 정의定義는 항상 제한된 범위 내에서만 적용된다.

지표면으로부터 얼마까지의 높이를 대기권이라고 말할 수 있는가? 엄밀히 말하면 이는 적당한 질문이 아니다. 정확한 답이 있을 수 없는 것이다. 지면으로부터 위로 올라갈수록 공기가 점점 희박해진다는 사실은 분명하다. 그러나 어디까지를 대기권으로 볼 것인가는 상대적인 문제다. 그러나 비행 물체는 대기를 이용하는 것과 우주선으로 구분할 수 있다. 여기서 대기를 이용한다는 것은 날개와 터보 제트 엔진을 사용할 수 있음을 의미한다. 반면에 우주선은 로켓 엔진을 사용할 수밖에 없다. 양자의 길에서 슈뢰딩거의 고양이를 만나게 될 때 이와 같은 난해한 논리를 또다시 다루게 될 것이다.

다섯째, "같은 물은 같은 다리 밑을 두 번 지나갈 수 없다"는 말이 있다. 정지靜止라는 말은 다분히 수학적이고 형이상학적인 용어다. 물리적인 우주에서는 이런 개념이 없다. 모든 것이 흐르는 상태에 있다면 우리가 측정하고자 하는 것도 역시 흐르는 상태에 있는 것이 당연하다. 불변이야말로 완벽함의 한 형태일 수 있다. 그러나 그것은 얻을 수 없는 것이다. 어떤 물리적 과정도 완벽하게 되돌리거나 반복될 수 없다. 고대 철학자들은 변화와 정지 사이의 구분에 초점을 맞추었다. 그러나 갈릴레이와 뉴턴은 다만 일정한 변화와 일정치 않은 변화(가속도) 사이의 구분에 그 초점을 맞추었던 것이다.

이러한 모든 제한적 요소의 결과로 인해 우리의 예측들은 그 대상이 ── 예를 들면 일식이나 월식과 같은 ── 더욱 미래로 가거나 또는 더욱 과거로 갈수록 점점 부정확해진다. 지구와 달의 운동에 대한 자료들은 실제로 그 정밀도에 제한이 있게 마련이며 계산된 궤도들도 제한된 범위 내에서만 적용된다. 다른 모든 것들과 마찬가지로 그들도 시간에 따라 변한다. 라플라스의 악마는 잘못 태어난 것이다. 완벽함, 확실함 그리고 불변성이란 수학과 같이 마음대로 정의할 수 있는 영역에서나 가능한 개념이었다. 완벽함이란 사람이 만들어 낸 것이다. 라플라스의 악마는 한낱 완벽주의자의 환상이었다.

큰 의문으로의 여행

각 분야의 과학은 모두 동일한 발전의 단계들을 거치며 진보해 가는 경향을 보인다. 다음은 이러한 단계들을 도식적으로 그 순서에 따라 나열해 본 것이다. 물론 이 도표는 약간의 치우침이나 또는 너무 단순화시켰다는 느낌이 들기도 하지만 그렇더라도 분명히 시사하는 바가 있다.

1. 의인적擬人的 단계anthropomorphic stage: 자연의 현상이 마치 어떤 목적에 맞추어져 일어나는 것으로 파악되는 단계를 말한다. "자연은 진공을 싫어한다" 같은 표현은 더 이상 사용되지 않는다. 반면에 건전지가 죽었다든지 화산이 되살아났다고 말한다. 또한 생물학

에서는 인체의 모든 기관은 각기 유용한 목적이 있다는 것과 같은 가정을 하려는 경향을 보이기도 한다. 이 단계에서는 마술이라는 말이 하나의 훌륭한 과학적 설명 방법이 된다.

2. 분류의 단계classification stage : 현상과 특성이 그 범주에 따라 조직적으로 분류되고 정의된다. 생물학에서는 이 단계의 대표 주자로 리니어스Carolus Linnaeus ; 1707~1778를 꼽는다. 물리학은 역학, 열, 빛, 소리, 전기 그리고 자기 등으로 분류되며 이들 각각에는 그러한 성질을 가지는 원소의 흐름이 하나씩 배정된다. 중력에는 열소 phlogiston, 열에는 칼로릭, 빛에는 에테르를 통해 이동하는 입자, 전기에는 양과 음의 두 가지 유체가 배정되는 것이다. 뉴턴은 다음과 같은 말로 여기에 반대 의사를 나타냈다. "모든 현상에 각각 그러한 특징을 가지는 원소들을 하나씩 배정하여 설명한다는 것은 결국 아무것도 설명하지 않은 것이나 마찬가지다." 합리적인 독자라면 뉴턴의 힘의 개념도 결국은 이러한 범주에 속하는 것은 아닌지 의문을 품어봄직도 하다.

3. 수치화의 단계mathematicalization stage : 관찰과 실험적 결과들이 이론과 공식과 법칙에 의해 통일되어 가는 과정이다. 뉴턴이야말로 이러한 단계의 상징이며, 라플라스의 악마는 그 형이상학적 인물이라고 볼 수 있다.

4. 유착의 단계ankylosis stage : 분명히 서로 관계가 없던 현상들이 상호 의존적이거나 또는 유사한 법칙을 따른다는 사실이 발견된다. 이들을 통합하는 새로운 이론이 탐색된다. 새롭게 발견되는 것들의 목록이 늘어남과 동시에 통일된 이론에는 부합하지 않는 새로운 사실들에 대한 목록도 늘어나게 된다. 예를 들면 양자 역학의 불확정성의 원리라든지 또는 배타의 원리와 같은 것들이다. 즉, 우리는 유전자 복제, 핵 융합 그리고 물질의 합성과 같이 그것이 적용되는

영역에 대하여 배울 뿐만 아니라 그것이 어디에는 적용이 되지 않는지도 동시에 배우는 것이다.

5. 우리는 지금 어디에 와 있는가의 단계: 1858~1859년에 다윈 Charles Darwin과 월리스Alfred Wallace에 의해 처음으로 발표된 종의 진화론은 생물학 분야뿐만 아니라 모든 과학의 영역에 지대한 영향을 미쳤다. 즉, 진화의 개념은 모든 분야의 과학 이론에도 적용되는 하나의 원형 또는 철학적 원리가 된 것이다. 그 과학적 이론이 무엇을 다루고 있는가에 관계없이, 즉 은하, 사회, 언어, 분자 또는 소립자 무엇이 되었든 간에, 과학자들은 항상 기존의 이론으로부터 어떠한 형태로 또는 어떠한 단계로 진화해 나갈 것인가에 관심을 갖는다. 이제 진화는 과학적 발견일 뿐만 아니라 하나의 목적이 되고 있다. 다음과 같은 표현이 적당할까? 진화=연속성+인과율.

코페르니쿠스는 지구의 위치를 우주의 중심으로부터 다른 곳으로 옮겨 놓았다. 반면에 다윈은 인간을 단순하게 진화라는 한 나무의 가지로 만들어 버렸다. 현대인은 거기서 멈추지 않고 계속 큰 의문에 대한 답을 추구하고 있으며 그들은 현재 그 어느 때보다도 집에 가까이 접근해 있는 것으로 보인다. 두 명의 수염 난 유태인 마르크스와 프로이드는 마치 야누스의 두 얼굴과 같다. 한 사람은 우리의 사회, 역사, 경제, 정치 등을 향한 외부 지향성이며 또 한 사람은 감정, 동기, 행위와 꿈 등 우리의 내면 세계를 지향한다.

과학자란 모든 것이 변화하고 있는 상황에서도 결코 변함이 없는 그 어떤 요소를 찾아낼 수 있어야만 한다. 그것은 철학자들이 바로 본질이라고 부르는 것인데 에너지, 질량, 전하의 보존과 같은 과학적 법칙들이 그 좋은 예다. 방정식도 마찬가지다. 변수들의 크기는 변할지라도 그들 사이의 관계는 불변인 것이다.

오늘날의 이론 물리학은 철학적 문제의 첨단에 서 있다. 실체의 본질, 우주의 구조, 관찰자로서의 인간의 역할, 시간과 공간의 궁극적 의미, 인과성과 우연의 범위, 이런 것들은 한때 철학자와 신학자들만의 논쟁거리였다. 그러나 오늘날 이런 논쟁에 참여하기 위해서는 물리학이나 응용 수학은 필수 과목이 되어 버렸다.

이러한 문제들이 한 가지의 단순한 발견이나 개념의 출현으로 인해 갑자기 제기된 것은 물론 아니다. 과학과 문화란 일반적으로 수많은 길을 따라 점진적으로 발전한다.

이제 과학 분야에서 성공의 비결은 수학적 능력이나 사실에 대한 기억력 또는 관찰력 들이 아니다. 그렇다고 물론 이런 능력에 대한 가치가 완전히 사라졌다는 말은 아니다. 다만 더욱 결정적인 요소는 호기심이며 곧 문제를 찾아내는 능력이라는 것이다. 어느 혹독하게 추운 아침, 나는 학교에 가기 위하여 꽁꽁 얼어붙은 호수 옆을 지나가고 있었다. 얼음 위에 서 있는 오리들을 보고 나는 다음과 같은 의문을 품었다. '오리의 발은 어째서 얼어붙지 않을까?' 당신이나 내가 오리처럼 맨발로 얼음 위에 서 있다면 아마도 한 시간 안에 병원 신세를 지지 않으면 안 될 것이다.

당신이 아주 역동적인 호기심의 소유자라면 당신의 삶은 더욱 복잡해질 것이다. 또 경우에 따라서는 문제에 봉착할 수도 있다. 그러나 삶은 그만큼 더 흥미로워질 것이다. 경마는 다양한 의견에도 불구하고 어떤 말이 이길 것인지 아무도 알지 못하기 때문에 더욱 흥미 진진하다. 과학은 흥미롭다. 그러나 사실 과학의 주된 목적은 흥미를 경감시키는 것이다. 경마의 결과를 과학적으로 추론하는 것이 그것이다. 다음과 같은 속담이 있다. "호기심은 한 마리의 고양이를 죽였고, 만족은 그것을 다시 가져왔다." 그러나 이것은 틀렸다. 우리의 고양이는 호기심 그리고 만성적인 지식에 대한 갈증으로 인해 살아 있는 것이다.

자, 그러면 앞으로 우리가 여행하게 될 뉴턴의 우주관으로부터 뻗어 내려온 여러 갈래의 길을 잠깐씩 조망해 보기로 하자. 이미 뉴턴의 시대에도 빛의 파동설은 존재했다. 빛이 파동인가 아니면 입자인가에 대한 많은 논쟁이 있었지만 뉴턴이라는 무게로 인하여 입자설 쪽으로 기울어져 있었다. 제2장에서 주로 다루게 되겠지만 빛의 간섭, 회절 그리고 편광 현상으로 인해 그것이 파동이라는 사실이 결정적인 성공을 거두게 된다. 그러나 사실 당시 이러한 현상들이 명확하게 이해된 것은 아니었다. 지금 우리는 빛이 경우에 따라서 입자 또는 파동과 같이 행동한다는 것을 알고 있다. 또 이 파동-입자 이중성은 제6장에서 다루게 될 양자론의 중심적 개념 중 하나다.

전기 그리고 자기적 힘에 대하여 뉴턴은 많은 연구를 하지 못했다. 이 분야에서만큼은 패러데이Michael Faraday와 맥스웰James Maxwell이 선두 주자였다. 그들은 장場의 개념을 확립했는데 이는 전하와 자극 사이에 비어 있는 진공의 공간에 실제적인 물리적 성질을 부여한 것이다. 제3장에서 주로 다루게 될 장의 관점에서 본다면, 뉴턴의 만유 인력의 법칙은 다름 아니라 질량과 질량 사이의 중력장을 의미한다. 제7장에서 다루게 될 아인슈타인의 일반 상대성 이론은 바로 이 중력장에 대한 개념을 다루고 있다. 장의 개념은 또 파동 이론과 훌륭하게 어우러진다. 진공이 되었든 매질이 되었든 장이 물결치는 것이 곧 파동이고 또 파동은 장을 통해서 전파되기 때문이다.

많은 수의 물체 또는 입자들 사이의 힘을 모두 계산하는 것은, 두 개의 쌍마다 작용하는 상호 작용력으로 인해 여기에 개입되는 방정식의 숫자가 너무 많아지기 때문에 아주 어렵거나 거의 불가능하다. 심지어 세 물체의 문제, 예를 들면 태양, 지구, 달의 문제도 그 계산이 쉽지 않다. 뉴턴도 이 문제를 연구했는데 정확한 답을 구하는 것은 불가능하다는 확신을 갖게 되었다. 그는 옳았다. 오늘날 이 문제의 근사해를 구하는 데에 컴퓨터가 사용된다. 그러나 19세기에는 통계적인 방법이 유일한 해결책이었다. 기체 입자들의 역학적·열적인 현상들도 통계적인 방법으로 기술되었다. 현대 물리학에서는 이러한 통계 확률적 방법이 원자와 같은 미시적인 세계에서도 핵심이 되며 심지어 원자 한 개에 대해서도 적용된다는 사실을 밝혔다. 양자론은 바로 원자의 세계에서 일어나는 물리적 사건의 확률과 관련이 된다. 물리적 확률 개념의 역할은 제4장에서 다룰 것이다.

뉴턴으로부터 뻗어 나온 길이 도달하는 새로운 영역들은 모두가 하나같이 매혹적이다. 그 중에서도 양자론과 상대성 이론은 아마도 좀 낯설게 느껴질 것인데 이 두 가지 이론이야말로 현대 과학 혁명의 심장부와 같다. 제5장에서 다루게 될 특수 상대성 이론은 말하자면 뉴턴의 역학과 맥스웰의 전자기장 이론의 결합이라고 볼 수 있다. 일반 상대성 이론은 이를 가속되는 계와 중력에까지 확대시킨 것이다.

파울리Wolfgang Pauli와 보어 두 유명한 물리학자에 대한 다음과 같은 일화는 뉴턴으로부터 뻗어 나온 여섯 갈래 길에 대한 지적인 흥분을 묘사한다. 하루는 보어가 주관하는 한 물리학자들의 모임에서 파울리가 그의 최신 이론에 대한 강의를 하게 되었다. 강의가 끝난 후 토론과 함께 회의적인 질문이 계속되었다. 마지막으로 일어선 보어는 다음과 같이 마무리했다고 한다. "새로운 사실을 담는 이론이 정립되기 위해서는 낡고 고집스런 이론들은 완전히 뒤집어져야만 한다는 사실을 우리 모두 알고 있습니다. 그런데 파울리 씨, 여기 모인 모든 사람들의 느낌은 당신의 새 이론이 충분히 기이하지 않다는 것입니다."

　뉴턴으로부터의 여섯 갈래 길은 자연, 근원, 우주와 인간의 목적에 관한 큰 의문에 해답을 주지는 않는다. 그러나 이들이 이 문제에 대해 전혀 외면하고 있는 것도 아니다. 거울을 통해 우리 자신을 보고 있다고 하자. 우리의 상은 어디에 있는가? 거울 뒤에는 광학적인 상이 있다. 또 망막에는 빛 에너지의 초점이 맞춰지고 뇌는 그 상을 감지한다. 이 세 개의 상들, 즉 허상, 실상, 망막 위의 상은 모두 과학적 관심의 대상이다. 그 내용뿐만 아니라 상의 위치도 그러하다. 과학적 문제의 다른 면들을 둘러봄과 동시에 이 여섯 갈래의 길을 두루 섭렵하고 나면 우리는 이들을 더욱 깊이 있게 이해할 수 있게 될 것이다. 마지막 두 장에서 우리는 또다시 큰 의문으로 되돌아오게 된다. 그러나 완벽한 최후의 해답은 기대하지 않는 것이 좋겠다. 과학의 혁명은 아직 끝나지 않았다.

2
파동과 입자의 차이점

　뉴턴의 법칙은 질량, 그리고 질량을 가진 물체의 운동을 주로 다루는 법칙이다. 뉴턴 역학의 성공은 라플라스의 악마라는 풍자를 가능케 했다. 우주에서 일어나는, 혹은 일어날 수 있는 모든 것은 역학 법칙에 따라 입자들이 움직이는 결과다. 그런데 이러한 관점으로는 설명하기에 어려운 한 가지 현상이 있는데 그것이 빛이다. 빛은 음파와는 달리 매질을 필요로 하지 않는다. 별빛이 진공인 우주 공간을 지나서 지구까지 도달하는 것을 보아서도 알 수 있다. 뉴턴은 빛이 광원으로부터 발사되는 작은 입자들로 이루어졌다고 보았다. 그러나 이러한 관점은 같은 시대의 과학자들 사이에서도 논쟁의 대상이 되었다. 특히 호이겐스Christiaan Huygens는 빛이 파동으로 이루어졌다고 주장했다. 호이겐스의 관점은 19세기의 광학과 전기학의 발견에 중심이 된 물리적 장의 개념과 잘 어울리는 것이기도 했다.

　당구대에 세 개의 당구공을 서로 접하게 하여 한 줄로 놓는다. 그 선을 따라 큐 공을 쳐서 첫번째 공의 정면을 맞추면 그것에 맞은 공과 가운데 공은 움직이지 않고 오히려 제일 뒤쪽 끝에 있는 공이 거의 큐 공과 같은 속도로 튀어 나간다. 그대로 정지해 있는 두 공을 통해 제일 뒤에 있는 공에게 전해진 것은 무엇일까? 이는 진동하는 분자의 파동이다. 파동은 에너지와 정보를 전달하지만 질량은 전달하지 않는다. 운동의 형태만이 매질을 통해서 전달된다. 이러한 개념으로부터 발전된 과학을 파동 물리학이라고 부른다. 이것은 우주의 물리적인 해석에서 뉴턴의 물질적 해석과는 다른 관점을 제공해 주었는데 모든 것, 심지어 입자들의 운동도 파동으로 해석될 수 있다고 보았다. 당구공을 통해 전달된 탄성파는 우리가 듣는 음파와 비슷하다. 그러나 빛은 이런 종류의 파동과는 또 다르다. 두 매질 사이의 경계 면에서 나타나는 수면파 또한 그러하다. 독자는 아마도 용수철이나 악기에서 나는 다른 종류의 파에는 익숙할 것이다.

　뉴턴은 광학에 관한 책도 저술했는데 이 책에서 그는 백색광이 프리즘을 통과하면 여러 색의 스펙트럼으로 분해된다는 사실을 처음 발견했다고 적고 있다. 뉴턴은 빛의 색깔이 빛이 가지고 있는 내재적인 성질인지 아니면 프리즘이라는 외적 요인에 의해 나타나게 된 것인지에 대하여 연구했으며, 색이 빛 자체의 특성이라는 결론에 도달했다. 또한 뉴턴은 빛이 유리나 물의 표면에 반사될 때 어떤 요인에 의해 그 일부는 반사되고 다른 일부는 굴절되는가에 대하여 의문을 품었다. 뉴턴은 하나의 광선이 두 개로 나눠지는 것에 대해 깊이 생각했다. 그러나 정확한 원리를 찾지는 못하고 대신 엉뚱한 결론을 내려 버렸다. 천재의 엉뚱함은 엉뚱함 그 자체로도 흥미로운 것이 되어 버린다. 그는 입사된 빛이 반사와 투과가 번갈아 일어난다고 보았던 것이다. 19세기 들어서 프레넬Augustin Fresnel과 맥스웰에 의해 주장된 빛의 파동 이론은 뉴턴의 질문에 완전한 대답을 주는 것처럼 보였으나, 20세기에 와서 빛의 본질은 양자론에 의해서 또다시 새로운 의문에 봉착하게 되었다. 이 장에서는 바로 파동 물리학에 대해서 논의하고자 한다.

양자론이 발전하기 전까지 빛이 보여 주는 두 가지 현상으로 인해 그 파동성은 정설로서 굳어지는 듯이 보였다. 그 두 가지 현상이란 다음과 같다.

1. 간섭과 회절이란 서로 다른 두 개의 파동이 중첩될 때 보강 또는 상쇄되는 현상을 말한다. 즉, 두 개의 파동이 한 곳에서 중첩될 때 위상이 서로 같으면 진폭이 합해져 보강되고 위상이 서로 다르면 상쇄된다.

2. 편광은 파동의 진동하는 방향과 관계가 있다. 예를 들어 수평 방향으로 진행하는 파동에서 그 진동의 방향은 위아래 또는 좌우가 될 수 있다. 그러나 공기나 물에서의 음파는 매질의 진동이 파동의 진행하는 방향을 따라 앞뒤로 일어나기 때문에 편광 현상이 나타나지 않는다.

간섭과 회절

빛은 직진한다. 이는 뉴턴이 보았듯이 빛이 광원으로부터 매우 빠르게 방출되는 아주 작은 입자들로 구성되어 있을 가능성을 말해 준다. 빛이 파동이라면, 수면파가 방파제 근처에서 회전하는 것처럼 빛도 장애물 근처에서 그 방향이 약간 꺾여야 할 것이라고 생각되었던 것이다. 뉴턴은 회절이라고 부르는 이러한 현상을 관찰하기 위해 애를 썼으나 발견할 수 없었다. 사실 뉴턴이 빛의 회절 현상을 관찰할 수 없었던 것은 빛이 매우 짧은 파장을 가지고 있었기 때문이다. 아무튼 뉴턴은 빛의 입자설을 고수했다. 뉴턴이 이에 대하여 독단적인 고집을 부리지는 않았지만 그의 권위와 명예로 인해 입자설은 한 세기 동안 거의 정설로 믿어져 왔다.

1801년 영Thomas Young은 그의 유명한 이중 슬릿 실험의 결과를 발표했는데 이는 빛의 파동성을 보여 주는 것이었다. 그림 2는 파동을 위에서 본 그림이다. 그림에서 원호들은 파의 높낮이가 아니라 파동 앞엣선을 나타낸다. 핀 구멍에 빛을 비추면 빛은 구멍을 중심으로 원호(실제로는 구면)를 그리며 퍼져 나간다. 첫째 구멍을 통과해 지나간 파동은 대칭의 위치에 놓인 두 개의 슬릿에 도달하게 되는데 이 슬릿만이 빛이 계속 진행할 수 있는 유일한 통로가 된다. 따라서 두 개의 슬릿 오른쪽에는 이제 두 개의 독립된 파동이 존재하게 된다. 두 슬릿의 간격이 가깝기 때문에 두 파동은 부분적으로 겹쳐져서 스크린에 밝고 어두운 무늬를 나타낸다. 빛의 입자설로는 이러한 현상을 설명할 수 없다. 스크린에 나타나는 밝고 어두운 무늬는 두 파의 상대적인 위상과 관계가 있다. 즉, 스크린의 특정한 위치에서 두 파동이 같은 위상을 가져 파가 겹치면 밝은 무늬가 나타나고 위상이 다른 경우에는 어두운 무늬가 나타나는

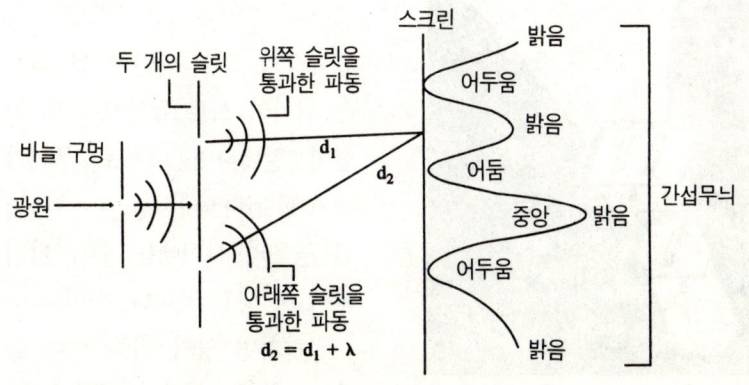

그림 2 영의 이중 슬릿 실험

것이다. 그림 3은 같은 실험 내용을 다른 관점에서 재구성한 것인데 밝은 무늬와 어두운 무늬가 교대로 나타나는 것을 분명하게 보여 주고 있다. 이러한 무늬들, 특히 어두운 무늬는 빛의 파동성에 대한 명백한 증거다. 왜냐하면 다른 방법으로는 이 어두운 무늬가 슬릿 두 개가 다 열려 있음에도 불구하고 슬릿을 한 개만 열어 놓았을 때의 그 지점의 밝기보다 더 어둡다는 사실을 설명할 길이 없기 때문이다. 그렇더라도 에너지는 보존된다. 밝은 무늬는 두 배의 진폭을 갖기 때문이다.

스크린상 어두운 무늬의 간격은 두 슬릿 사이의 간격과 빛의 파장에 의존한다. 스크린의 중심에서 두 슬릿까지의 거리는 같다. 따라서 스크린 중심에서는 두 파동이 같은 위상을 가질 것이며 보강 간섭이 일어나 밝은 무늬를 얻게 된다. 이 밝은 무늬의 양쪽 옆 부분은 모두 두 슬릿까지의 거리가 각기 달라지게 되는데 만일 그 점에서 두 슬릿까지의 거리가 파장의 정수 배만큼 차이가 나게 되는 경우에는 각 슬릿을 통과한 두 파동은 같은 위상에 있게 되며 밝은 무늬를 보게 될 것이다. 그러나 만약 이 거리의 차이가 반파장의 홀수 배라면 두 파동은 위상이 서로 달라져 소멸 간섭이 일어나며 어두운 무늬가 생기게 된다. 이러한 두 극단적인 경우의 사이에는 중간 밝기의 빛이 생길 것이다.

말하자면 영의 이중 슬릿 실험 장치는 간단한 간섭계다. 뒤

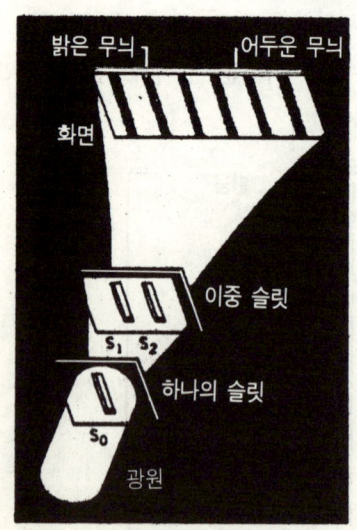

그림 3 이중 슬릿 실험의 또 다른 그림

에 슬릿 대신에 거울을 이용한 더 정밀한 간섭계를 볼 수 있을 것이다. 간섭계는 빛을 둘 이상으로 나눈 후 일정한 경로를 지나게 한 다음 다시 모아서 겹치도록 하는 광학적 장치다. 이렇게 겹치는 파동은 서로 결이 맞는다(coherent)는 사실이 바로 이 실험의 초점인데 이 결이 맞는다는 것은 두 파동이 일정한 위상 관계를 유지하고 있다는 뜻이다. 이는 발을 맞추어 행군하고 있는 군인들과 비교할 수 있다. 즉, 다른 행군 대열과는 발이 맞지 않을지 모르나 대열 내에서 서로 보폭(파장)과 박자(진동수)가 같다면 결이 맞는 것이다. 간섭이란 이와 같이 그 지나온 경로에 따라서 위상이 서로 다를 수는 있으나 결이 맞는 두 파동이 겹쳐질 때 나타나는 현상이다. 파동이 결이 맞지 않는다면 간섭 무늬를 볼 수 없다. 예를 들면 만일 두 개의 슬릿 앞에 각각 서로 다른 광원을 놓거나 아니면 크기가 큰 광원의 서로 다른 부분에서 나오는 빛이 지나가도록 할 때에는 간섭 무늬를 볼 수 없다. 두 슬릿의 앞에 핀 구멍을 놓는 것은 바로 다음 두 개의 슬릿을 지나가는 빛이 결 맞도록 하기 위해서다. 레이저를 제외하고는 원자에서 발산되는 빛은 각각 임의의 시간에 무작위적으로 방출된다. 따라서 결 맞는 두 빛을 얻기 위해서는 하나의 빛을 둘로 나누었다가 다시 합치는 광학적 장치가 필요하다.

1818년에 프레넬은 이와 같은 내용을 수식적으로 표현한 논문을 파리 물리학회에 발표했다. 이에 대하여 푸아송Siméon Poisson은 다음과 같은 반론을 제기했다. 만일 광선의 축 중앙에 동전과 같이 완벽하게 동그란 물체를 수직으로 놓는다면 원판의 서로 다른 둘레 부분을 지나가는 구면파의 파동 앞엣선은 그림 4와 같이 그림자의 중앙까지의 거리가 모두 같아질 것이다. 그렇다면 그림자의 가운데 부분에는 그림 5와 같이 밝게 빛나는 점이 생겨야만 한다. 원판 주위를 지나온 파동 앞엣선들은 같은 거리를 지나왔으므로 그 중앙에서 보강 간섭이 일어나야만 하기 때문이다.

그러나 이러한 현상은 관찰되지 않았다. 프레넬도 여기에 대하여 해답을 찾을 수 없었기에 매우 곤혹스러움을 느끼지 않을 수 없었다. 같은 물리학회의 회원이었던 아라고François Arago가 프레넬을 찾아온 것은 바로 이 때였다. 그는 프레넬에게 같이 실험 장치를 만들어 볼 것을 권했으며 조심스러운 실험 끝에 그들은 결국 하얀 점을 발견할 수 있었다. 문제는 빛의 파장이 매우 짧은 데 비하여 원판의 크기가 충분히 작지 않았기 때문이었다. 두 사람은 원판의 크기를 조절하여 하얀 점을 눈으로 관찰할 수 있을 정도의 크기로 만드는 데 성공했다.

회절은 이론 물리와 실험 물리에서 모두 중요한 역할을 하고 있다. 망원경의 분해능은 큰 렌즈나 거울 가장자리에서 생기는 회절에 의해 제한된다. 망원경을 크게 만드는 이유 중의 하나는 별의 상을 흐리게 만드는 회절 현상을 최소화하기 위해서다(또 다른 이유는 더 많은 빛을 모으기 위해서다). 전파 망원경에서 렌즈와 같은 역할을 하는 접시 안테나를 광학 망원경의 렌즈보다 더 크게 만들어야 하는 것도 바로 이 회절 효과를 줄이기 위해서다. 라디오파

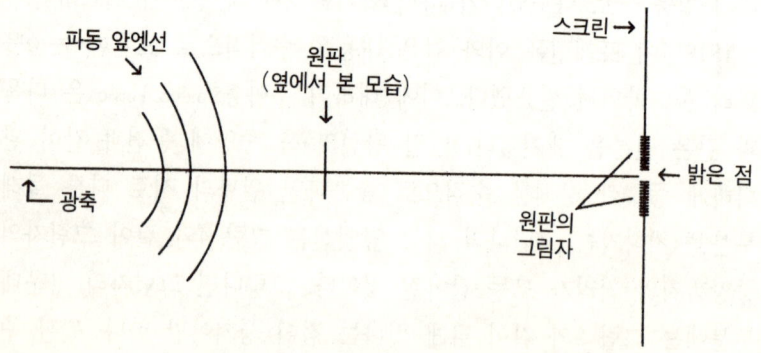

그림 4 푸아송의 밝은 점이 만들어지는 방법

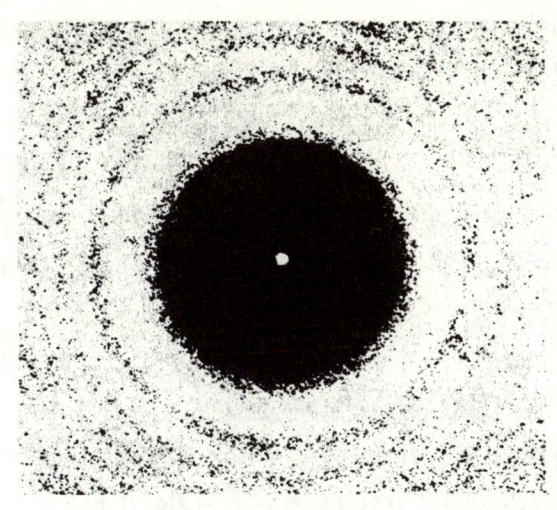

그림 5 푸아송의 밝은 점

의 파장은 광파보다 길어서 회절이 더 잘 일어난다. 작은 렌즈를 이용하는 현미경에서 때로는 자외선을 이용함으로써 회절을 줄일 수가 있는데 이는 자외선의 파장이 가시 광선보다 더 짧기 때문이다. 전자 빔으로는 더 짧은 파장을 사용할 수 있는데 이것이 바로 전자 현미경의 원리다.

독자는 아마도 다른 파장 영역의 전자기파 스펙트럼을 잘 알고 있으리라고 생각한다. 다음 장에서 우리가 장에 대하여 다룰 때 왜 전자기라는 용어가 붙게 되는지에 대하여 이야기하게 될 것이다. 그림 6은 전자기파의 영역들을 나타낸 것이다. 이 모든 파동은 진공 중에서 299,792km/s의 속도로 진행하며 이 속도는 언제나 파장과 진동수의 곱과 같다.

회절 현상에서 결정적인 변수는 직선으로부터 빛이 벗어난 각 θ 이다. 이것을 회절각이라고 부르는데 이는 회절 무늬의 중심에서

밖으로 세어 나가면서 첫번째 밝은 무늬까지의 거리를 측정하는 방법으로 결정된다. 이를 나타내는 방정식은

$$\sin\theta = \frac{\lambda}{D}$$

인데, 여기서 λ는 파장이고, D는 렌즈나 거울 또는 슬릿과 같은 구멍의 지름이다. 만일 $\lambda > D$이면 사인 값은 1보다 클 수 없기 때문에 회절은 일어나지 않는다.

빛과 소리가 모두 파동이라면, 꺾어진 길 모퉁이에서 소리는 들리는데 왜 보이지는 않는 것일까? 그 이유는 음파가 전자기파가 아니라는 것과는 전혀 관계가 없다. 이는 회절 현상과 관계가 있다. 음파의 파장은 대체로 0.5미터 정도의 크기이기 때문에 길 모퉁이에서 쉽게 회절이 일어난다. 그러나 가시 광선의 파장은 그것의 100만분의 1 정도로 작기 때문에 그 회절 각도가 너무 작아서 눈으로는 관측하기가 어렵다. 가시 광선에서 가장 긴 파장을 가진 붉은색 빛의 파장도 0.7마이크로미터에 불과하고 가장 짧은 보라색 빛의 파장은 0.4마이크로미터다. 이에 비해 사람 머리카락의 지름이 약 25마이크로미터라고 한다.

붉은색의 빛이 25마이크로미터 폭의 슬릿을 통과했다면 그 회절 각도는 위의 방정식으로부터 얻을 수 있다.

$$\sin\theta = \frac{0.7}{25} = 0.028$$

이로부터 계산해 보면 약 1.5도의 회절각을 얻을 수 있다. 이 정도의 각도도 환경이 매우 좋은 경우에만 알아볼 수 있다.

때로는 구멍이 파장보다 더 작을 경우가 있을 수 있는데 이 때는 어떤 일이 일어날까? 결과는 앞의 경우와 사뭇 다르다. 전파 망원경 접시 안테나를 자세히 살펴보면 이는 드문드문 감아 준 전선의

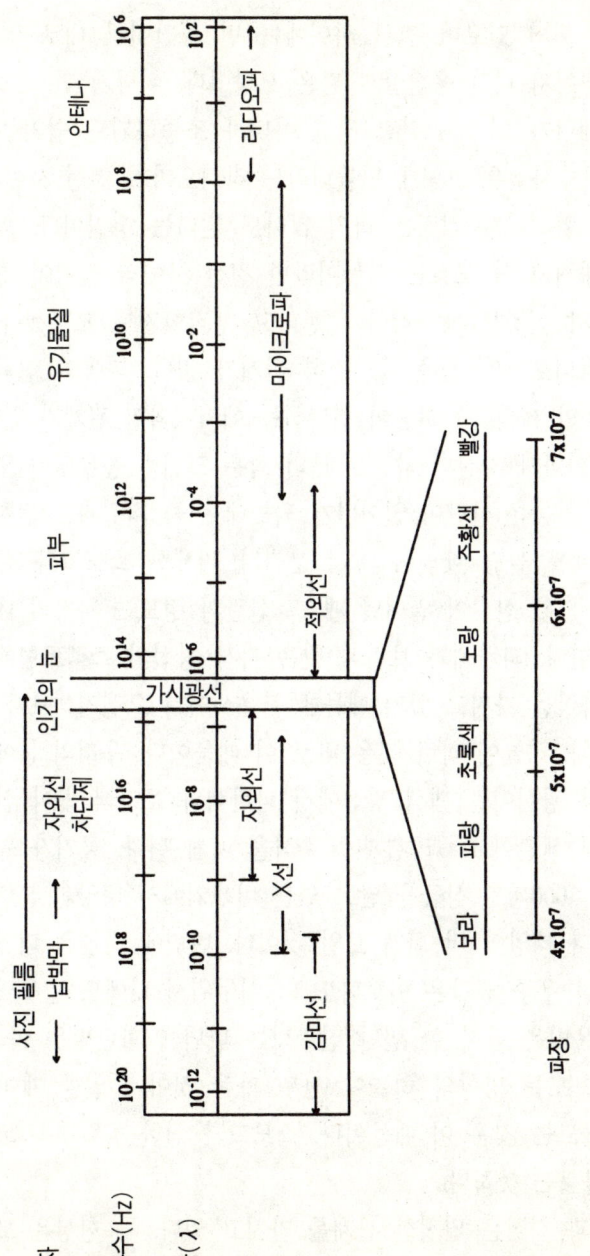

그림 6 전자기파의 스펙트럼

그물로 되어 있으며 전선 사이에는 빈 공간이 그대로 있다. 마치 천이 떨어져 나간 우산살과 같은 모양이다. 이렇게 만드는 것은 접시 안테나가 더 가벼워질 뿐만 아니라 조종하기도 쉽기 때문이다. 재미있는 사실은 그렇게 만들더라도 라디오파가 전선 사이의 빈 공간으로 빠져나갈 걱정은 하지 않아도 된다는 사실이다. 회절의 한계에 대해서 잘 모르는 사람이라면 전선 사이의 간격이 최소한 라디오파의 진폭보다는 작아야 한다고 생각할지도 모르겠다. 그러나 이는 라디오파의 진폭과는 전혀 관계가 없다. 파동의 진폭은 오로지 파동의 세기, 즉 파동이 전달하는 에너지와만 관계가 있다.

전자기파가 자신의 파장보다 더 작은 크기의 불투명한 입자와 부딪치면 파동은 산란이 일어나게 되는데 이는 회절과는 전혀 관계가 없다. 예를 들면 햇빛이 공기 분자나 미세한 스모그와 같이 작은 입자에 의해 산란이 일어날 때 그 산란의 정도는 파장의 네 제곱에 반비례한다. 파란색과 보라색 빛은 가시 광선의 스펙트럼에서 가장 짧은 파장을 가지고 있기 때문에 붉은색이나 오렌지색보다 더 많이 산란된다. 하늘이 파란 것은 바로 이 때문이다. 우리의 눈에 도달하는 태양 광선이란 백색 광선에서 파란색과 보라색 빛이 산란에 의해 빠진 색깔이고, 그 결과 노란색을 띠게 된다. 공기가 훨씬 희박한 2만 5000피트 상공을 날고 있는 비행기에서 태양을 본다면 지상에서보다 태양이 더 희게 보일 것이다. 반면에 하늘은 더 어두워진다. 또한 우주 공간은 이보다도 더 어두워서 낮에도 별을 볼 수 있다. 붉은빛은 단지 한 번만 산란되는 반면에 파란빛은 여러 번 산란된다. 모든 방향의 하늘이 전부 파란 것이나 일몰 때에 하늘이 붉게 물드는 것은 이 때문이다. 스모그가 심한 곳일수록 노을은 더 붉게 불붙는 듯하다.

간섭과 회절은 밀접한 관계를 가지고 있다. 두 현상은 모두 겹쳐지는 두 파동 사이의 위상 관계가 변하는 것에 의해서 무늬가 나타난다. 회절이란 푸아송의 하얀 점을 만드는 원판이나 렌즈의 가장자리와 같이 장애물 주위에서 파동이 구부러지는 일종의 모서리 현상이다. 스크린의 무늬는, 원판의 모서리를 지나온 파동의 각 부분이 서로 다른 길이를 지나온 뒤 서로 다른 위상을 가지고 스크린의 한 점에 모이기 때문에 나타난다. 그러나 간섭은 이러한 모서리 현상과는 전혀 관계가 없다. 이는 서로 다른 경로를 걸어 온 두 빛이 겹쳐지는 경우이기 때문이다. 영의 이중 슬릿 실험에서 각 슬릿을 통과한 빛은 각각 분리된 파열이다. 이 실험은 여러 개의 슬릿을 일렬로 늘어 놓고 할 수도 있는데 이렇게 하면 더욱 분명한 무늬를 얻을 수 있다.

결이 맞는 두 개의 파열을 얻을 수 있는 더 좋은 방법이 있다. 슬릿의 구멍 대신 부분 반사 거울을 이용하여 빛의 진폭을 둘로 나누어 주는 것이다. 이렇게 하면 구멍을 통과시켜 얻는 빛보다 더 많은 빛을 반사시킬 수 있으므로 더욱 밝은 무늬를 얻을 수 있다. 물 위의 기름막은 입사되는 빛을 두 개로 나눈다. 그 하나는 첫번째 표면, 즉 공기와 기름이 접하고 있는 면에서 반사되고, 다른 하나는 기름막을 지나서 두 번째 표면, 즉 기름과 물이 접하고 있는 면에서 반사된다. 물 아래로 통과하는 세 번째 빛도 있으나 이는 고려하지 않는다. 처음 반사되는 빛은 기름 부분을 전혀 통과하지 않고 반사되지만 또 다른 빛은 기름을 통과하여 반사되는데 이 때 기름막을 아래로 한 번, 또 반사되어 올라오며 한 번, 총 두 번을 통과하게 된다. 만일 기름막의 두께가 빛의 파장의 반이면 보강 간섭이 일어난다. 왜냐하면 반사되어 나오는 두 빛의 경로 차가 정확하게 한 파장이 되기 때문이다. 그런데 백색광은 파장이 서로 다른 여러 개의 빛이 모여 있는 것이며 파장이 서로 다르다는 것은 우리

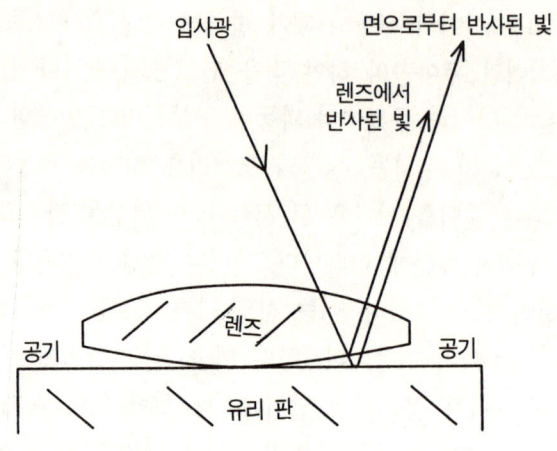

뉴턴 링을 만드는 방법-렌즈의 곡면이 과장되었음
그림 7 뉴턴 링을 관측하기 위한 실험 장치

가 눈으로 느끼는 빛의 색깔이 다르다는 것을 뜻한다. 기름막의 색깔이 현란하게 보이는 것은 기름막의 두께에 따라 어떤 파장의 빛은 보강 간섭이, 또 다른 파장의 빛은 소멸 간섭이 일어나고 있기 때문이다. 또한 기름막의 두께가 위치에 따라 달라지거나 우리가 보는 각도에 따라 두 빛의 경로 차가 달라지는 효과도 고려해야 한다. 비누 거품의 색도 이와 같은 원리에 의해 나타난다.

얇은 막이 기름이나 비누 거품에 의해서만 만들어지는 것은 아니다. 공기막도 가능하다. 뉴턴은 평평한 유리 위에 구면의 렌즈를 겹쳐 놓음으로써 두 유리판 사이에 생기는 공기막을 이용하여 링 모양의 간섭 무늬를 얻었다. 그림 7은 바로 링 모양의 간섭 무늬를 얻는 데 사용된 장치의 도표이며, 그림 8은 그 결과로 나타난 간섭 무늬. 렌즈가 평평한 유리와 접하는 중심점에 대해서 대칭이기 때문에 그 무늬는 원이 된다. 이 뉴턴의 링은 간섭 무늬가 정확한

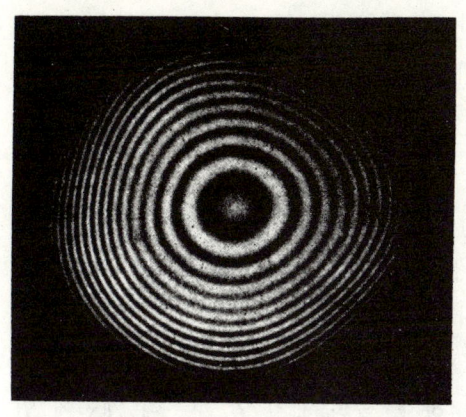

그림 8 뉴턴 링의 모습

원과 얼마나 편차를 보이는가를 이용하여 렌즈가 완전한 구면으로부터 얼마나 벗어나 있는지를 측정하는 방법으로 사용되기도 한다. 이 뉴턴의 링은 두 유리면 사이에 생긴 공기층의 두께를 말해 주는 등고선 지도와도 같은 것이라고 볼 수 있다. 그러나 뉴턴은 자신이 주장했던 대로 빛의 입자 모형으로는 이러한 현상에 대한 알맞은 설명을 찾아내지 못했다.

유리에 저반사 코팅을 하는 것도 기름막이나 뉴턴 링과 같은 원리를 이용하는 것이다. 유리면의 반사를 줄이기 위해서는 반사되는 빛들 사이에 상쇄 간섭이 일어나야 한다. 이를 위해서 유리의 표면에 불화 마그네슘으로 파장의 4분의 1 두께의 막을 코팅한다. 그러면 불화마그네슘 막의 양쪽 표면에서 반사된 두 빛은 그 위상이 반 파장만큼 차이가 나게 되며 서로 상쇄된다. 불행하게도, 이것이 완벽하게 적용되는 것은 단지 한 파장이다. 따라서 가시 광선의 중간에 위치한 녹색빛을 선택하여 그것을 제거한다. 물론 다른 색들은 부분적으로만 상쇄된다. 또한 가시 광선의 양 끝인 적외선과 자외선은 거의 감소되지 않으며 반사되는 빛은 어둡고 붉은 듯한 색깔을 띠게 된다.

반사율이 떨어짐으로써 없어지는 에너지는 어떻게 되는가? 이는 참으로 흥미 있는 질문이다. 결론은 에너지는 파괴되지 않으며 보존된다는 것이다. 따라서 반사율이 떨어지면 그만큼 투과되는 빛의 양은 증가해야 한다. 이것이 에너지 보존의 법칙이다. 그렇다면 어째서 에너지는 막이나 유리에 흡수되지 않는가? 이것은 아주 정당한 의문이다.

그 정확한 설명은 유보하기로 하자. 이것은 우리가 현재 봉착하고 있는 양자 역학의 역설과 궤를 같이하고 있기 때문이다. 현상들 중에는 과도적transient 효과라는 것이 있는데 이는 어떤 상태가 매우 빨리 일어났다가 사라지는 현상을 말한다. 말라 있는 개천에 홍수로 인해서 물이 밀려온다고 하자. 물의 제일 앞 부분이 개천에 있는 돌부리에 부딪치면 처음에는 물방울이 물이 밀려오던 방향으로 되튀게 될 것이다. 그러나 뒤따라 밀려오는 물살에 이 물방울들도 밀려가게 되어 돌부리 주위에는 안정된 모양의 물살이 형성된다. 이와 같은 일들이 광선이 막에 부딪치는 처음 몇 피코초(10^{-12}초) 동안에 일어난다. 그러나 이렇게 되튀는 파동은 이어서 다가오는 파동이 모든 것들을 쓸어 감으로써 사라진다. 그 앞에 아무것도 없는 선행파가 겪는 상황은 나중에 따라오는 파들이 겪는 안정된 상태의 상황과는 전혀 다르다. 바윗돌이 연못에 떨어졌을 때 수면파가 단지 바깥으로 퍼져 나가는 것도 이 때문이다.

실제로 일어나는 일은 훨씬 더 복잡하다. 파동의 주요 부분들은 c의 속도로 진행하고 있는 선행파를 뒤따라오고 있다. 선행파는 과도기 현상이다. 이것은 사라지고 뒤이어 안정된 정상 상태가 이루어진다.

유리 표면에 입힌 저반사 코팅에서와 마찬가지로 간섭계에서도 정상 상태의 간섭이 이루어진다. 그림 9는 요즘 가장 보편적으로 이용되는 마이컬슨Albert Michelson의 간섭계다. 입사 광선은 45도의 각도로 반반사半反射 거울에 입사된다. 이 반반사 거울은 표면이 전체적으로 얇은 은으로 덮여 있으며 입사되는 빛을 둘로 나누어 그 반은 90도 각도로 반사시키고 나머지 반은 그대로 투과시킨다. 이렇게 빛의 진폭을 둘로 나누어 줌으로써 두 개의 결 맞는 쌍둥이 광선을 얻게 된다. 각각의 쌍둥이 광선은 각각의 경로를 따라 진행하다가 완전 반사 거울에 반사되어 다시 반반사 거울에서 만난다. 반반사 거울에 다시 도달한 쌍둥이 광선은 또다시 둘로 나누어져 그 반은 거울을 통과하고 나머지 반은 90도 각도로 반사한다. 이렇게 광원 쪽으로 보내지는 광선은 그것으로 소멸되지만 나머지 두 개의 반쪽짜리 광선은 그림 9의 스크린 아래에서 겹쳐져 간섭 무늬를 만들게 된다. 만일 두 개의 완전 반사 거울이 정확하게 90도를 유지하고 있지 않다면 우리가 보는 것은 두 거울의 가상적 상 사이에 있는 공기 공간의 '등고선 지도'일 것이다. 그러나 거울은 실제로 평평하기 때문에 간섭 무늬는 원이나 곡선 모양이 아닌 직선으로 나타난다. 마이컬슨 간섭계와 뉴턴 링의 가장 큰 차이점은 간섭계

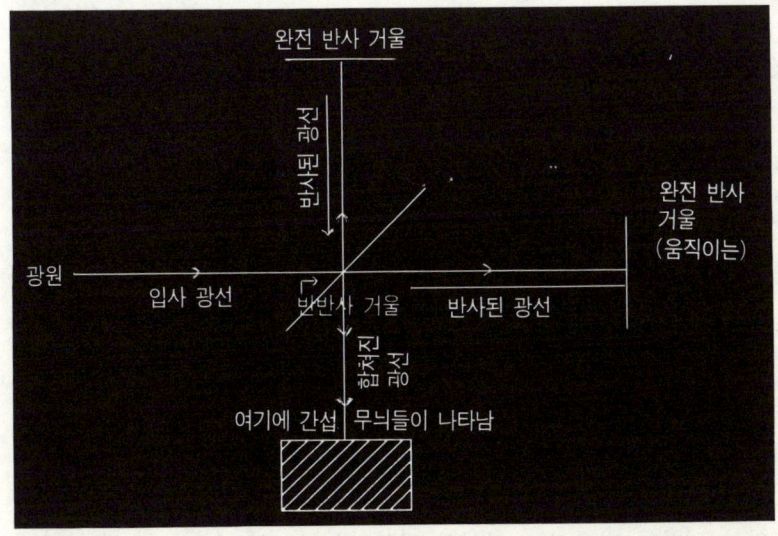

그림 9 마이컬슨의 간섭계

에서는 광선을 완전히 둘로 나누었다가 다시 조합했다는 것이다.

완전 반사 거울 중 하나에 마이크로미터를 장치하여 수평으로 아주 천천히 움직여 주면 이 거울과 반반사 거울 사이의 거리에 연속적인 변화를 줄 수 있다. 즉, 이 광선의 경로를 변화시켜 주는 것이다. 이는 또 다른 광선의 경로에는 전혀 영향을 미치지 않는다. 이러한 방법으로 우리는 두 개의 쌍둥이 광선이 다시 겹쳐지기 전에 그들 사이의 경로 차를 조정할 수 있다. 물론 쌍둥이 광선의 경로 차가 파장의 정수 배가 되면 보강 간섭이 일어나고 반파장의 홀수 배가 되면 소멸 간섭이 일어난다. 마이크로미터를 천천히 움직이면 스크린상의 간섭 무늬는 옆으로 움직여 갈 것이며 움직여 간 간섭 무늬의 수로부터 마이크로미터가 움직인 거리를 알 수 있다. 마이켈슨은 이러한 방법을 이용해 아주 정밀한 길이를 측정했다.

그러나 이러한 과정에는 흥미로운 제한적 요소가 있다. 경로 차가 점점 길어져서 한 광선이 다른 광선보다 파장의 여러 배만큼을 더 여행해야 하는 경우, 간섭 무늬는 점차 흐려져서 결국에는 그 모양이 사라진다는 것이다. 이는 경로 차가 한 원자에서 방출되는 광선의 파열의 길이만큼 길어지기 때문이다. 다시 말하면, 쌍둥이 광선이 다시 겹쳐질 때 그 형제가 되는 광선과 만날 수 없다는 것이다. 먼 길을 돌아온 쌍둥이 광선이 반반사 거울에 도달했을 때 그 형제가 되는 광선은 이미 반반사 거울을 떠난 상태이기 때문이다. 앞에서 언급한 대로 간섭이 일어나기 위해서는 겹쳐지는 광선은 서로 결이 맞아야 한다. 그러나 쌍둥이 광선의 경우 다른 쌍둥이의 반쪽과는 결이 맞지 않는다. 다만 레이저 빛의 경우에는 이야기가 달라진다.

앞에서 간섭 무늬가 흐려지기 시작하는 경로 차이를 측정하면 광원인 원자가 방출하는 광선의 파열 길이를 알 수 있다. 원자는 매우 짧은 시간 안에 빛을 방출한다. 그렇다면 경로의 차이로부터 측정한 광선의 결 맞는 길이를 빛의 속도로 나누어 줌으로써 원자가 파열 한 개를 방출하는 데 걸리는 시간을 알 수 있을 것이다. 이러한 방법을 기억해 두기 바란다. 제9장에서 논의하게 될 양자 역학의 논쟁에서 이것을 이용하게 된다.

홀로그래피

간섭 현상을 아주 적절히 이용한 좋은 예가 홀로그래피다. 홀로그래피는 다른 방법으로는 불가능한 놀라운 효과를 보여 줄 뿐만 아니라, 눈이나 사진기와 같은 일반적인 결상結像 과정에서 얼마나 많은 정보들이 유실되고 있는지를 보여 준다. 그 외에도 홀로그램은 어떻게 정보들이 부호화되어 보다 진보적인 방법으로 저장될 수 있는지를 보여 준다.

홀로그램은 일종의 간섭 사진이다. 즉, 간섭 무늬 형식으로 찍은 사진이라는 뜻이다. 마이컬슨 간섭계에서는 두 개의 완전 반사 거울을 이용하여 결이 맞는 광선을 모아 주었다. 거울 중 하나를 하얀색의 장기 말 같은 물체로 대체했다고 가정하자. 장기 말에 의해 반사된 광선은 장기 말의 위치에 따라 그 경로가 모두 달라지게 될 것이다. 따라서 스크린에 나타나는 간섭 무늬는 상당히 복잡한 양상을 띠게 될 것이며 그 무늬들도 너무 미세하여 육안으로는 도저히 구분할 수 없을 정도다. 경로 차가 너무 커져서 간섭 무늬가 흐려지는 현상을 막기 위해서는 결 맞는 길이가 긴 레이저를 사용하는 것이 바람직하다.

그림 10은 홀로그램을 만드는 장치와 만들어진 홀로그램을 재생하는 방법을 보여 준다. 광선을 두 개로 나누어 주기 위하여 광선

나눔기를 이용할 수도 있으나 그림 10과 같이 레이저 빔의 서로 다른 부분을 이용하는 간단한 방법을 사용할 수도 있다. 한 광선은 기준 광선이 되며 이와 세기가 비슷한 다른 하나의 광선은 우리가 사진을 찍고자 하는 물체로부터 반사된 것이다. 두 광선은 작은 각도를 가지고 섬세한 사진의 건판 위에서 겹친다. 이 두 광선은 서로 결이 맞기 때문에 간섭 무늬를 형성한다. 두 개의 광선을 사진 건판의 서로 반대 쪽으로부터 입사되도록 배치한다면 반사 홀로그램이 되는데 이는 신용 카드 같은 곳에 사용된다.

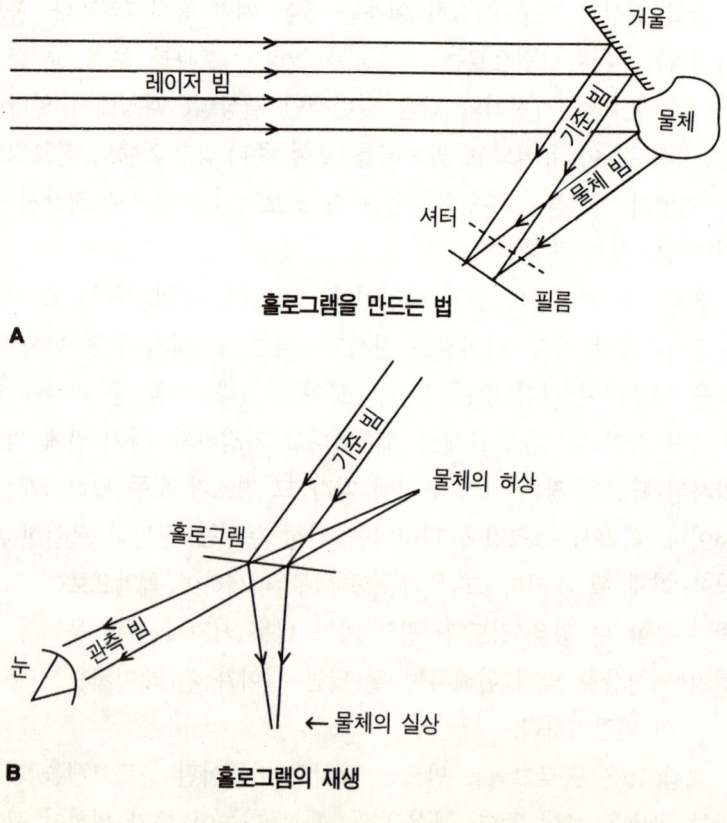

그림 10 홀로그램을 만드는 방법

이렇게 만들어진 네거티브 필름을 현상해 보면 거기에는 아무런 상도 보이지 않고 다만 얇게 안개가 낀 것처럼 보인다. 이 필름을 다시 기준 광선에 비춘다. 홀로그램을 재생하는 데 레이저가 필수적인 것은 아니다. 그림 10과 같이 홀로그램을 통과한 빛을 보면 바로 공간상에 장기 말이 놓여 있는 것 같은 3차원의 상이 나타난다. 실제로는 두 개의 상이 있다. 일반적으로 우리가 보는 것은 허상이다. 이렇게 상이 재생되는 것은 필름상의 간섭 무늬가 영의 실험에서의 다중 슬릿과 같은 역할을 하며 이를 통과한 광선 사이에 간섭 현상이 일어나기 때문이다. 홀로그래피는 두 부분의 과정으로 이루어진다. 첫번째는 간섭 무늬를 사진으로 찍는 것이고, 두 번째는 홀로그램을 이용하여 빛을 바꾸어 줌으로써 상을 만드는 것이다. 마치 홀로그램을 렌즈와 같이 사용하는 것이다.

  일반적인 사진은 필름의 각 점에 입사되는 빛의 세기만을 단순하게 기록한다. 반면에 홀로그램은 필름 위에 기준 광선과 함께 겹치도록 함으로써 물체의 각 부분으로부터 입사하는 빛의 위상을 기록하는 셈이다. 일반 사진보다는 홀로그램이 훨씬 더 많은 정보를 담고 있다. 무엇보다도 홀로그램은 3차원의 영상을 제공한다. 홀로그램을 보고 있는 동안 우리가 머리를 움직이면 사진에서 가까이 있는 물체는 더 멀리 있는 물체에 대해서 상대적으로 움직일 것이다. 이것은 바로 앞 장에서 설명한 시차 현상이다. 홀로그램에서는 장애물의 뒤에 숨어 있는 것들도 실제로 둘러볼 수 있다. 이러한 일은 일반 사진에서는 당연히 불가능하다. 3차원적인 상은 단지 눈속임만은 아니며 양쪽 눈을 이용하는 입체 사진과도 구별된다.

  홀로그램 사진을 반 혹은 열두 조각으로 잘랐더라도 일반 사진과 같이 상의 일부를 잃어버리지는 않는다. 그림 10에서 본 것처럼 홀로그램의 각 점은 물체의 모든 부분으로부터 빛을 받기 때문이다.

그러나 일반적인 광학적 상의 각 점은 물체의 한 점에서 나온 빛만
을 받는다. 즉, 물체의 한 점에서 출발한 빛은 렌즈의 각 부분으로
퍼졌다가 렌즈에 의해 초점 평면의 한 상점에 다시 모이게 된다.
물체상의 한 점과 상의 한 점은 1대 1로 대응된다. 그러나 홀로그
램은 전혀 다른 방법으로 정보를 대응시킨다. 물체상의 한 점의 정
보는 상의 전체에 골고루 저장되는 것이다. 말하자면 전부 대 전부
의 대응이라고 볼 수 있다. 홀로그램을 몇 조각으로 자르더라도 각
부분은 아직 물체 전체의 정보를 간직하고 있다. 물론 상실되는 부
분도 있다. 물체의 상이 덜 자세해지는 것이 그것이다. 마치 홍역에
걸린 것처럼 작은 점들이 보일 수도 있다.

세 개의 편광판 역설

수면파는 수직으로 진동하지만 수평 방향으로 전달된다. 이러한
파동을 횡파라고 한다. 빛은 전기장과 자기장의 파동이며 횡파다.
그들의 진동 방향이 꼭 서로 수직일 필요는 없지만 파동의 진행 방
향에 대하여는 모두 수직이어야 한다. 파동의 진동과 진행 방향을
동시에 포함하는 평면을 편광면이라고 한다. 일반적으로 전기장의
진동은 한 방향으로 잘 정돈되어 있지 않다. 빛이 전혀 편광되어
있지 않든지 아니면 편광된 빛이 여러 방향으로 모여 있기 때문이
다. 여기서는 면편광에 대해 주로 이야기하기로 한다.

빛을 편광시키는 데는 여러 가지 방법이 있지만 가장 쉬운 방법
은 빛을 방해 석판이나 폴라로이드와 같은 합성 편광판을 통과시키
는 것이다. 편광판은 서로 평행인 미시적 결정체를 가지고 있다. 바
로 이 면이 그림 11과 같이 통과하는 빛을 편광시켜 준다. 첫번째
편광판의 다음에 그 편광판과 평행한 방향성을 갖는 두 번째 편광

판을 하나 더 놓는다면 대부분의 빛은 이 두 번째 편광판도 잘 통과할 것이다. 그러나 그림 12에서와 같이 두 편광판의 편광면이 서로 수직이 되도록 엇갈려 놓는다면 두 번째 편광판은 첫번째 편광판을 지나온 빛을 모두 흡수해 버릴 것이다. 즉, 어떤 빛도 서로 수직인 두 편광판을 통과하지 못한다.

두 번째 편광판을 광축에 대해서 회전시켜 보면 두 편광판의 상대적인 각도에 따라 두 편광판을 통과하는 빛의 비율이 다양하게 달라진다. 그러나 앞에서 지적한 대로 직각이 될 때에는 어떠한 빛도 통과하지 못한다. 만일 서로 직각으로 놓인 두 편광판 사이에 세 번째 편광판을 45도 각도로 놓는다면 어떻게 될까? 약간의 빛이 통과한다! 어떻게 두 편광판을 전혀 건드리지 않고 단순히 세 번째 편광판을 두 편광판 사이에 놓음으로써 약간의 빛이 회복되는 일이 일어날 수 있을까? 세 편광판은 모두 동일한 것으로, 어떤 순서에 따라 이것들을 놓든 관계없이 이러한 역설이 성립한다.

어떤 양자론의 열성가는 세 편광판의 역설이야말로 광자의 다발로 구성된 빛에 특별한 양자 통계가 적용된 좋은 예라고 말한다. 그러나 어떤 특별한 가정이나 혹은 통계를 동원하지 않더라도, 편광판이 횡파의 파열에 어떠한 작용을 하는지를 알아보는 것만으로도 이러한 현상을 이해하는 데는 충분하다.

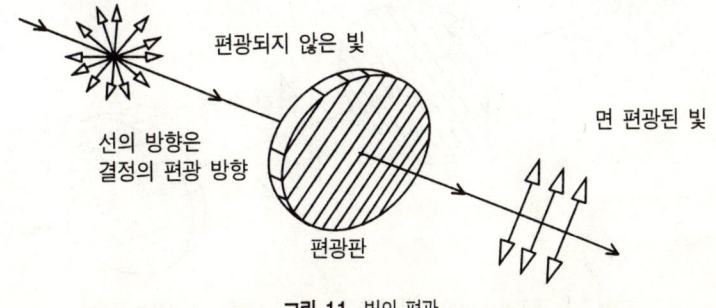

그림 11 빛의 편광

편광판은 통과하는 모든 빛이 그 편광판의 편광면의 방향으로 진동하도록 회전시킨다. 또 편광되지 않은 빛은 빛이 진행하는 방향에 수직인 모든 방향으로의 진동을 전부 가지고 있다. 따라서 편광되지 않은 빛이 편광판을 통과할 때 어떤 빛은 각도만 조금 회전하여도 편광면과 평행하게 될 수 있는 반면에, 어떤 빛은 많은 각도를 회전해야 한다. 빛이 작은 각도만 회전하면 될 때에는 편광판이 편광시키는 효율도 좋아져서 거의 모든 빛을 평행하게 정렬시킨다. 이 편광시키는 효율은 회전 각도의 코사인 값으로 나타난다. 즉, 빛의 진동 방향이 90도이면 이 빛은 전혀 편광시킬 수 없다. 이 때문에 두 편광판을 직각으로 놓았을 때 빛이 전혀 통과하지 못한다. 두 번째 편광판이 회전을 시키지 못하고 빛을 모두 막아 버리는 것이다. 그러나 직각인 두 편광판 사이에 비스듬한 제3의 편광판을 놓으면 두 번째 편광판은 첫번째 편광판을 통과한 빛의 일부분을 회전시켜 통과시키고 또 그 일부분은 세 번째 편광판을 통과한다. 대여섯 개의 편광판을 사용하더라도 인접한 편광판 사이의 각도가 직각만 아니라면 그 효과는 비슷하게 나타날 것이다. 결국 핵심은 편광면에 비스듬히 입사되는 빛은 그 일부분이 편광면과 평행하게 회전하면서 편광판을 통과한다는 데 있다. 편광도 회절이나 간섭과

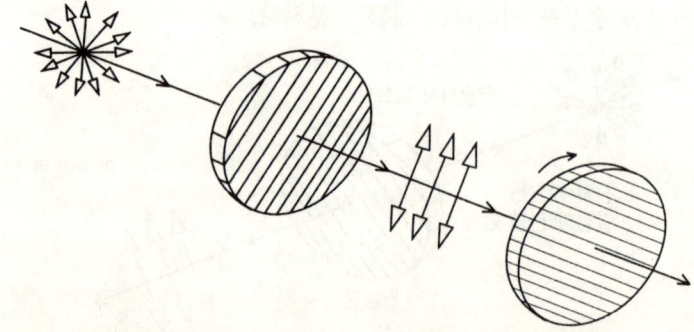

그림 12 편광되지 않은 빛이 수직과 수평의 편광판을 통과하는 모습

마찬가지로 파동 현상으로 설명이 가능하다. 그러나 입자 모형으로는 설명되지 않는다.

전반사

빛이 유리나 물에서 큰 입사각으로 공기 중에 나갈 때, 역시 빛이 파동임을 보여 주는 현저한 현상이 일어난다. 이와 유사한 입자의 경우와 비교하면 더욱 명백해진다. 입사면을 통과한 빛이 입사면에 수직인 법선에 대하여 몇 도의 각도로 굴절되느냐는 스넬George Snell의 법칙을 따른다. 어쨌든 이 굴절각은 90도를 넘을 수 없는데 스넬의 법칙에서 사인 값이 1을 넘을 수 없기 때문이다. 이것은 오래 된 수수께끼와 같다. 개는 숲 속으로 얼마나 멀리 뛸 수 있을까? 반이다. 그 뒤 개는 빠져 나온다. 빛의 굴절각이 90도 이상이 되어야 한다면 빛이 입사면 뒤쪽으로 다시 되튀어 나온다는 뜻이다. 빛이 가려고 하는데 갈 수 없다며 되돌아 갈 것이다. 즉, 전반사가 일어난다.

이는 완벽한 거울이 된다. 빛이 반사면에 부딪치면 일단 어느 정도 깊이로 투과해 들어가는데 이는 빛이 그 뒤에도 계속 유리가 있는지를 탐색하는 것과 같다. 그 안쪽으로 가까운 거리, 즉 빛의 파장 정도의 거리까지도 유리라면 빛은 계속 투과해 들어간다. 이러한 현상을 터널링 효과라고 한다. 이러한 터널링 효과는 입자의 경우에도 나타난다. 입자가 새로운 매질을 만날 때 일반적으로는 통과할 수 없지만 경우에 따라 통과가 일어나기도 한다. 이는 양자역학적인 현상으로 제6장에서도 다루게 될 것이다. 고전적 관점에서는 이 터널링 효과를 일시적이고 조건적인 과운동overshoot이라고 이해할 수 있을 것이다. 컵이나 그릇에 담긴 물이 찰랑거리고 있다고 하자. 물결의 마루가 그릇의 테두리보다 아주 조금 더 높아지는 경우가 일어났다고 하자. 그렇더라도 물은 바깥으로 흐르지 않고 다시 그릇 안으로 되돌아간다. 그러나 그릇의 테두리에 흡수지와 같이 물이 좋아하는 물질이 있다면 물결의 마루 부분은 본체인 물을 떠나 흡수지 속으로 빨려 들어간다. 터널링이 일어나는 것이다.

터널링은 일종의 일시적인 수색 작업과 같다. 선발 수색 대원이 유리한 장소를 발견하면 전 소대에게 전진하도록 신호를 보낸다. 그러나 불리한 지형을 발견하면 후퇴하도록 하여 소대를 재집결시킨다.

당신이 겉이 벗겨진 쌍안경을 보았다면 왜 프리즘의 반사면이 은으로 덮여 있지 않은지 궁금해 할지도 모르겠다. 이는 투과하는 파동 에너지의 일부가 은에 의해 흡수되어 반사율이 떨어지기 때문이다. 이러한 광학적인 현상을 이용하는 측정 기술을 교란 전반사라 부르는데 주로 유리에 광학적 특성을 측정하고자 하는 물질을 압착시킨 후 전반사를 일으키는 방법을 사용한다.

푸리에 성분: 어디에나 파동은 내재되어 있다

파동의 매우 유용한 성질 중 하나는 그들을 더하거나 빼 주는 방법인데 이는 곧 보강 또는 상쇄 간섭이라 불린다. 1822년 푸리에 Jean Fourier는 이를 흉내 낸 아주 기발한 수학적 원리를 발견했다. 당시 푸리에는 두꺼운 석판의 한쪽 면을 일정한 온도로 가열할 때 그 석판의 내부는 어떠한 온도 분포를 가지게 되는지를 계산하고 있었다. 열은 석판을 통해 전해지므로 석판의 각 점은 일정한 온도로 가열 중인 면으로부터의 거리와 시간의 함수로 주어질 것이다. 푸리에는 이 온도 함수를 사인 함수와 코사인 함수의 합으로 나타낼 수 있었다. 사인과 코사인 함수란 곧 파동을 의미한다. 그러나 석판에는 어떠한 온도의 파동이나 열의 파동도 존재하지 않았다. 이렇게 물리적인 파동이 전혀 존재하지 않는 경우에도 사인 함수와 코사인 함수들의 합으로 표시되는 푸리에 급수는 함수를 표현하는 아주 강력한 방법임이 증명되었다.

거의 모든 대수 함수가 이와 같은 방법으로 '분해'될 수 있다는 사실이 판명되었다. 그 조건이 너무나 넓고 광대하여 수학 교수들은 푸리에 급수로 나타낼 수 없는 함수를 찾기 위해 밤을 세울 정도였다. 이는 또 거의 모든 물리적 과정은 서로 다른 파동들이 더해져 있는 것이라고 생각할 수 있음을 의미한다. 음악에는 기본음과 함께 다양한 배음이 있다. 배음이란 곧 푸리에 급수에서 각 항들을 말한다. 거의 물리학의 전 분야에서 이렇게 물리적인 계를 푸리에 성분들로 분해하여 해석하는 방법이 강력한 분석 도구로 사용되고 있다. 예를 들어 음파는 다른 주파수의 성분으로 분해될 수 있다. 여성의 목소리는 일반적으로 남성보다 높은 진동수의 성분들이 더 큰 진폭을 가지고 있다. 인터콤을 통해 들리는 소리가 거친 쇳소리를 내는 것은 일반적으로 채널의 띠폭bandwidth을 최소화시키려는 회로들에 의해 높은 주파수를 갖는 성분들이 잘려 나갔기 때문이다.

그림 13은 어떻게 여러 개의 파동이 겹쳐져 아주 간단한 함수의 모양을 만들 수 있는지 두 가지 예를 보여 준다. 그림 13 a에서는 여러 개의 파동을 겹쳐 일직선으로 증가하는 모습을 만들어 본 것이다. 여기서 겹친다는 말은 두 함수를 대수적으로 합한다는 것을 의미함은 물론이다.

그림에서 네 개의 성분이 더해졌는데 이 성분들은 모두 사인 함수로 되어 있으나 그 주파수와 진폭은 서로 다르다. 그 다음에 성분의 개수를 여섯 개, 또는 열 개로 늘렸을 때의 모양도 함께 보여주고 있다. 더해지는 항들은 먼저 항들에 비해 더 짧은 파장과 더 작은 진폭을 가진다. 더 많은 항을 더할수록 우리가 바라는 모양에 더 근접하는 곡선이 됨도 알 수 있다.

그림 13 b에서는 같은 방법으로 정형파를 나타냈다. 푸리에의 급

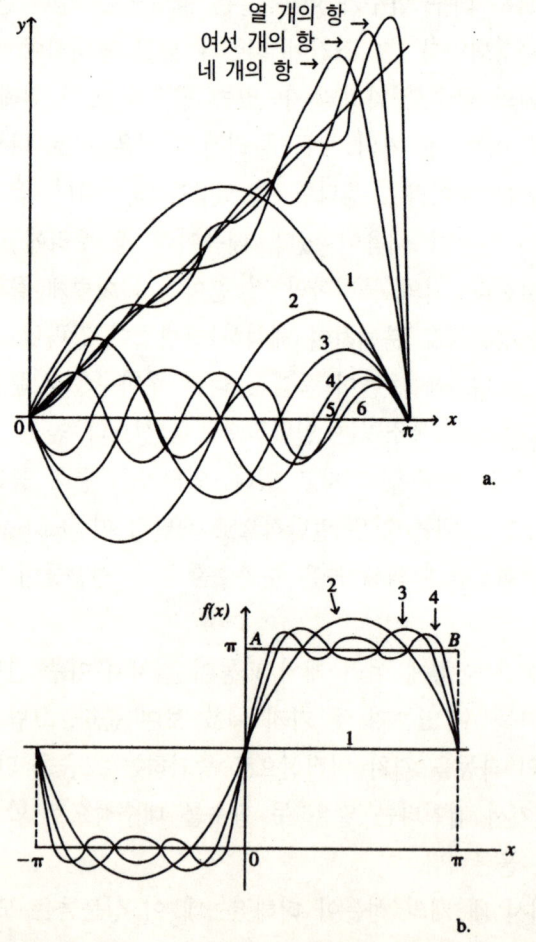

그림 13 a. 파동으로 대각선을 재현하는 모습; b. 파동으로 정형파를 재현하는 모습

수에 네 개의 항이 겹쳐진 것이다. 어떻게 보면 이러한 방법은 볼품없이 지루하기만 하고 오차도 매우 심한 것 같다. 그러나 수학적으로 이는 대단히 아름다운 이론이다. 또 급수의 항을 많은 수로 늘리면 늘릴수록 결과적으로 원래 함수와 구분할 수 없을 정도로 정확하게 만들 수 있다. 게다가 모든 실험적인 정보도 그대로 가지고 있다. 푸리에의 성분은 정말 대단한 역할을 했던 것이다.

다음과 같은 간단한 문제를 풀어 보면서 파동 물리학을 마무리하고자 한다. 빛은 진공 속에서 그 진동수와 관계없이 일정한 속도 c로 진행한다. 파동에서 파동의 속도는 파장과 진동수의 곱으로 나타난다. 간섭계와 같은 장치로 빛의 파장을 측정했다면 이로부터 이 광파의 진동수를 쉽게 계산할 수 있다. 반대로 진동수를 알고 있다면 파장을 구하는 문제도 마찬가지다. 예를 들어 녹색빛의 파장은 2분의 1마이크로미터다. 단위를 맞추어 주기 위해 빛의 속도를 μm/s 단위로 표시하면 3×10^{14} μm/s가 된다. 따라서 속도를 파장으로 나누면,

$$\frac{3 \times 10^{14}}{0.5} = 6 \times 10^{14}$$

이다. 즉, 이 녹색빛의 진동수는 6×10^{14} cycle/s가 되는 것이다. 이는 곧 빛을 방출하는 원자가 1초에 600조 번 진동해야 함을 뜻한다. 그러나 원자는 이보다 훨씬 느린 속도로 진동하고 있다.

다음 장에서는 주로 장에 대해 알아보고자 하는데 이는 바로 진동이 일어나고 있는 매질과 같은 역할을 담당하고 있다. 장에 대한 개념은 파동을 이해하는 데 도움이 될 뿐만 아니라 앞으로 다루게 될 상대성 이론에 대한 준비가 되기도 한다. 게다가 장의 개념은 여러 힘들, 특히 전기력, 자기력 그리고 중력의 본질을 이해하는 데도 도움을 준다.

3
장: 공간은 과연 비어 있는가

뉴턴의 법칙은 힘을 다루고 있지만, 그 힘이 서로 떨어져 있는 두 물체 사이에 어떠한 방식으로 작용하고 있는지에 대하여는 언급이 없다. 한 물체가 다른 물체에 힘을 작용시킨다는 것은 어떤 파동이 한 물체에서 다른 물체로 전파되는 것을 의미하는가? 뉴턴의 만유 인력 법칙에 뒤이어 캐번디시Henry Cavendich와 쿨롱Charles Coulomb은 두 전하 사이에 작용하는 힘이 두 전하의 전하량의 곱에 비례하고 두 전하 사이의 거리의 제곱에 반비례한다는 사실을 발견했다. 전하량을 질량으로 바꾸어 놓고 보면 뉴턴의 만유 인력 법칙과 유사하다. 다만 차이라고 한다면 질량 사이에는 인력만 있을 뿐이지만 전하는 양전하와 음전하가 존재하기 때문에 인력과 척력이 있을 수 있다는 것이다.

직관적으로도 같은 두 물체 사이에는 서로 미는 힘이 작용할 것으로 생각되는데 이는 밀집된 곳에 거친 성격의 두 사람이 함께 붙어 있지 않으려고 하는 것이나 마찬가지다. 똑같은 두 물체가 동시에 같은 자리를 차지할 수 없다는 것이다. 그렇다면 서로 떨어져 있는 두 물체 사이에서 중력이라는 인력은 과연 어떻게 작용하는 것일까? 뉴턴은 이 해답을 얻으려 노력했으나 발견할 수 없었다. 이 해답은 비로소 1916년 아인슈타인의 일반 상대성 이론에 의해 밝혀졌다. 그러나 중력의 수수께끼가 풀리기 오래 전부터 이미 전기력과 자기력에 대한 연구는 상당한 진전을 보았다. 두 자석 사이에 작용하는 힘도 만유 인력이나 전기력과 마찬가지로 역제곱 법칙을 따랐다. 이러한 현상들은 마치 빛이 사방으로 퍼져 나갈 때 그 밝기가 거리의 제곱에 반비례하여 감소하는 것과 마찬가지로 공간의 기하학적 특성에 의한 것일 것이라는 사실을 암시해주고 있다. 제1장에서 가상적인 구의 표면 넓이가 반지름의 제곱에 비례한다고 이미 논의했다. 공간은 수학적인 속성뿐만 아니라 물리적인 속성을 지니기 때문에, 물리학자들은 '장'이라는 개념을 사용한다. 장은 '물리화된' 공간이라 할 수 있다.

장은 물리학의 핵심이 되는 개념이다. 물리적인 우주란 서로 다른 형태와 크기의 장들이 겹쳐 존재하는 공간이다. 앞으로 다루게 되겠지만 확률도 장을 형성한다. 심지어 양자론에 의하면 확률 파동이 존재하여 두 파동이 서로 보강 또는 상쇄 간섭을 일으키기도 한다.

고대 그리스인들은 모피나 유리 같은 물질들을 서로 문지르면 다른 물질을 끌어당기거나 밀어 내는 것을 알아냈다. 호박도 그 중 하나다. 지금의 '전자'와 '전기'라는 말은 바로 고대 그리스어의 호박에서 유래된 것이다. 그러나 당시 이러한 정전기적 현상은 흥미 이상의 과학적 관심을 끌지는 못했다. 이러한 무관심은 18세기 말 전류가 발견되기까지 계속되었다. 이탈리아의 생물학 교수인 갈바니Luigi Galvani는 특별한 용액에 연결된 도선을 죽은 개구리의 다리에 접촉시켰다. 개구리가 펄쩍 뛰었고 아마 갈바니도 펄쩍 뛰었을 것이다. 분명 개구리는 죽어 있었다. 이렇게 해서 신경에 흐르는 전류에 근육이 반응한다는 사실이 발견되었다. 이 용액이란 오늘날 소위 말하는 축전지 또는 전해 용액이었을 것이다.

프랭클린Benjamin Franklin은 당시로서는 미 대륙에서 가장 앞서가는 과학자였다. 그는 이중 초점 안경을 발명했고 또 번개가 전기적 성질을 가졌다는 사실을 발견하기도 했는데, 폭풍우 속에서 연을 이용한 위험한 실험 이야기는 유명하다. 고대 아테네의 지혜로운 과학도가 필라델피아로 프랭클린을 방문했다면 프랭클린은 당시로서는 첨단의 이론인 장에 대한 내용을 그리스인에게 설명해 주었을 것이고 이 고대인은 프랭클린의 설명을 거의 대부분 이해할 수 있었을 것이다. 그러나 프랭클린 자신이 오늘날 우리들을 방문한다면 어떻게 될까? 사실 우리와 프랭클린 사이의 시간 차는 프랭클린과 고대의 그리스인 사이의 시간 차에 비하여 10분의 1에도 못 미친다. 그러나 우리의 설명에 프랭클린은 당황해 할 것이 틀림없다. 또 역설적이게도 프랭클린의 시대와 오늘날 사이에 가장 큰 기술적 차이들은 대부분 전기와 관련이 있다.

프랭클린은 전기적 현상이 한 종류의 전기 유체에 의한 것인지 아니면 양성의 전기 유체와 음성의 전기 유체 두 종류가 존재하는 것인지에 대하여 가장 큰 의문을 품었다. 결국 그는 전자의 잉여와 결핍으로 설명되는 하나의 전기 유체 모형을 채택했고 또 전류는 양에서 음으로 흐른다고 보았다. 프랭클린의 첫번째 추론은 맞았지만 두 번째 추론은 처음처럼 그렇게 운이 좋지 않았다. 실제로 전류란 음의 전하가 음에서 양으로 흐르고 있는 것이라는 사실이 밝혀진 것이다. 오늘날 우리는 양전하의 흐름도 만들 수 있게 되었는데 이러한 전하에 의한 전류는 물론 양에서 음으로 흐른다.

1800년 볼타Alessandro Volta는 처음으로 축전지를 만들었으며 이는 지금도 '볼타의 전지'라고 불리고 있다. 이 전지의 발견으로 과학자들은 일정하고 안정된 전원을 갖게 되었다. 이어서 자기력에 대한 원리가 밝혀졌다. 자석은 고대인에게도 이미 잘 알려져 있었고, 중국인은 이를 이용하여 나침반을 발명하기도 했다. 그러나 당시 자기는 전기와는 전혀 별개의 현상으로 취급되었다. 1820년 외르스테드Hans Örsted는 도선에 전류가 흐를 때 이 도선 주위에 소위 자기장이라고 불리는 것이 형성된다는 사실을 알아냈다. 더 구체적으로 말하면 그는 전류가 흐르는 도선 근처에 나침반을 놓으면 바늘이 도선의 접선 방향에 직선이 되도록 힘을 받는다는 사실을 발견한 것이었다. 오늘날 우리는 이것이 바늘이 도선 주위에 형성되는 자기장과 평행이 되도록 힘을 받고 있기 때문이라는 것을 알고 있다.

이것이 자연의 기본적인 성질이다. 고등학교의 과학 실험실에서는 이러한 내용의 시범 실험이 즐겨 행해진다. 도선 위에 평평한 유리판을 올려 놓고 그 위에 고운 쇳가루를 골고루 뿌려 놓는다. 그런 다음 도선을 축전지에 연결하여 전류가 흐르도록 한다. 그러면 쇳가루들은 유리판 위에 곤두서면서 정렬된다. 쇳가루들이 마치 짧게 깎은 군인의 머리카락처럼 일어서는 것이다. 여닫개를 열어서 도선에 전류가 더 이상 흐르지 않도록 하면 쇳가루들은 모래처럼 원래 모양으로 무너져 내린다. 쇳가루들이 일어서는 이유는 도선에 흐르는 전류가 그 주위에 자기장을 형성했기 때문이다. 소위 말하는 자기장의 역선이 전류가 흐르는 도선의 주위에 링 모양으로 형성된다. 쇳가루들은 이 역선의 방향을 따라 정렬되는 것이다. 이는 마치 나침반의 바늘이 남북으로 형성된 지구 자기장의 자기력선 방향으로 정렬되는 것이나 마찬가지다.

외르스테드 자신은 자기의 실험에 대하여 이와 같은 설명을 제시하지 못했다. 그러나 그것이 밝혀지는 데는 그리 오랜 시간이 필요하지 않았다. 외르스테드의 발견은 전 유럽에 급속도로 전파되었다. 프랑스의 앙페르André Ampère는 이 소식에 흥미를 가졌고 2주일 안에 도선 주위에 형성되는 자기장의 크기를 도선에 흐르는 전류와 도선으로부터의 거리의 함수로 표현하는 앙페르의 법칙을 발표했다.

영국의 패러데이Michael Faraday는 장과 장 속의 역선力線을 연관지어 생각한 최초의 과학자였다. 패러데이는 외르스테드가 발견한 자기장의 형성이라는 현상의 역도 과연 성립할 것인지에 대하여 의문을 품었다. 즉, 자석만 가지고 도선에 전류가 흐르게 하는 것이 가능한가 하는 것이다. 그의 실험 공책에 의하면 패러데이는 여러 가지 방법을 시도했다. 다양한 방법으로 자석을 도선에 접근시키며 과연 도선에 전류가 흐르는지를 면밀하게 관찰했다. 결과는 실패였다. 다만 그가 실험 장치를 움직이는 순간 도선에는 아주 짧은 전류의 펄스가 감지되었으나 이는 곧 사라져 버렸다. 처방전에서 빠졌던 것은 바로 운동이었다. 패러데이는 영구 자석의 한쪽 극 앞에 도선을 여러 번 감은 뭉치를 놓되 그것이 회전할 수 있도록 고안된 장치를 서둘러 만들었다. 세계 최초의 발전기가 탄생한 것이다. 오늘날 사회에 공급되는 전기의 99퍼센트 이상이 패러데이의 발견을 이용해서 만들어진다. 패러데이는 이 과정을 역으로도 적용해 보았다. 즉, 고정된 자기장 속에 놓인 도선에 전류가 흐르도록 했는데 그 결과 전류가 흐르는 도선의 움직임을 관찰할 수 있었다. 이것이 최초의 모터였다. 독자들은 재미 삼아 각자의 가정에 있는 전기 모터의 개수를 세어 보기 바란다.

패러데이는 가난한 집에서 태어나 교육을 제대로 받지 못했고 수학 실력 또한 약했다고 한다. 그는 다만 뛰어난 물리적 직관으로 이러한 일들을 이루어냈다. 그는 그의 실험을 도선과 자석 사이의 장으로서 설명했다. 그는 이러한 장을 전기력과 자기력에 의한 일종의 변형력變形力/stress이라고 파악했다. 즉, 전기력과 자기력은 그 역선 방향을 향하며 변형력은 그 크기와 관계된다는 것이다. 쇳가루의 실험에서 역선이 만들어지는 것을 볼 수 있었다. 패러데이는 이 역선에 마치 약한 장력이 걸려 있어서 될 수 있는 대로 그 길이를 짧게 만들려는 경향이 있음을 발견했다. 비압축성 유체의 흐름에도 이와 비슷한 현상이 나타난다. 조금 뒤에 나오는 페르마의 원리와 제9장에서 다시 다루게 되겠지만 물리적 과정에는 언제나 가장 짧고 쉬운 경로를 택하려는 고유의 경향(최소의 원리)이 내재되어 있다.

패러데이의 직관은 올바른 것으로 판명되었지만 이론적으로 이를 정립하는 과제, 즉 전기장과 자기장 사이에 장을 매개로 하는 상호작용을 기술하는 수학적 법칙을 세우는 일은 또 다른 과학자에게 넘겨지게 되었다. 스코틀랜드 출신의 맥스웰은 패러데이의 이러한 업적을 수학적으로 정리하기로 마음 먹었다. 맥스웰은 부유한 가정에서 태어나 최상의 교육을 받았으며 수학 실력도 무척 뛰어났다. 아마도 뉴턴과 아인슈타인 사이에서 가장 훌륭한 이론 물리학자로 그를 꼽기에 부족함이 없을 것이다. 그는 1873년에 전기와 자기에 관한 두 권의 저서를 출판했는데 이는 뉴턴의 《프린키피아》를 제외하고는 다른 어떤 책보다도 물리학에 큰 영향을 주었다.

맥스웰 이론의 핵심은 네 개의 방정식으로 되어 있다. 이 방정식들은 전기장과 자기장 사이의 관계를 설명해 주는데 앙페르의 법칙도 여기에 포함된다. 공간에서 장의 변화는 시간에 따른 장의 세기의 변화와 관련되어 있다. 즉, 전기장은 시간에 대하여 변하는 자기장에 의해 생성되며 또 반대로 자기장도 마찬가지다. 이러한 원리들이 맥스웰의 방정식에는 수학적 형태로 설명되어 있다. 자기력선은 언제나 폐곡선을 이루는데 이는 자석의 북극과 남극이 항상 짝을 이루며 붙어 있기 때문이다. 그러나 전기력선은 꼭 폐곡선일 필요가 없다. 전자와 양성자가 꼭 짝을 이루지 않고도 독립적으로 존재할 수 있기 때문이다. 맥스웰의 방정식은 어떤 물리 교과서에서나 발견된다. 그러나 전기장과 자기장 안에서 움직이는 물체에 작용하는 힘의 크기를 알기 위해서는 또 하나의 방정식이 필요하다. 이 방정식은 몇 년 후 로렌츠Hendrik Lorentz에 의해 보충되었다. 이 다섯 개의 방정식으로 우리는 텔레비전의 수신 안테나를 설계하는 것과 같은 수많은 일을 할 수 있다.

이 방정식들의 매우 중요한 결론 중 하나는 이들이 장의 파동을 이미 내포하고 있다는 것이다. 즉, 패러데이와 맥스웰이 연구했던 이 장은 일종의 파동 형태로 전파가 가능하다. 자, 그러면 여기서 장이 바로 우리가 앞 장에서 다루었던 파동과 어떤 연관이 있는지 알아보기로 하자.

단 하나의 축전기로 이루어진 간단한 송신기로도 전자기 파동의 송신이 가능하다. 축전기란 두 개의 평행한 금속판으로 이루어져 있는데 충전된 상태에서는 각 극판에 전하가 있다. 이 전하는 극판 사이에 전기장을 형성한다. 대개 한 극판이 양전하로 대전되면 반대쪽 극판은 음전하로 대전되어 두 극판은 서로 끌어당기게 된다. 이번에는 축전기에 교류 전원을 연결하여 보자. 교류의 반주기가 지나면 양 극판의 전하는 그 부호가 바뀐다. 이와 동시에 극판 사이의 역선 방향도 반대가 된다. 즉, 전기장이 변한 것이다. 전기장을 변화시키기 위해 한쪽 극판의 전하를 다른 쪽 극판으로 직접 옮길 필요는 없다. 양 극판의 전위를 뒤집어 주는 것만으로도 같은 효과를 얻을 수 있다. 이렇게 전기장이 변화하면 외르스테드의 도선 주위에 만들어졌던 것과 같은 자기장이 만들어진다. 또 자기장이 만들어지는 것은 전기장이 바뀐다는 것을 의미한다. 새롭게 만들어지는 자기장이 제2의 전기장을 만들기 때문이다. 제2의 전기장은 그것이 만들어지는 즉시 주위에 또 다른 자기장을 형성한다. 이런 식으로 교대로 생성되는 전기장과 자기장은 계속 새로운 장을 만들고 이렇게 만들어지는 장은 축전기에서 점점 멀리까지 퍼지게 된다.

이렇게 전파되는 장은 전기장과 자기장을 동시에 포함하고 있으므로 우리는 이것을 전자기파라 부른다. 전자기파의 전파 속도는 얼마일까? 다시 말하면 교대로 나타나는 장은 진공에서 얼마나 빠르게 전파되는가? 이는 곧 초속 30만 킬로미터, 다름 아닌 광속인 것이다. 맥스웰은 이미 잘 알려진 진공 속에서의 전기적 상수와 자기적 상수를 이용하여 전자기파의 속도를 계산했다. 물리학에 새로운 지평이 열린 것이다.

전자기파의 주파수는 그것을 발진시키는 교류의 주파수에 의해 결정된다. 그러나 진공에서 전자기파의 전파 속도는 주파수에 관계없이 일정하다. 전파와 같이 낮은 주파수의 전자기파는 파장이 길다. 파동의 속도는 주파수와 파장의 곱임을 기억할 것이다. 반면에 그림 6과 같이 높은 주파수는 파장이 짧다. 맥스웰은 빛이 전자기파라는 것을 증명했을 뿐만 아니라 당시에는 전혀 상상도 하지 못했던 새로운 전자기파, 즉 X선이나 전파와 같은 것들을 발견할 수 있는 방법을 가르쳐 주었다.

전파되는 파동의 형태로 장이 존재한다는 사실로 인해, 떨어진 물체 사이에 작용하는 원격 상호 작용의 개념은 더 이상 필요하지 않게 되었다. 뉴턴의 역학에서는 이러한 장치가 되어 있지 않았다. 한 소행성이 달에 추락하여 달의 질량이 그만큼 증가되었다면 이 증가된 달의 질량을 지구에서 느끼는 데는 얼마만큼의 시간이 소요될까? 예를 들면 달의 질량 변화로 인한 조수의 변화 같은 게 있다. 오늘날 우리는 중력의 변화가 전파되는 속도도 빛의 속도와 같을 것이라고 생각한다. 그렇다면 중력파가 달에서 지구까지 전파되는 데는 약 1과 4분의 1초가 걸릴 것이다. 실제로 중력파가 측정된 적은 없지만 과학자들은 여기에도 오컴의 면도날을 적용하여 중력파의 속도가 광속과 같다고 본다. 멀리 떨어져 있는 물체에 원격작용에 의해 즉각적으로 힘이 작용한다는 것을 합리적인 과학적 과정이라고 생각하기는 어렵다. 장이야말로 작용, 신호 그리고 파동의 속도가 물리적인 양으로 표현될 수 있는 기회를 제공한 것이다.

이러한 생각을 분명히 하기 위하여 다음과 같은 실험을 해보자. 증권 회사에서 최신 주식 가격을 보여 주기 위한 전광판이나 뉴욕 타임스 빌딩에서 뉴스를 전해 주는 전광판과 같이 전구를 가로 세로 바둑판처럼 늘어 놓고 이를 장처럼 이용하여 신호를 보내는 것이다. 이 신호들은 얼마나 빠른 속도로 전파되겠는가? 전구의 켜짐과 꺼짐에 의해 정보가 전달되는 것 외에는 어떠한 질량도 움직이지 않고 실험 전의 위치를 그대로 지키고 있다. 단순히 형태만이 움직이고 있는 것이다. 다만 파동의 형태는 아니다. 언뜻 보기에는 신호가 전달되는 속도에 한계가 없는 것처럼 보인다. 그러나 다음과 같은 사실을 고려해 보자. 전광판의 한쪽 끝에 전구를 밝히면 우리는 이 신호를 얼마나 빨리 전광판의 다른 쪽 끝까지 전달할 수 있겠는가? 이것은 전기의 속도와 같다. 전광판의 각 끝에서 거리가 같은 곳에 전기 여닫개 상자를 만들어서 전구들을 조정한다면 전광판의 양쪽 끝에 있는 전구들을 동시에 밝힐 수 있다. 그렇다고 한쪽 끝에서 다른 쪽 끝으로 신호를 전달한 것은 아니다. 단순히 중앙의 여닫개 상자에서 양 끝으로 신호를 보낸 것이다. 앞으로 상대성 이론의 길에서 알게 되겠지만 이 속도의 유한성이야말로 물리법칙의 기초가 된다.

벡터 장

지금까지 중력장, 전자기장 그리고 전구로 이루어진 장에 대해 언급했다. 음파가 전파되는 장은 질량을 갖는다. 수면파, 지진파 그리고 거의 모든 파동이 그렇다. 다만 전자기파만큼은 예외다. 장이 반드시 파동일 필요는 없다. 우리가 눈으로 구별할 수 있는 색은 빨간색에서 보라색까지 다양한 스펙트럼상의 색상으로 나타난다. 또 주어진 색상에 대하여 다양한 밝기가 있을 수 있는데, 밝기란 흰색에서 검정색까지 그 어두운 정도를 말한다. 색상의 또 다른 요소로는 순도 또는 색의 깊이가 있다. 순도란 투명한 물에서부터 탁한 물감에 이르기까지 그 탁한 정도를 말한다. 색깔을 정확하게 정의하려면 각각의 색상, 밝기, 순도를 나타내기 위하여 세 개의 숫자가 필요하다. 색깔의 장에서는 파동이 필요하지 않다. 또 공간적으로 그들이 몇 미터 떨어져 있는지 언급할 필요도 없다. 다만 색깔에 대한 변수만이 중요하다.

색의 감각, 즉 색깔을 나타내는 변수들은 주관적인 것인가 아니면 객관적으로 존재하는 실재인가? 가시 광선의 스펙트럼에서 그 파장이 변하면 눈은 그 색상의 변화를 분명하게 감지한다. 그렇다면 눈에 압력을 가할 때 어떤 색깔이 보이는 것처럼 느껴지는 것은 무엇일까? 또 밝은 색이나 빛을 집중해 본 후에 그 반대 색깔의 잔상이 보이는 것은 무슨 이유일까? 미국 광학회는 위원회를 구성하여 《색의 과학》이란 책을 집필하는 계획을 추진했다. 위원회는 바로 이 문제에 대하여 몇 년간 고민한 끝에 결국 '색깔'에 대하여 다음과 같은 신경학적, 물리학적 정의에 동의하게 되었다. 색깔이란 공간과 시간과는 관계가 없는 시각적인 특성으로서, 빛의 복사 에너지가 눈의 망막을 자극함으로써 얻어지는 것을 말한다.

사실 수많은 종류의 장이 존재할 수 있다. 방의 온도에 대해 생각해 보기로 하자. 이 방의 각 지점은 일정한 온도 값을 가지는데 그 전체를 일컬어 온도의 장이라고 할 수 있을 것이다. 또 다른 예로, 방 안에 크게 대전된 공이 있어서 방의 어떤 지점에서도 정전 퍼텐셜을 갖는다고 가정하자. 즉, 방 안의 임의의 점에 시험 전하를 놓는다면 이는 대전된 공에 의해 힘을 받는다. 온도장의 경우는 각 지점에 온도의 크기가 주어지면 모든 정보가 다 주어진 것이다. 그러나 정전기장의 경우에는 전기력이 향하는 방향도 동시에 주어져야 한다. 온도의 장과 같은 장을 스칼라 장이라 부르고, 전기장과 같은 장을 벡터 장이라고 부른다. 즉, 벡터 장에서는 각 점에서의 정확한 값을 기술하려면 두 가지를 모두 알아야 한다. 벡터라고 불리는 수학적 양에도 두 가지 인자가 있다. 이 두 가지 인자란 크기와 방향이다. 물론 다른 표현 방법도 있다. 이 벡터라는 양에 대하여도 나름대로 더하기와 빼기 그리고 두 가지 방법의 곱셈 등 대수적인 연산이 가능하다.

벡터 덧셈의 기본적인 예로는 그림 14와 같이 비행기의 속도를 들 수 있는데, 아마도 독자들은 여기에 익숙할 것이다. 비행기가 정북 방향으로 날아가고 있으며 화살표의 길이는 그 속도의 크기를 말해 주고 있는데 그 크기는 300km/h이다. 동시에 바람은 서쪽에서 동쪽으로 불고 있는데 그 속도는 30km/h이다. 그

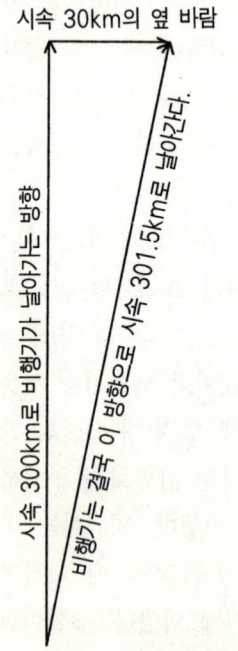

그림 14 비행기에 옆 바람이 부는 경우 벡터의 합성

림에서 직사각형의 대각선이 두 속도 벡터의 합이 되며 그 크기는 피타고라스의 정리에 의해 301.5km/h가 되고 방향은 북동쪽으로 5도 44분 기울어진다.

맥스웰의 이론은 벡터 장을 다루고 있다. 또 우리가 파동을 다루려면 먼저 그 파동의 진폭과 파동의 진행 방향을 알아야 한다. 뉴턴의 만유 인력 법칙에서는 한 물체에 의해서 다른 물체에 작용하는 인력의 방향은 언제나 두 물체를 연결하는 선상으로 작용한다. 따라서 벡터 장인 중력장의 방향도 마찬가지다. 그러나 전자기력의 경우는 양상이 전혀 다르다. 움직이는 전하, 즉 흐르는 전류에 의해서 외부의 자석에 작용하는 자기적인 힘의 방향은 도선과 자석을 연결하는 선상에 있지 않다. 오히려 자석을 옆으로 밀어 낸다. 그 역도 마찬가지다. 흐르는 전류나 음극 선관 안을 움직이는 전자는 가까이에 놓여 있는 자석에 의해 옆으로 밀리게 된다. 이 밀어 내는 힘의 크기는 전하의 속도에 비례한다. 뉴턴의 역학, 구체적으로 뉴턴의 제2법칙에 의하면 움직이는 물체에 작용하는 힘은 그 물체의 가속도와 비례한다. 또 뉴턴 역학에서의 힘은 항상 두 물체의 연결선상에서만 존재할 뿐이다. 이는 그림 14의 바람의 속도 벡터와 유사하다. 그러므로 맥스웰의 이론은 뉴턴적이 아니라고 볼 수 있다. 물론 정지해 있는 전하에 작용하는 힘은 뉴턴적이다. 그러나 움직이는 전하의 경우는 이와는 전혀 다르다. 맥스웰의 방정식이야말로 이 전혀 다른 새로운 게임, 즉 전자기장과 관련된 힘을 지배하는 새로운 법칙이다.

이제 빈 공간은 실제로 빈 공간이 아니다. 공간이 힘을 작용하도록 할 수 있는 물리적 성질을 가진 것이다. 1854년에 수학자 리만 Georg Riemann은 〈기하학의 기본에 대한 가설〉이라는 논문을 발표했는데 이는 당시의 유클리드Euclid, 데카르트Descartes 그리고 다른 수학자들이 주장하는 비어 있는 공간이라는 개념을 벗어 던지는 혁신적인 것이었다. 이러한 개념은 당시 물리학자들에게 상당한 공감을 일으켰다. '일반 상대성 이론의 길'에서 아인슈타인이 이를 어떻게 적절히 사용했는지를 보게 될 것이다.

파동은 맥스웰 방정식에 의해서 기술된 장과는 아주 잘 어울리는 것이어서 장의 유용함을 말해 준다. 장은 또 한 가지 편리한 속성을 가진다. 장은 경사와 높낮이가 심한 구릉 지대의 등고선 지도와 유사하다고 볼 수 있다. 등고선 지도에 그려져 있는 등고선이란 해면으로부터의 고도가 같은 점들을 이은 선이다. 경사가 완만한 곳에서는 인접한 등고선 사이의 간격이 멀어지는데 이는 각 등고선이 일정한 높이의 차이마다 하나씩 그려지기 때문이다. 반대로 경사가 급한 곳에서는 등고선이 촘촘해지고 절벽 같은 곳에서는 심지어 등고선이 겹칠 수도 있다. 지구를 둘러싸고 있는 중력장에 대하여 이 등고선의 개념을 적용한다면 이 경우 등퍼텐셜 선이란 같은 크기의 중력 퍼텐셜을 갖는 점들을 연결하는 선이 될 것이다. 이 때 힘의 방향은 등퍼텐셜 선에 수직이 된다.

등퍼텐셜 선의 간격이 가까운 것은 경사, 즉 퍼텐셜의 변화율이 크다는 것을 나타낸다. 이 변화율을 장의 기울기gradient라고 부른다. 스키장에서 초보자는 완만한 경사에서 스키를 즐길 것이고 숙련된 스키 선수라면 급한 경사에서 스키를 즐길 것이다. 물은 경사가 가장 급한 곳으로 흐르는 경향이 있으며 이것이 가장 빠른 경로이기도 하다. 이러한 경로를 측지선이라 부른다. 많은 물리적 과정은 특유의 장 속에서 최소의 법칙을 만족하는 궤적을 따르는 것으로 나타났다. 제9장에서는 인과율과 관련된 최소의 법칙에 대하여 논의하게 될 것이다.

최소의 법칙으로 가장 잘 알려진 예가 페르마Pierre Fermat의 원리다. 이 원리에 의하면 빛이 유리나 물과 같이 여러 매질로 구성된 광학 시스템을 통과할 때는 언제나 최소 시간이 걸리는 경로를 택하여 지나간다. 유리나 물 속과 같이 빛의 속도가 느린 매질에서는 될수록 짧은 거리를, 공기 중에서는 될수록 긴 거리를 감으로써 전체 걸리는 시간을 최소한으로 줄일 수 있다. 우리는 빛을 파동으로 생각하려는 경향이 있지만 페르마가 그의 원리를 확립한 것은 17세기의 일이며 이 때는 빛의 파동 이론이란 존재하지도 않았다. 실제로 페르마의 원리에는 빛의 파동성이나 입자성에 관한 문제는 포함되어 있지 않다. 이 원리는 빛이 통과하는 광학적 계와 장애물이 아무리 복잡하게 배치되어 있다고 하여도 빛은 가장 빠른 노선을 찾아 전파된다는 것을 말해 주고 있을 뿐이다.

이 문제는 다음의 경우와 아주 유사하다. 당신이 해변의 모래 사장에 있는데 바닷가 물 속에서 어떤 사람이 물에 빠져 허우적거리고 있다. 그를 구하기 위하여 최대한 빠르게 그에게 도착하는 경로는 어떤 것인가? 당신이 최단 거리로 물가까지 뛰어가 수영하는 것은 수영하는 것이 뛰는 것보다 느린 것을 고려할 때 필요 이상으로 긴 거리를 수영하게 되는 것이다. 그렇다고 그 사람에게 직선으로 달려가는 것도 바람직하지 않다. 최선의 방법은 모래에서 최대한 그에게 가까이 달려간 다음 될 수 있는 대로 짧은 거리를 수영하는 것이다.

일반적인 광학 교과서를 보면 대체로 스넬의 굴절 법칙으로부터 페르마의 원리를 유도한다. 그러나 사실 그 역으로 생각하는 것이 물리학에 대한 더욱 깊은 견식을 갖는 방법이다. 먼저 최소의 법칙을 적용하여 페르마의 원리를 가정한 다음 이로부터 반사의 법칙과 스넬의 굴절 법칙을 유도하는 것이다. 〈부록 6〉에서 이의 간단한 경우를 다루어 보았다.

장의 미세 구조

 장의 개념을 도입함으로써 파동에 대한 현상과 최소의 법칙에 대하여 쉽게 이해할 수 있음을 알게 되었다. 그렇다면 장 그 자체는 어떠한 미세 구조를 가지고 있는가? 장은 맥스웰이나 또 다른 물리학자들이 그것을 표현하기 위해 사용한 수학적 함수처럼 매끄럽고 연속적인 것인가? 아니면 불연속적이고, 알갱이화 또는 양자화되어 있는가? 사실, 이와 같은 질문은 여러 갈래의 길에서 여러 가지 형태로 만나게 된다.
 장이 불연속적으로 알갱이화되어 있다는 사실은 최소한 다음과 같은 세 가지 관점에서 물리적인 중요성을 가진다. 첫째, 장 속에 저장할 수 있는 정보의 양, 따라서 우리가 측정을 통해 장으로부터 얻을 수 있는 정보의 양은 알갱이화되어 있다는 것이다. 이는 사진이나 눈의 망막에서의 미세한 분해능과도 밀접한 관계가 있다. 매우 미세한 상을 구별해 낼 수 있는 능력을 보통 분해능이라고 부르는데 현미경과 같은 기구는 아주 뛰어난 분해능을 가지고 있다. 그러나 현미경과 망원경의 분해능도 빛이 통과하는 구멍의 크기와 사용된 빛의 파장에 의해 한계가 주어지는데, 이는 회절 현상에 의한 것임을 이미 배웠다. 물론 분해능이 뛰어날수록 더 많은 정보를 얻을 수 있다. 그런데 몇 개의 망원경이나 현미경을 연속해서 사용하여 원하는 만큼의 배율을 얻는 것은 어째서 불가능한가. 상의 크기를 단순히 확대하는 것은 물론 어려운 일이 아니다. 문제는 분해능에 한계가 있다는 것이다.
 광학 기구를 사용하여 상을 확대하는 경우의 분해능은 마치 음향 기기를 이용하여 음성 신호를 증폭하는 문제와 아주 유사하다. 보청기를 사용해 본 사람이라면 소리를 크게 하기 위하여 보청기의

3 · 장: 공간은 과연 비어 있는가 103

증폭 배율을 증가시켰을 때 나타나는 이러한 현상을 경험해 보았을 것이다. 상대방의 목소리가 크게 들리기는 하지만 마치 그 사람이 입 속에서 소리를 우물우물거리는 것처럼 들린다. 천문 관측에서도 별의 상을 더욱 크게 확대하면 그 상이 흐려지는 경우가 있다. 사진의 확대 역시 그 원판의 알갱이가 가지고 있는 분해능 이상은 불가능하다.

장이 알갱이와 같음을 다음과 같은 측면에서 한번 생각해 보자. 신문이나 잡지에 실린 사진은 그 원판을 잉크를 이용하여 인쇄의 형태로 재생한 것이다. 사진을 인쇄할 때 그 밝고 어두움을 같은 크기의 종이에 대해 사용하는 잉크의 양으로 조절하려고 하는 것은 좋은 방법이 아니다. 실질적인 방법은 망점을 이용하여 상을 불연속적으로 만들어 주는 것이다. 즉, 망점 사이의 간격을 변화시킴으로써 흰색에서부터 검정색까지의 다양한 명암을 만들 수 있다. 각각의 망점에는 같은 양의 잉크가 사용된다. 점들이 서로 멀리 떨어져 있으면 눈에는 그 부분이 하얗게 보인다. 시계공이 사용하는 눈에 끼우는 확대경을 통하여 신문의 사진을 보면 이 작은 망점들이 보인다. 그러나 확대경으로 사진을 본다고 해서 그것이 더 분명하거나 또 잘 분간되는 것은 아니다. 고배율의 확대는 하나하나의 망점을 보여 준다는 것 외에는 상의 인식에 아무런 도움이 되지 않는다. 오히려 상의 윤곽을 파악하는 데 더 나쁜 영향을 줄 수도 있다. 망점을 이용하여 아주 작게 인쇄된 기호를 보면 이러한 현상이 두드러지게 나타난다. 확대경을 사용하지 않으면 이것이 무슨 기호인지 쉽게 분간이 된다. 그러나 확대경을 끼고 보면 오히려 이것이 무슨 기호인지 전혀 알아볼 수 없는 것이 바로 이러한 경우다. 인쇄된 상의 망점이란 제2장에서 논의한 바에 의하면 아주 고주파수의 푸리에 성분이다. 그러나 우리가 얻고자 하는 정보는 저주파수의 성분 속에 들어 있다. 확대경을 통해 TV 화면을 보면 이와 비슷한 결과를 얻을 수 있다.

불연속적인 장이 미치는 두 번째 중요한 영향은 그것이 장에서 일어나는 물리적 과정에 영향을 미친다는 것이다. 양자론은 바로 플랑크 상수라는 불연속적인 알갱이의 크기를 토대로 세워졌다. 이에 대한 자세한 논의는 양자론의 길에서 할 것이다.

불연속적인 장의 세 번째 중요한 점은 우리가 어떤 장 속에서 찾고자 하는 것을 찾을 수 있을 확률, 또는 각 지점에서 장의 정확한 값을 얻게 될 확률은 바로 알갱이화된 장의 미세 구조에 의존한다는 것이다. 즉, 알갱이보다 더 작은 것에 대하여는 어떠한 정보도 얻을 수가 없다. 또 이 알갱이의 크기에 따라서 측정의 오차도 결정된다. 알갱이화는 물리학에서 확률과 직접 관련된다. 왜냐하면 우리가 인식한 상이나 측정한 값이 과연 얼마나 진실에 가까운지에 대한 한계가 이로 인해 결정되기 때문이다. 확률의 개념은 우리가 우주를 물리적으로 이해하는 데 중요한 역할을 한다. 다음 장은 '확률의 길'로 이어진다. 계속해서 마지막 장에서도 확률의 또 다른 측면을 대하게 될 것이다.

4
확률: 무엇을 측정하고자 함인가

아인슈타인은 신이 우주를 가지고 주사위 놀이를 하고 있지는 않을 것이라고 굳게 믿었다. 그는 확률 계산만으로는 물리적 현상을 정확하게 또 과학적으로 기술하는 것이 불가능하다고 생각했던 것이다. 그러나 이러한 확률, 불확정성 그리고 혼돈 등의 개념은 현대 물리학 특히 양자 역학의 이론에 의해 주도된 지적 대변혁의 핵심적 위치를 차지하게 되었다. 우리가 무엇인가에 대하여 그 확률을 계산할 때 이는 단순히 우리에게 주어진 정보의 부족으로 인해 어쩔 수 없이 근사적인 계산을 하는 것에 불과한가? 아니면 확률이란 단지 불확실의 정도를 나타내는 수학적인 규칙인가? 또는 많은 물리학자들이 믿고 있듯이, 어떤 원자적인 사건이 일어날 확률을 계산하는 것은 그러한 사건이 일어나게 된 가장 가까운 원인이 무엇인가를 알기 위함인가? 과연 불확정성이란 물리적 실체의 근본적 요소 중 하나인 것인가?

제9장에서는 이렇게 서로 배타적인 것으로 보이는 두 가지 관점이 어떻게 종합될 수 있는지에 대하여 논의하게 될 것인데, 이 새

로운 관점은 라플라스의 악마와 같이 결정론도, 또한 완전한 비결정론도 아니다. 그 때까지는 우선 확률의 길을 따라 이것저것 구경해 보기로 하자. 그러면 우선 명확한 확률적 원리에 기초를 둔 단순하며 논쟁의 여지가 없는 한 가지 예로부터 시작해 보자. 주사위 두 개를 함께 던질 때 그 합이 7이 될 확률은 얼마인가?

각각의 주사위는 여섯 개의 면이 있다. 또 주사위마다 각 면이 나올 확률이 같다고 가정하면 모두 6×6, 즉 36가지의 경우를 생각할 수 있다. 이 중 그 합이 7이 되는 경우는 여섯 가지이므로 두 주사위의 합이 7이 될 확률은 36분의 6, 즉 6분의 1이 된다. 도박사들은 이러한 확률 계산에 따라 돈을 벌고 있으므로 그것이 올바른 방법이라는 데는 의심의 여지가 없는 것 같다. 그러나 겨울에 오리의 발이 왜 얼지 않는지 의심하는 사람에게는 아직도 몇 가지 의문이 남는다.

1. 확률 계산은 실험적인 데이터와는 완전히 별개인 것처럼 보인다. 그렇다면 계산이 가지는 과학적인 의미란 무엇인가? 과학적으로 옳다고 인정받으려면 어떻게든 실험적인 사실에 근거를 두어야 하지 않는가? 우리가 실제로 여러 번 주사위를 던져 보면 그 합이 7이 되는 경우는 전체 경우의 6분의 1보다 조금 크거나 혹은 작을 때도 있지 않은가?

2. 주사위를 실제로 던졌을 때 나오는 결과란 사실 던지는 순간의 물리적 요소들에 의해 이미 결정된 것은 아닌가? 이 요소들이란 주사위를 얼마나 세게 던지는가, 주사위의 면은 어떠한가, 주사위를 손으로 잡을 때 그 면들은 어느 방향을 향하고 있는가, 주사위의 모서리는 얼마나 둥글며, 마찰력 그리고 운동량과 주사위를 던지는 기술 등일 것이다. 그리고 무엇보다도 이러한 점들은 그 6분의 1의

확률을 계산함에 있어서 전혀 고려되지 않았다는 사실이 지적되어야 할 것이다.

3. 계산에서 가정했던 각 면이 나올 확률이 같다는 사실은 물리적으로 과연 무엇을 의미하는가? 또 주사위를 반복해서 계속 던짐에도 불구하고 물리적으로 그리고 수학적으로 같은 확률이 적용될 수 있으리라고 어떻게 확신할 수 있을 것인가?

4. 어떤 과학적인 측정을 할 때 우리는 여러 번 반복하여 측정함으로써 그 정확성을 높이고 측정의 오차를 줄일 수 있다고 한다. 이것이 진실인가? 만약 진실이라면 그 근거는 무엇인가? 또 우리가 주사위를 여러 번 던져 보아야 하는 것과 같은 그러한 일이 실제로 일어나고 있는가?

5. 두 개의 주사위가 서로 구별이 안 된다고 가정하자. 이러한 사실이 그 확률의 계산에 차이를 주는가? 예를 들어 두 주사위의 눈이 6과 1인 경우와 1과 6인 경우를 구분할 수 없다면 합이 7이 나올 확률을 계산함에 있어서 이를 하나의 경우와 두 개인 경우 중 어느 것으로 보아야 하는가?

앞에서 지적한 문제들을 하나씩 검토해 보자. 우선 첫번째 의문에 대하여. 이는 긍정적인 논리론자에게 그리고 실제로 측정된 사실만이 진실이라고 믿는 소위 실험적 원리론자에게도 큰 도전이다. 아인슈타인은 다음과 같이 묻고 있다. "달이 나에게 보이지 않는다고 해서 달이 거기에 없다고 말하겠는가?"라고. 여기에 대한 올바른 답은 아마도 진실이란 주어진 정보의 양의 문제라고 보아야 한다는 것이다. 달에 대한 진실, 그것이 존재할 확률은 눈에 보이는 것에만 의존해서는 부정확하다. 그것이 보이지 않는다고 하더라도 달이 존재하는 것은 분명하다. 즉, 우리가 물리적으로 측정하는 것은 진실에 대한 필요 조건도, 충분 조건도 아닌 것이다. 숲에서 나무가 쓰러질 때 아무도 그것을 들은 이가 없다면 그 쓰러지는 소리는 존재하는가? 대답은 상당한 가능성으로 '그렇다'이다. 그러나 그 과정이 요구되는 것만큼 완벽하고 깨끗한 정의는 아니다. 야구 경기에서 스트라이크 판정에 대하여 이의를 제기받은 심판이 다음과 같이 외쳤다고 하자. "내가 판정을 내리기 전까지 그 볼은 스트라이크도, 볼도 아니다." 우리는 이 심판을 양자의 길에서 다시 만나게 될 것이므로 그 때에 가서 더 깊이 있게 논의해 보기로 하자.

우리가 6분의 1의 확률이라는 계산 결과를 실험적으로 증명하기를 고집한다고 하자. 계산된 확률에도 불구하고 주사위의 합이 연속해서 7로 나온다면 아마도 주사위에 대한, 그리고 던지는 작업에 대한 그리고 또 스스로의 정직성에 대한 의심은 점점 증폭될 것이다. 혹시 6분의 1이라는 숫자가 불충분한 정보를 바탕으로 계산된 결과는 아닐까? 혹 숨겨진 변수는 없는가? 아니면 각 면이 나올 확률이 모두 같다는 가정(이를 등분배의 원리라고도 함)은 다소 부정확한 것일 수도 있다. 또는 우리가 주사위의 눈을 읽을 때 조명이 나쁘거나 시력이 좋지 못해서 실수할 수도 있지 않을까? 또는 면을 세거나 곱하는 계산을 잘못 했을 수도 있고, 따라서 실제의 확률은 6분의 1이 아닐 수도 있지 않을까? 이러한 모든 문제가 없다고 하자. 그렇다면 보다 실질적인 결과를 얻기 위해서는 더 많은 통계적인 표본, 즉 더 많은 횟수의 던짐이 필요할 것이다. 그러면 연속해서 7이 나온 뒤라고 하여 다음에 주사위를 던졌을 때 7이 나올 확률은 먼저 번보다 조금 작아지는가? 이 간단한 것 같았던 문제도 결코 단순하지 않음을 알 수 있다.

두 번째 의문에서도 그 복잡성은 계속된다. 물리적인 요소들은 나타난 현상의 인과 관계를 설명하는 데 필수적이다. 그러나 주사위를 던지는 실험에서와 같은 통계적 이론에서 이러한 요소들은 거의 그대로 간과되는 것이 보통이다. 생명 보험 회사들도 피보험자의 초기 상태, 즉 살아 있다는 사실과 그의 최종 상태, 즉 그의 죽음에 대하여만 모든 관심을 기울인다. 따라서 피보험자가 여기서 저기로 이사를 가는지 등의 자세한 사항들은 관심 밖이다. 보험 회사가 피보험자의 자세한 사항에 관심을 기울이지 않는다고 하더라도 이익을 남기는 데는 결코 아무런 지장이 없다. 그러나 과학적인 이론, 특히 양자 역학과 같은 이론에서는 그 과정이 무시되면 언제나 모순이 야기된다. 제2장의 코팅의 작은 반사를 상기하라.

세 번째 질문은 결국 등분배 원리를 테스트하고 있는 것이다. 이러한 원리는 여러 가지 점에서 검토가 이루어지고 있는데 그 결과는 고전 물리학의 영역과 현대 물리학의 영역에서 다소 상이하게 나타난다. 우리가 현재 가고 있는 길은 고전 물리학의 영역에 속하며 이는 통계 역학, 기체 운동 이론, 확산, 열역학 제2법칙을 포함하고 있다. 이러한 주제에 대하여는 확률의 길에서 간단하게 다루기로 하자.

네 번째 질문은 반복되는 측정을 통하여 정보를 창조 내지 축적해 가는 과정과 관계가 있다. 측정 도구 또는 실험 장치의 분해 능력에 한계가 있다고 할 때 아무리 오랫동안 반복해서 측정한다고 해서 그 한계를 뛰어넘을 수 있을까? 물론 측정의 오차는 측정 횟수를 늘려 감으로써 줄일 수 있으며 이는 다분히 수학적인 영역일 것이다. 또 거기에는 한계가 있는가? 있다면 어떻게 발생하는가? 실험적인 관점에서 본다면, 우리가 반복해서 측정하는 것은 감춰진 또는 무시된 변수의 크기를 결정하기 위해서다. 그 이상 아무리 반복한다고 하더라도 실험의 정확성이 증대되는 것은 아니며, 오히려 반복으로 인해 실험 장치나 실험자 자신이 어느 한쪽으로 치우칠 위험이 있다. 여기서 문제의 핵심은 다음과 같다. 측정에서 실제로 정확한 그리고 진실된 측정값이란 과연 존재하는가라는 의문이다. 아마 이는 정확한 2의 제곱근은 존재하는가라는 의문과도 일맥 상통한다. 그것이 존재한다면 거기에 도달하기 위하여 계속 노력해야겠지만, 그것이 존재하지 않는다면 모든 논의는 무의미하다. 여기서 물리적 실체라는 본질은 다시금 확률 이론의 안개 속으로 그 꼬리를 감춘다.

마지막 다섯 번째 문제는 구별 가능성에 대한 것이다. 브로드웨이 뮤지컬 〈신사와 숙녀들〉에서 빅 줄은 나단 디트로이트에게 그의 주사위를 사용할 것을 요구한다. 나단은 주사위를 살펴보고는 다음과 같이 말한다. "이 주사위에는 점이 없군요." 빅 줄은 손에 총을 든 채 다음과 같이 대답한다. "아니, 주사위는 괜찮아. 나는 점들이 어디에 있는지 다 기억하고 있으니까." 나단은 주사위를 던지고 곧이어 빅 줄은 7이라고 외친다. 나단은 비웃으며 "어느 것이 6이고 어느 것이 1입니까"라고 묻는다. 빅 줄은 "그것이 무슨 차이가 있는가?"라고 되묻는다.

빅 줄의 주장을 좀더 진지하게 생각해 보자. 표 1에는 일반 주사위 두 개와 또한 빅 줄의 주사위로부터 얻을 수 있는 모든 경우들을 보여 준다. 후자의 경우 가능한 결과는 21가지이며 그 중 두 주사위의 합이 7인 경우는 세 가지다. 따라서 빅 줄의 주사위에 의하면 그 확률은 21 나누기 3은 7, 즉 7분의 1이다. 반면에 일반 주사위에 의하면 앞에서 계산한 바와 같이 그 확률은 6분의 1이다. 이러한 확률의 계산에 있어서 독자는 다음과 같은 점에 주의를 기울여야 할 것이다. 이 문제에서 물론 빅 줄의 주사위를 적용할 수는 없다. 그러나 원자 속에서 두 개의 전자가 위치를 바꾸는 문제에서는 이러한 구별 불가능성이 적용된다. 이러한 입자의 구별 불가능

표 1 두 개의 주사위로부터 얻을 수 있는 결과들

일반 주사위의 배열	배열의 수	주사위의 합	빅 줄의 주사위 배열	배열의 수
(1,1)	1	2	1-1	1
(2,1) (1,2)	2	3	2-1	1
(3,1) (1,3) (2,2)	3	4	3-1 2-2	2
(4,1) (1,4) (3,2) (2,3)	4	5	4-1 3-2	2
(5,1) (1,5) (4,2) (2,4) (3,3)	5	6	5-1 4-2 3-3	3
(6,1) (1,6) (5,2) (2,5) (4,3) (3,4)	6	7	6-1 5-2 4-3	3
(6,2) (2,6) (5,3) (3,5) (4,4)	5	8	6-2 5-3 4-4	3
(6,3) (3,6) (5,4) (4,5)	4	9	6-3 5-4	2
(6,4) (4,6) (5,5)	3	10	6-4 5-5	2
(6,5) (5,6)	2	11	6-5	1
(6,6)	1	12	6-6	1
	총 36			총 21

성에 대하여는 제6장에서 다시 다루기로 하자.

통계 물리학

세 번째 문제로 되돌아가서 현대 물리학에서 논란의 여지가 있는 등분배의 원리의 정당성에 대하여 논의해 보자. 주사위의 각 면이 나오는 횟수는 왜 같아야만 하는가? 동전을 던지면 앞과 뒤가 나올 확률은 왜 동등한가? '힘이 아닌 어떤 힘' 또는 어떤 숨겨진 변수나 목적론적인 인과 요인이 작용하는가? 장場의 길 마지막 부분에서 우리는 어떤 물리적인 과정은 특정한 경로를 '선호'하는 경향이 있음을 언급했는데, 예를 들면 페르마의 원리와 같은 것이 그러하다. 이러한 목적론적인 이야기는 제9장에서 다루기로 한다.

각 개별적인 사건을 모두 추적할 수 없을 때 등분배의 원리를 이용하여 아주 간단하게 그 결과를 예측할 수 있는 한 예를 들어 보자. 뉴턴과 그의 추종자들은 어떤 물리계를 해석하고자 할 때 그 계에 속한 각 입자의 위치와 운동에 대하여 개별적인 방정식을 세우는 일부터 시작한다. 그러나 관련된 입자의 수가 굉장히 많아지면 이러한 작업은 용량이 엄청난 슈퍼 컴퓨터조차도 감당할 수 없게 되며 어쩔 수 없이 확률적인 방법으로 돌아와 등분배의 원리를 이용하지 않을 수 없게 된다.

바닷물 1리터를 병에 담아 어떤 방법으로든 그 모든 물 분자를 빨간색으로 염색했다고 하자. 염색된 물 분자를 다시 바다에 쏟은 다음 그것들이 7대양에 균일하게 퍼지도록 잘 젓는다. 그런 뒤 다시 1리터의 바닷물을 병에 담는다면 이 병 속에는 빨간색 물 분자가 몇 개나 들어 있겠는가? 대답은 2만 개 이상을 발견할 수 있으리라는 것이다. 의심 많은 독자는 아마도 고등학교 시절 화학 시간을 상기하며 아보가드로의 수는 6×10^{23}, 물 분자의 몰당 무게는 18, 또 지구의 대양 면적과 평균 깊이 등을 떠올릴 것이다. 그리고 아마도 계산에 의해 전 대양을 리터로 환산한 숫자보다도 1리터에 들어 있는 빨간색 물 분자의 수가 더 많다는 사실을 알게 될 것이다.

빨간색 물 분자들을 바다에 쏟고 대양을 휘젓는 대신에 자연히 섞이도록 가만히 기다린다면 어떻게 될까? 물론 그것이 골고루 퍼지는 데는 더 많은 시간이 걸리겠지만 최종적인 결과는 마찬가지다. 물 분자들이 자연스럽게 퍼지는 현상을 확산이라고 부르는데 이는 통계 역학적으로 예측 가능한 것이다. 한 방울의 잉크를 물이 채워진 비커나 욕조에 떨어뜨리면 확산 현상을 볼 수 있다. 확산은 기체나 액체 그리고 고체에서도 일어날 수 있는 일반적인 현상인데 다만 그 속도는 다를 수 있다.

술에 매우 취해 술집을 나와 비틀거리며 걸어서 집으로 돌아가고 있는 사람에게서 우리는 눈으로 볼 수 있는 확산 현상의 한 예를 발견한다. 이 사람이 나선 술집과 그의 집은 각각 바둑판같이 구획이 그어져 있는 도시에 있다. 이 사람이 교차로에 도달했을 때 그에게는 항상 네 가지 선택이 주어진다. 그는 되돌아갈 수도 있고, 우측으로, 좌측으로, 또는 앞으로 직진해 갈 수도 있다. 등분배의 원리가 성립할 때 우리는 이것을 무작위 걷기라고 부른다. 술집으로부터 그의 집까지가 몇 구획인지를 알고 있으면 그가 술에 취했을 때 집까지 도착하는 데 얼마나 걸릴 것인지를 예측할 수 있다. 그가 충분히 오래 걷는다면 물론 도중에 다시 술집을 여러 번 지나치기도 하겠지만 결국에는 집에 도착할 것이다.

기체 분자 운동 이론에 의하면 기체는 매우 작고 단단한 무수히 많은 수의 분자로 구성되어 있으며, 입자들끼리 또 용기의 벽과 끊임없이 서로 부딪치고 있으며 되튀어 나오는 방향은 무작위적이라고 가정한다. 이는 곧 모든 입자가 바로 무작위 걷기를 하고 있다는 것이다. 등분배의 원리에 의하면 용기 벽에서의 압력은 어디나 일정하다. 또 이 기체 분자들의 평균 속도는 바로 기체의 온도와 관계가 있다. 기체의 온도가 높을수록 분자들의 속도는 빠르다. 이때 용기의 부피가 일정하다면 벽에 미치는 기체의 압력도 온도에 따라 증가할 것이다.

이러한 모형을 이용하여 맥스웰(장의 길에서 만났던 맥스웰과 같은 인물)은 두 개의 평행한 벽 사이에 있는 기체를 통해 열이 전달되는 현상을 정확하게 예측할 수 있었다. 즉, 한쪽 벽을 가열하여 뜨겁게 하고 그 열이 벽 사이의 기체를 통해 맞은편 벽에 전달되도록 한 뒤 맞은편 벽의 온도가 얼마나 빨리 올라가는가를 측정하는 것이다. 이 실험에서 벽 사이의 기체 일부를 펌프로 빼내어 분자 수를 줄이면 어떻게 될 것인가. 열을 전달해 줄 분자 수가 줄었다는 사실은 분명하다. 반면에 이로 인하여 분자 하나가 다른 분자와 충돌할 때까지 자유롭게 날아갈 수 있는 거리도 상대적으로 길어진다. 이를 분자의 평균 자유 행로라고 부른다. 어쨌든 분자들은 평균적으로 충돌하기까지 더 멀리 열 에너지를 운반할 수 있다. 평균 자유 행로의 증가는 에너지를 전달하는 분자 수가 감소한 것과 정확하게 균형을 이룬다. 에너지를 전달하는 분자 수는 줄어들었으나 분자당 에너지를 더욱 멀리 전달하므로 같은 시간에 열이 전달되는 양은 변하지 않는다. 이와 같은 이론에 의하면 기체의 열 전도도는 기체 압력에 의존하지 않을 것임을 예측할 수 있는데, 이는 실험 결과와 정확하게 일치하고 있다. 이중창에서 두 판 사이의 공기를 10분의 9 정도 빼내더라도 열 전도성을 줄일 수는 없다.

그러나 펌프로 공기를 계속 제거하여 벽 사이의 거리보다 분자의 평균 자유 행로가 더 길어지면 분자는 서로 충돌하는 것보다 더 자주 벽에 부딪칠 것이다. 여기서 계속해서 공기를 제거하면 분자들은 거의 벽하고만 충돌하게 되며 평균 자유 행로가 더 길어지는 것은 더 이상 의미가 없고 열을 운반할 분자 수가 점점 적어진다는 사실만이 중요해진다. 즉, 더 적은 열이 전달된다. 이것이 보온병의 원리인데 실제로 보온병의 벽과 벽 사이에는 대기 중보다 100만 분의 1 정도의 밀도로 기체 분자가 들어 있다.

열역학 제2법칙과 맥스웰의 악마

맥스웰과 볼츠만Ludwig Boltzmann은 기체 분자의 속도가 통계적으로 어떠한 분포를 보이는지에 대하여 연구했다. 그들의 연구에 의하면 일정한 온도에서 어떤 분자들은 평균 속도보다 빠르게 움직이고 있고 또 어떤 분자들은 평균 속도보다 느리게 움직인다. 말하자면 분자들이 일정한 속도 분포를 가지고 있다는 것인데 평균 속도보다 더욱 빠르거나 아니면 느릴수록 그러한 속도를 가지는 분자수는 적어진다. 이는 사람의 수명 분포와도 유사한 모습인데, 다름아니라 사람이 아주 어린 나이에 또는 아주 늙어서 사망할 확률은 더 작다는 것이다. 분자들이 되었든 또는 어떤 사람의 보험 수가를 계산하는 것이든 이는 수학적 확률에 그 근거를 둔다.

그러나 우리가 무작위 걷기나 속도 분포와 같이 확률적인 현상을 다룰 때에는 그 안에 일방 통행적 요소가 내재되어 있다는 사실을 염두에 두어야 한다. 바다 속에 부어 넣은 붉은 잉크 분자들은 저절로 전체 대양에 골고루 퍼져 나간다. 그러나 퍼져 있는 잉크 분자들이 다시 모여서 1리터 용기에 다시 담길 수 있겠는가 하는 것은 전혀 다른 문제다. 분자의 속도에 대하여 이야기할 때 그 방향만큼은 무작위적이라고 했다. 균일한 온도를 갖는 쇠 막대를 생각해 보자. 쇠 막대를 이루는 모든 원자들은 각자 서로 다른 속도로 움직이고 있는데 물론 평균 속도 근처의 속도를 가지고 있는 원자의 개수가 가장 많다. 어떤 사람이 이 쇠 막대를 오케스트라의 지휘자가 지휘봉을 휘두르듯 움직였다고 하자. 또 공기 마찰도 없다고 가정하자. 이러한 움직임으로 막대의 온도가 변화하겠는가? 아니다. 막대를 흔들었다고 해도 분자들의 무작위적인 운동을 증가시킨 것은 아니다. 쇠 막대를 이루고 있는 모든 분자들을 전부 같은 속도로 움직였기 때문이다. 같은 이유로, 상자 속에 들어 있는 한 개의 분자에는 온도가 정의되지 않는다. 다만 특정한 방향의 속도만을 가질 뿐이다. 다시 말하면 무작위적이란 많은 수의 대상이 존재해야만 의미를 지닌다. 또 그래야만 평균이라는 양도 물리적인 의미를 갖게 됨은 두 말할 필요가 없다. 열역학 제2법칙이란 이러한 무작위적 현상에 대한 일방 통행적 법칙을 표현하고 있다.

어떤 사람이 쇠 막대의 한쪽 끝을 난로에 넣는다고 하자. 그는 곧 손이 뜨거워지는 것을 느낄 것이다. 이는 곧 분자의 빠른 운동이 막대를 따라 확산되기 때문이다. 막대의 한쪽 끝은 다른 쪽보다 온도가 높다. 막대의 두 끝 사이처럼 일정한 온도의 차이가 있을 때 이것이 바로 열 기관을 작동시키는 원리가 된다. 예를 들면 증기 기관은 뜨거운 증기를 이용하여 피스톤을 움직임으로써 작동된다. 그런데 문제는 이 증기 기관이 계속해서 움직이도록 하려면 기관의 동작으로 인해 차가워진 증기를 배출시키고 다시 뜨거운 증기를 주입해야 한다는 것이다. 증기 기관의 열 효율이 좋지 못한 것은 바로 이러한 과정에서 생기는 열의 낭비 때문이다. 즉, 대부분의 뜨거운 증기를 그대로 버려야만 한다. 이는 열역학 제2법칙의 당연한 결과다. 이 법칙은 나아가 아주 이상적인 조건에서 증기 기관이 낼 수 있는 최대 열효율이 얼마인지를 계산할 수 있게 해주기도 한다.

앞에서 이야기한 쇠 막대의 양 끝 온도 차이를 이용한 조그마한 증기 기관을 생각해 보자. 막대의 뜨거운 쪽으로 물을 끓여 증기를 만들고 차가운 쪽은 증기를 다시 물로 액화시키는 데 이용하는 것이다. 기관이 작동함에 따라 뜨거운 쪽은 점차 차가워지고, 차가운 쪽은 뜨거워져서 막대는 균일한 온도가 된다. 그러면 증기 기관은 더 이상 일을 할 수 없게 된다.

이러한 실험을 다음과 같은 방법으로 반복해 보자. 막대에 증기 기관을 붙이는 대신에 보온병 속에 막대를 집어넣어 열이 밖으로 빠져 나가지 못하도록 한다. 어느 정도 시간이 지난 후 막대를 보온병에서 꺼내면 막대는 일정한 온도 분포를 가지고 있을 것이다. 이는 뜨거운 쪽의 빠른 분자 운동이 막대 전체에 확산되었기 때문이다. 막대로부터 열을 하나도 잃어버리지 않았음에도 불구하고 더 이상 이 막대기를 이용하여 증기 기관을 움직일 수는 없다. 에너지는 보존되지만 일을 하는 데는 유용하지 못하다. 이와 같이 모든 물리계는 그 에너지가 일을 하는 데 적절하지 않은 형태로 바뀌어 가는 자연스러운 경향이 있는데 이것이 바로 열역학 제2법칙이다.

제2법칙은 과학을 지배하는 기본 원리 중 하나로 비가역적非可逆的 현상에 기초를 두고 있으며 뉴턴적 개념과는 상반된다. 뉴턴의 역학에 의하면 행성이나 당구공과 같은 계에서 특정한 운동이 가능하다면 그 정반대되는 운동 또한 가능하다. 그러나 쇠 막대의 분자 운동과 같이 무작위적 운동을 다루는 데는 이러한 뉴턴적인 원리가 적용되지 않는다. 막대의 뜨거운 쪽 분자 운동이 확산되어 막대 전체의 온도가 일정하게 되는 일은 가능해도, 양쪽의 온도 차가 더욱 벌어져 뜨거운 쪽은 더욱 뜨거워지고 차가운 쪽은 더욱 차가워지는 일은 자연 상태에서는 결코 일어날 수 없다. 이를 다른 말로 표현하면 무질서도 또는 무작위의 정도는 항상 증가하면 했지 감소하지는 않는다는 것이다.

물리계의 무질서도를 엔트로피라 부르는데, 엔트로피는 곧 그 물리계가 존재할 수 있는 모든 가능한 상태의 개수를 말한다. 우리는 앞에서 두 개의 주사위로 된 계를 다루었는데 이 계는 가능한 상태가 36가지 있었다. 쇠 막대에서는 아마도 그 가능한 상태의 수가 천문학적인 숫자가 될 것이다. 엔트로피라는 개념을 이용하면 열역학의 제2법칙은 다음과 같이 표현된다. 고립되어 있는 물리계는 그 엔트로피가 항상 최대값이 되려는 경향이 있다는 것이다. 이는 그 물리계가 보다 더 가능한, 즉 존재할 확률이 더욱 큰 상태로 되려는 경향을 말한다. 두 개의 주사위 문제에 있어서 그 합이 7이 나오는 경우는 여섯 가지이며, 이것이 두 개의 주사위로는 가장 가능성이 큰 상태다.

카르노Sadi Carnot는, 이상적인 순환 열 기관이 낼 수 있는 최대 열효율은 그 열 기관의 두 온도의 차이를 높은 온도로 나누어 준 값이 됨을 보여 주었다.

$$\text{Max. eff.} = \frac{T_{hot} - T_{cold}}{T_{hot}}$$

이 방정식에 사용된 온도는 절대 온도다. 패러데이의 법칙을 이용하여 전기를 발전시키는 효율은 거의 99퍼센트에 달한다. 그러나 이러한 발전기를 돌려 주는 터빈과 같은 열 기관의 효율은 50퍼센트 이하이며, 핵 발전소의 효율은 그 이하다.

이 제2법칙이 깨진다면 그야말로 인류에게 하나의 혜택이 될 것이다. 그러나 아직까지는 그 예외가 발견된 적이 없다. 열대 대양의 열을 조금 가져와서 이를 모두 기계를 움직이는 데 사용할 수 있다면 얼마나 좋겠는가? 열대 대양을 단 10도만 식히면 온 인류가 수천 년 동안 사용하기에 충분한 에너지가 될 테니 말이다.

맥스웰은 이 제2법칙을 깨기 위한 방법을 찾으려 노력했다. 그래서 탄생한 것이 바로 그 유명한 맥스웰의 악마다. 이 악마는 일정한 온도의 기체로 채워진 상자 안에 있다. 그 상자는 마찰이 없는 작은 문에 의해 두 부분으로 나누어져 있다. 문에는 마찰이 없으므로 악마가 문을 열거나 닫더라도 일(에너지 소비)을 하지 않는다. 이 악마는 분자가 움직이는 것을 볼 수 있다. 따라서 그는 한 분자가 우측에서 문 쪽으로 평균보다 약간 빠른 속도로 다가갈 때, 또는 한 분자가 좌측에서 문 쪽으로 평균보다 느린 속도로 다가갈 때 이 문을 연다. 그 외에는 문을 닫은 채로 둔다. 이렇게 함으로써 악마는 상자의 좌측 반에는 빠른 분자들을, 그리고 우측 반에는 느린 분자들을 분류할 수 있다. 결과적으로 아무런 일(에너지 소비)을 하지 않고도 상자의 엔트로피를 감소시킨 것으로서, 이는 제2법칙에 명백히 위배된다. 처음에는 균일한 온도 분포를 가졌던 상자가 나중에는 뜨거운 부분과 찬 부분으로 구분되었기 때문이다. 맥스웰의 악마는 과학자들 사이에 많은 흥분을 야기시켰다.

상상 속의 그리고 초자연적인 인물이 제2법칙을 깨뜨렸다고 하자. 그것이 과연 무슨 의미가 있겠는가? 그러나 과학자들은 그들의 법칙에 대해 아주 완고하고 엄격함을 유지한다. 과학 법칙은 마치 처녀성과도 같다. 가상의 악마가 되었든 아니든, 그것이 한 번 유린되면 곧 영원으로 이어진다. 그로부터 수 년 동안 물리학자들은 제2법칙의 평판을 되돌리기 위하여 노력했는데, 이 악마의 추방은 1929년에 와서 질라드Leo Szilard에 의해 겨우 성공을 거두게 된다. 질라드는 악마의 행동이 분자에 대한 정보에 의존해야만 한다는 사실을 인식했다. 악마 퇴치의 열쇠는 결국, 정보를 얻기 위해서는 엔트로피를 증가시킬 수밖에 없는 것임을 깨달았다. 다시 말하면 분자가 어떤 속도로 다가오는지를 악마가 알기 위해서는, 예를 들면 손전등을 비추어 본다든지 하는 식으로 어떤 측정 장치를 가동해야 하는데, 이러한 측정 자체가 바로 엔트로피 증가를 유발시킨다는 것이다. 브리유앵Léon Brillouin은 이렇게 늘어난 엔트로피는 악마가 감소시킨 엔트로피와 정확하게 서로 상쇄되기 때문에 결국 엔트로피의 변화는 없으며, 따라서 제2법칙은 아직도 유효하다고 했다.

질라드와 브리유앵의 분석에 대하여 모든 과학자들이 긍정하는 것은 아니다. '맥스웰의 악마'라는 표제를 단 최근의 한 논문은 악마가 정보를 얻기 위해 엔트로피를 유발시킬 필요가 없으며, 다만 다음 번 순환을 준비하기 위하여는 그것이 필요할 것이라고 주장하고 있다. 결국 문제는 우리가 물리계에 정보를 제공하는 것 —— 예를 들면 분자를 재배치하는 일 —— 과 계로부터 정보를 추출하는 것 —— 예를 들면 손전등을 비추는 일 —— 사이의 차이점을 어떻게 구분하느냐에 달려 있다.

그러나 두 가지 경우 모두 필연적으로 물리계 내의 엔트로피를 증가시킬 수밖에 없으며 따라서 모든 계의 비가역성은 피할 수가 없다. 우리가 동전을 다시 한 번 던지거나 주사위를 던질 때 먼저 번과 완전하게 같은 조건을 만들어 줄 수는 없다. 우리가 한 다이빙 선수가 다이빙 발판에서 풀장으로 뛰어드는 장면의 영화를 갖고 있다고 하자. 이 필름을 거꾸로 돌린다면 물이 튀는 장면, 이어서 선수의 발이 물 위로 올라오는 장면 그리고 그의 몸이 거꾸로 날아 발이 먼저 다이빙 발판에 닿는 것을 볼 수 있을 것이다. 물론 실제로는 이것이 불가능하다. 어떻게 그것을 알 수 있는가? 뉴턴의 방정식에는 방향성이 없다. 즉, 뉴턴의 방정식에 $+t$ 대신 $-t$를 대입하면 정확하게 미래에서 과거로 거꾸로 여행할 수 있다. 당구공의 충돌 또는 행성의 운동과 같이 마찰이 없고 엔트로피의 변화가 거의 없는 계에서는 어디가 과거이고 어디가 미래인지를 구분할 수 없다.

무질서한 상태를 깨끗하게 정돈하는 일, 용해 상태에서의 결정을 성장시키는 것, 맥스웰의 악마가 분자들을 분류하는 것들은 얼핏 보아 제2법칙에 예외가 되는 것으로 판단하기가 쉽다. 그러나 그것은 단지 한 부분만을 보기 때문이다. 살아 있는 유기체가 세포 분열을 통해 질서 있게 성장한다고 하자. 이는 마치 생명체가 엔트로피를 감소시키는 계처럼 보인다. 그러나 생명체는 음식을 먹고 소화시킴으로써 음식물의 엔트로피를 증가시킨다. 생명체의 성장 과정이란 다름 아니라 한쪽의 엔트로피를 증가시키고 그 대가로 다른 곳의 엔트로피를 감소시키는 것이다. 어느 누구도 열역학 제2법칙을 거스를 수는 없다.

확률의 의미와 그 기본적인 가설

고전 물리학은 과학의 법칙을 다룰 때에 특히 시간이라는 개념에 너무 과도하게 정밀하도록 요구한다. 물리량과 상수들은 사실 소수점 이하 일곱 또는 여덟 아니면 그 이상일 수도 있지만, 제한된 자릿수까지만 의미가 있다. 이는 측정 장치나 과학자들의 능력에도 한계가 있기 때문이다. 자연적인 소음이나 측정 장치의 분해 능력을 넘어서는 정밀한 값이란 사실 무의미하다. 이런 점에서 양자 역학은 오히려 반대의 길을 걷고 있다. 한 사람이 어떤 물리량의 정확한 크기를 알고자 한다면, 그는 수학적으로 정의된 값을 말하는 것이든지 아니면 그 물리적 문제의 내용을 전혀 이해하고 있지 못하든지 둘 중 하나다. 다시 말하면 정확한 값이란 인위적인 것이다.

수학은 사람이 만든 것이다. 확률론은 수학의 한 갈래이기는 하지만 물리학자나 도박사 그리고 가끔은 사업가들이 그것을 빌려서 적용한다. 특히 수학의 무한대라는 개념을 사용하는 데서 어려움이 야기되는데 이는 이에 해당되는 물리적 실체가 없기 때문이다. 단순히 아주 큰 숫자는 그것이 아무리 크다고 할지라도 무한대와는 분명히 구분된다. 〈부록 4〉에서 간단히 설명하겠지만 제논의 역설의 열쇠가 바로 여기에 있다. 아주 좋아하는 어떤 일을 매우 자주 한다는 것과 그것을 영원히 한다는 것은 전혀 의미가 다르다. 극한적인 경우의 타당성 문제는 물리학에서와 수학에서 전혀 별개 문제인 것이다.

우리가 확률의 길에 처음 들어섰을 때 던졌던 문제를 다시 상기해 보기로 하자. 동전을 1000번 던져서 앞 면이 500번이 아니라 600번 나왔다고 해서 다음에 다시 한 번 동전을 던질 때 앞 면이 나올 확률이 50퍼센트보다 조금 작아질까? 그래야만 다음에 계속 몇천 번을 던진다면 등분배의 원리가 맞아 들어가게 될 테니까.

수학자들에게는 이런 논의가 물론 의미가 있어 보인다. 그러나 앞에서 한 대답은 도박사에게는 아무런 쓸모가 없다. 등분배의 원리는 동전을 던진 횟수가 무한대인 경우에나 정확하게 맞기 때문이다. 당신이 아무리 이기고 있든지 아니면 지고 있든지 간에 동전을 던져서 앞이 나올 수학적인 확률은 변함이 없다. 그러나 실제로 앞면과 뒷면이 나올 확률이 정확하게 같은지를 증명하는 일은 천국에서나 가능하다. 그 곳에서라면 끝없이 동전을 던지는 일이나 또 정확하게 같은 조건으로 동전을 던지는 일이 가능할 테니까. 그러나 물리적인 현실 세계에서는 앞 면이 나온 횟수는 결코 뒷면이 나온 횟수와 완전하게 같을 수 없다. 아주 많은 횟수를 던져서 두 경우의 횟수가 같았다 하더라도 거기에는 숨겨진 변수가 있다. 같은 이유로 해서, 1000번 던졌는데 그 중 앞 면이 600번이 나왔다면 거기에도 분명 감춰진 또 다른 변수가 있는 것이다.

이러한 예로부터 실제로 무작위적이라는 어휘가 의미하는 것을 알게 되었을 것이다. 이는 곧 동전을 계속 던지거나 반복되는 측정을 통해 누적되는 자료를 말하는데, 단 반복되는 측정에서 예상되는 확률의 변화는 없어야 한다. 내가 아무리 많은 횟수의 동전 던지기로 자료를 축적했더라도 다음 번 동전 던지기에서 그 확률이 역시 50퍼센트라는 확신이 없으면 이전의 자료 축적은 더 이상 아무런 의미가 없다. 마찬가지로 원주율 π나 어떤 무리수의 값을 계산할 때 소수점 이하 1000자리까지 계산했다고 하더라도 그 다음에 나오는 숫자가 무엇인지 알 수는 없다. 그 자릿수들이 무작위적이라고 하는 것은 이 때문이다. 또 우리가 아무리 많은 자료를 축적했다고 하더라도 진정으로 무작위적인 과정이라면 그것들이 다음 번 결과가 무엇일지를 아는 데 아무런 도움이 되지 못한다는 사실도 이 때문이다. 실제로 수학과는 달리 과학이나 공학에서 이러한 무작위적인 과정은 그 결과가 무수히 많은 독립된 요소들에 의해 결정된다.

 과학에서 확률적 결과들은 아주 신중하게 취급되어야 한다. 확률의 계산은 연속적으로 이루어지는 모든 시도들이 각각 완전하게 서로 독립적이라는 가정이 전제되어야만 가능하다. 매번 주사위를 던지는 것 또는 모든 카드의 분배는 완벽하게 새로워야만 한다. 이렇게 정확하게 같은 상황을 반복하여 만들어 내는 일, 즉 모든 상태, 사건, 과정 그리고 원자들의 배열에 이르기까지 물리적으로 유사하게 하는 것이 가능하다면 이들을 수학적으로 동일한 시도로 간주해도 무방하다. 따라서 한 상자의 주사위를 한꺼번에 던져서 나온 결과나 단지 한 쌍의 주사위를 계속적으로 던져서 나온 결과들을 합한 것이나 차이가 없게 될 것이다. 그러나 물리학에서는 이와 같이 시간을 다루는 데 여러 가지 세심한 주의를 기울이지 않으면 안 된다.

 사실 통계적 방법은 물리학에서 차선의 선택일 수밖에 없다. 이러한 과정이 우연이라는 요인을 무시하고 있기 때문이다. 이에 대하여 에렌페스트Paul Ehrenfest는 다음과 같이 기술한다. "어떤 사실이 옳다는 것을 증명하기 위해 통계학을 이용한다면 당신은 아마 잘못하고 있는 것이다." 마크 트웨인Mark Twain은 심지어 다음과 같이 말한다. "한 가지 거짓이 있다. 그것도 아주 저질의. 이는 바로 통계다." 다음과 같은 농담도 있다. 한 사람이 한쪽 발은 끓는 물에, 다른 한쪽은 차가운 물에 담근 채로 서 있다. 그리고 이 사람은 평균적으로는 따뜻했다고 한다. 또 한 학교의 설문 조사 결과, 각 여학생이 0.2퍼센트 임신 중이라고 지적했다.

이러한 확률 계산에 대한 비판론자들은 그러면 어째서 간혹 그들이 의미 있는 결과를 보여 주기도 하는지 의문을 갖는다. 사실 확률 계산이 얼마나 현실성이 있는 것인가 하는 것 자체가 또한 확률 계산의 대상이기도 하다. 잘 알려진 카이 제곱 테스트란 이러한 불확실성에 대한 계산, 즉 앞의 계산이 얼마나 믿을 만한 것인가를 무한히 반복한 결과다. 어떤 사건이 일어날 확률이 0이라는 것은 그것이 결코 일어날 수 없다는 것을 의미하지는 않는다. 그렇더라도 물론 우리는 그러한 일이 일어나지 않으리라는 사실을 거의 확신할 수 있다.

이 장의 서두에서 우리는 주사위 놀이의 7이 나올 확률을 등분배의 원리로 가정함으로써 계산해 보았다. 그러나 뉴턴의 법칙을 이용하여 행성의 위치를 계산하는 데는 이러한 등분배의 원리가 전혀 필요 없다. 현실 세계에서 우리가 해야 할 계산은 언제나 이러한 완전한 혼돈과 법칙이라는 이름으로 잘 정리된 질서 사이에 존재한다. 예를 들면 다음과 같은 문제가 있다. A라는 야구 팀은 현재 8회 말까지 3점을 리드하고 있다. 이 A팀이 경기에 이길 확률은 얼마인가? 이를 위해서 우리는 게임을 벌이고 있는 두 팀의 이전 경기를 조사해 보아야 할 것이다. 그리고 양 팀 선수들의 개인적인 성적은 어떠한지, 또 현재 컨디션은 어떠한지를 알아야 한다. 확률의 계산이란 사실상 전체 계산의 일부에 지나지 않는다. 그 외의 계산은 가능한 모든 정보를 수집하고 분석하는 것이다. 물론 많은 정보를 가지고 있을수록 확률의 법칙에 의존하는 부분은 그만큼 작아진다. 여기서 확률의 법칙이란 등분배의 원리를 말한다. 그러나 그 이전의 계산은 정확한 인과 관계로부터 얻어진 방정식을 풀어서 나온 결과다.

　혼돈스러운 계라는 것은 그 방정식으로부터 정확한 해를 구할 수 없는 경우든지 또는 그 초기 조건이 수학적으로 너무나 명확해서 물리적 현실성이 결여되는 경우를 말한다. 최근 연구에 의하면 이러한 경우에도 장시간에 걸쳐 그 현상을 관찰하면 어떤 규칙성을 나타내고 있으며 특정 물리 변수들이 일정한 범위의 값을 가지려는 경향이 있음을 알게 되었다. 양자적인 현상은 물론 특정한 확률의 규칙을 따른다. 이러한 점에서 수학이 현실 세계에 적용되는 범위는 생각보다 넓다.

　다음과 같은 예에서 독자는 확률적인 방법이 나름대로 상당히 신뢰할 만하다는 사실을 알 수 있을 것이다. 넓은 유리판 두 개를 평행으로 세워 놓고 그 사이에 일정한 간격으로 말뚝을 연결한 다음 위에서 차례로 공을 떨어뜨린다. 공은 떨어지다가 말뚝에 부딪치면 되튀면서 점점 아래로 떨어진다. 이는 마치 핀볼 게임기와 같다. 평행한 유리판 밑에는 일정한 간격으로 칸막이를 하여 떨어진 공이 다른 곳으로 흘러갈 수 없도록 한다. 여러 개의 공을 계속 떨어뜨리면 공은 각 칸막이에 쌓이게 되는데, 공을 떨어뜨린 위치로부터 정확히 바로 아래쪽 칸막이에 가장 높이 쌓이게 될 것이다. 각 칸막이에 쌓인 공의 분포는 확률 표준 편차 곡선을 따른다. 도대체 어떤 힘이 수학자인 가우스가 처음으로 유도한 이렇게 정교한 곡선을 따라 공이 쌓이도록 했을까? 합당한 설명이 될지는 모르겠으나 아무튼 수많은 독립적 요인이 작용한 결과로 하나의 최종적인 분포를 얻게 되었다. 원인의 복합성에 비하면 그 결과는 너무나도 단순하다. 많은 요인들은 결국 한두 개의 요인으로 압축될 수 있다. 이러한 물리적 과정에서의 인과 관계의 역할과 확률에 대하여는 다음에 다시 토의하기로 하자.

자, 그러면 결국 확률이란 무엇을 측정하고자 함인가? 이는 상세한 정보가 주어져 있지 않은 여러 가지 인과 관계에 대하여 그 상대적인 경중을 수학적 규칙에 따라 계산한 일종의 양적 지표다. 보다 상세한 정보가 주어질수록 예측에 대한 신뢰도는 높아진다. 확률이란 결국 예측에 초점이 맞추어진다. 그리고 예측은 주어진 정보에 초점이 모아진다. 여기서 정보라 함은 컴퓨터와 관련된 정보라는 말과 같은 의미를 가진다. 예를 들면 TV 또는 컴퓨터 화면에 나타난 디지털 정보와 같은 것 말이다.

마지막으로 구별이 불가능한 주사위에 대해 짧게 언급해 보자. 이 점은 아인슈타인의 충고에도 불구하고 신이 원자에 적용한 부분이다. 먼저 어떤 주사위가 어떤 주사위인지를 구분할 수 있느냐 없느냐, 즉 붉은 주사위에 4, 초록색 주사위에 3이 나왔는지 아니면 초록색 주사위에 4, 붉은 주사위에 3이 나왔는지에 따라 그 결과에 어떤 차이가 있는지를 재검토해 보자. 우리는 주사위 놀이에서 돈을 걸 때 이 두 가지를 서로 다른 경우로 생각했다. 우리가 적록색맹이라 할지라도 계산된 확률에는 변함이 없다. 확률 계산에서 색깔이라는 정보는 어쨌든 필요가 없으므로. 그렇다면 주사위를 구분할 수 있는지 없는지가 무슨 상관이 있다는 말인가?

그러나 던져진 주사위의 수를 셀 수 없다면, 즉 주사위 눈의 합이 하나, 둘 또는 열 개의 주사위 중 어느 경우로부터 얻어진 것인지를 모를 경우에는 분명히 확률에 차이가 있다. 구별 불가능성이라는 개념이 서로 완전히 다른 두 개의 개념을 숨겨 버리는 것이다. 이는 '수셈성 countibility', 즉 우리가 춤마당에서 셋씩 또는 넷씩 짝을 지었는지를 셀 수 있는가 없는가 하는 것과, '닮음성 resemblance', 즉 우리가 쌍둥이 중에서 누구와 춤을 추고 있는지를 구별할 수 있는지 없는지를 말한다. 이러한 차이점은 양자 역학에서 분명하게 나타난다. 전자들은 정말로 구별이 불가능하며 또 그들이 정확하게 어디에 위치하고 있는지를 알 수 없기 때문에 셀 수도 없다. 어디에 있는지 알 수 없다면 어떻게 그들이 셋씩 혹은 넷씩 짝을 이루었는지 셀 수가 있겠는가.

이것은 단순히 의미론적인 차이 이상이다. 당신이 큰 구덩이에 같은 수의 검은 공과 흰 공을 넣은 다음 두 개의 공을 꺼낸다고 하자. 고전적인 확률 이론에 의하면 다음과 같은 네 가지 경우가 가능한데 각각의 경우가 될 확률은 모두 같다. 즉, 검은 공 두 개, 흰 공 두 개, 검은 공 하나가 나온 다음 흰 공이 나오는 경우, 그리고 흰 공 하나와 다음에 검은 공이 나오는 경우다. 따라서 흰 공이 두 개 나올 확률이나 검은 공이 두 개 나올 확률은 각각 4분의 1이다. 그러나 양자 역학에서 원자의 현상을 다루고 있는 것이라면 흰 공 두 개가 나올 확률도 3분의 1이요, 검은 공 두 개가 나올 확률도 3분의 1이다. 이 때는 단지 확률이 같은 세 가지 경우만 가능한데, 즉 흰 공 두 개, 검은 공 두 개, 그리고 검은 공 한 개 흰 공 한 개가 나오는 경우가 그것이다. 제9장에서 이중 슬릿 실험을 재검토할 때 어떤 계산법이 옳은지를 검증할 수 있는 실험 방법에 대하여 알아보기로 하자. 이러한 주제들은 제8장에서 다루게 될 벨의 이론의 결과로 보더라도 이미 서로 상충되는 것임을 알 수 있다.

5
특수 상대성 이론: 오직 한 속도만 절대적이다

 상대성 이론은 각각 잘 정립된 물리학의 두 영역 사이의 모순점을 극복하려는 시도에서 출발했다. 두 영역이란 바로 뉴턴의 법칙과 맥스웰 방정식이다. 뉴턴의 법칙은 제1장에서 기술한 것처럼 역학이라는 매우 성공적인 학문적 영역을 구축했다. 반면에 맥스웰 방정식은 전기장과 자기장이 어떻게 상호 작용하고 전파되어 가는가에 대한 이론적 근거를 제공해 준다. 뉴턴이 질량과 가속도의 관계를 설명하기 위하여 힘이라는 개념을 도입했다면, 맥스웰은 전하와 자극을 포함하는 장場이라는 개념을 다루었다. 그렇다면 이 두 영역 사이의 모순점이라 함은 무엇을 말하는가? 이는 곧 전자기 진동인 빛이 질량을 가진 물체와 마찬가지로 그 속도가 관측자에 따라서 또는 그 광원의 속도에 따라서 달라질 것인가 아닌가 하는 문제였다.
 뉴턴의 상대성 원리, 특히 뉴턴의 제1법칙에 내포되어 있는 원리에 의하면 모든 역학적인 법칙은 정지해 있는 관측자 또는 그에 대하여 일직선상을 일정한 속도로 움직이고 있는 관측자에게 모두 동일해야 한다. 따라서 두 관측자 모두 그들이 관측하는 사실만으로는 그들이 움직이고 있는지 아니면 정지해 있는지 판단할 근거가 전혀 없다. 그러나 여기에는 다음과 같은 두 가지 제한이 있음을 분명히 해야 한다. (1) 움직이는 질량을 가진 물체만 고려한다. 따라서 파동은 전혀 언급되지 않는다. (2) 운동은 등속 직선 운동만 고려한다. 따라서 가속도 운동은 전혀 고려되지 않는다. 이러한 제한은 아인슈타인에 의하여 차례로 제거되었는데 첫번째 것은 1905년에 발표한 특수 상대성 이론에 의해서 그리고 두 번째 제한은 1916년에 발표한 일반 상대성 이론에 의해서였다. 따라서 특수 상대성 이론의 핵심을 하나의 질문으로 표현한다면 다음과 같다. '뉴턴의 제1법칙을 빛의 경우에까지 확대하여 적용할 수 있겠는가?'

다음과 같은 경우를 상상해 보자. 우리가 호수에서 카누를 타고 천천히 노를 저어 가고 있다. 이 때 한 모터보트가 호수를 가로질러 카누가 가고 있는 방향과 평행하게 빠른 속도로 달려간다. 그렇다면 우리가 타고 있는 카누에서 측정한 모터보트의 속도는 호숫가에 정지해 있는 관측자가 측정한 속도보다 느릴 것이다. 우리가 측정한 모터보트의 속도는 모터보트의 속도에서 우리가 타고 있는 카누의 속도를 빼 주어야만 하기 때문이다. 이번에는 우리가 탄 카누가 모터보트가 달리는 방향과 반대 방향으로 가고 있다고 가정해 보자. 이 경우 우리는 모터보트의 속도에 카누의 속도를 더해 주어야만 할 것이다.

어떤 별이 우리 지구를 향해 가까이 다가오고 있다고 하자. 우리는 망원경 내부에 장치된 두 개의 셔터 사이로 이 별빛이 지나가도록 함으로써 이 별빛의 속도를 측정하고자 한다. 별빛이 첫번째 셔터를 지나는 순간 전기적인 회로가 이를 감지하여 첫번째 초시계를 작동시키고, 역시 마찬가지로 별빛이 두 번째 셔터를 통과할 때 회로가 두 번째 초시계를 누르도록 함으로써 별빛이 두 셔터 사이를 지나가는 데 걸린 시간을 측정하는 것이다. 이 실험을 다시 한 번 반복해 보는데 이번에는 반대로 지구가 그 별을 향하여 접근하는 경우를 생각해 보기로 한다. 이 때 각각의 경우에 측정한 별빛의 속도가 과연 같을까? 아니면 별빛의 속도에 대한 지구의 상대 속력을 더하거나 빼 주어 서로 다른 측정값을 얻게 될까? 상대성 이론은 바로 이러한 의문점을 해결하기 위한 연구의 결과였다. 뒤에서 확인되겠지만 두 경우 모두 지구와 별 사이의 상대 속도에 관계없이 별빛의 속도는 같은 것으로 측정되었다. 우리가 에테르(빈 공간)에 대하여 상대적으로 움직이는 것이 별인지 아니면 지구인지를 알 수 없다면, 두 물체의 움직임은 순전히 상대적인 개념이므로 두 물체 사이의 상대적 운동만이 물리적인 의미를 갖는다.

불행하게도 현재의 측정 기술로는 위에서와 같이 빛의 속도를 충분한 정확도로 측정하는 것이 불가능하다. 태양을 공전하는 지구의 속도가 빛의 속도에 비해 워낙 느리기 때문이다. 앞에서 이야기한 카누의 경우로 유추해 보면, 카누의 속도가 모터보트의 속도에 비해 워낙 느려서 모터보트의 속도를 측정하는 데 전혀 영향을 미치지 못한다. 아마도 언젠가는 충분한 정확도를 가지고 이 차이를 측정할 날이 오리라. 또 이렇게 한 방향으로 진행하는 빛의 속도를 직접 측정할 수만 있다면 그 결과는 아주 흥미로울 것이다. 요즘 우리는 빛의 속도를 측정하기 위해 빛을 반사시켜 그것이 출발한 점으로 되돌아가도록 하는 방법을 사용하는데, 이러한 방법은 언제나 빛이 반환점까지 진행할 때와 다시 되돌아가는 과정에서 무엇인가가 서로 상쇄되어 없어질 수 있는 가능성의 여지를 항상 남겨 놓아야 한다.

빛의 속도에 대한 최초의 측정은 오히려 한 방향으로 진행할 때 이루어졌다. 1675년 뢰메르Olaus Römer는 목성의 달이 공전 운동으로 인하여 정확하게 주기적으로 월식이 일어난다는 사실에 착안했다. 뢰메르는 목성의 달의 월식이 지구가 목성 쪽으로 가까이에 위치하고 있느냐 아니면 멀리 있느냐에 따라 그 예정된 시간보다 조금 일찍 또는 조금 늦게 일어난다는 사실을 발견했다. 즉, 지구가 목성에서 얼마나 멀리 있는가에 따라 월식이 시작된 시점으로부터 빛이 출발하여 지구까지 도달하는 시간에 차이가 나게 된다. 따라서 지구가 목성에 가장 가까이 있을 때와 가장 멀리 있을 때 월식이 일어나는 시간의 차이는 곧 빛이 지구의 공전 지름을 가로질러가는 데 걸리는 시간이 되며, 이로부터 빛의 속도를 측정할 수 있었다. 그러나 이러한 방법으로 광원이나 관측자의 움직임으로 인해 나타나는 빛의 속도의 차이를 측정할 수 있을 만큼 태양계의 모든 거리들이 정확하게 알려져 있는 것은 아니다.

서로 상대 운동을 하는 관측자들은 모두 제각기 나름대로의 관성 틀에 있다. 앞의 예에서 카누에 타고 있는 사람이 하나의 관성 틀을, 모터보트가 또 하나의 관성 틀을, 그리고 호수와 호숫가에 있는 사람이 제3의 관성 틀을 이룬다. 빛, 즉 광파를 다루고자 할 때 과연 어떤 관성 틀에서 광속을 측정해야만 하느냐 하는 커다란 문제점에 봉착하게 되는데, 이 문제는 맥스웰에 의해 처음으로 제기되었다. 맥스웰 방정식에 의하면 광속은 광원이나 관측자의 속도와는 무관하다. 그러나 뉴턴의 역학 체계를 따르면, 지구와 별이 상대적으로 움직이고 있다면 지구와 별이 서로 접근하고 있을 때 측정되는 빛의 속도가 서로 멀어질 때보다 커야만 한다. 또 광속을 측정하는 것과 모터보트의 속도를 측정하는 것을 동일하게 다루어도 무관한가? 이 질문에 답변하기 위해서는 그들이 움직이고 있는 호수라는 매질에 대한 카누와 모터보트 각각의 상대 속도를 고려해야 한다.

 이 문제는 다음과 같은 차이점들로 인해 더욱 복잡해진다. (1) 움직이는 물체, (2) 빛이 아닌 다른 파동, 예를 들면 음파와 같은 것들, (3) 그리고 빛, 즉 광파가 그것이다. 날아가는 비행기에서 우리를 향해 기관총을 쏘아 대고 있다고 생각해 보자. 총알은 뉴턴의 법칙이 적용되는 질량을 가진 물체다. 우리에 대한 상대적인 총알의 속도는 우리가 얼마나 빨리 그리고 어떤 방향으로 도망치느냐에 따라 달라진다. 또 총알의 속도는 비행기가 총알이 나가는 방향으로 날아가고 있는 상태에서 발사했을 때 더 빠를 것이다. 야구 경기에서 투수가 공을 던질 때 앞으로 달리면서 던지지 못하도록 규정한 것도 바로 이러한 면을 고려했기 때문이다. 그런데 이 비행기가 날아가면서 경적을 울렸다고 하자. 그러나 이 경적소리는 비행기가 우리를 향해 날아오고 있다고 해서 더 빨라지지는 않는다. 여기서 우리는 세 가지 경우, 즉 질량을 가진 물체, 음파 그리고 광파가 그 상대적인 운동이라는 면에서 서로 다른 요소를 가지고 있음을 알게 된다.

 이제 맥스웰 방정식이 다루고 있는 전자기파에 대하여 우리의 관심을 집중해 보자. 많은 물리학자들은 지구의 공전 운동이 에테르라는 매질 속을 움직이는 것이라 생각했으며 그 효과를 관찰하기 위하여 광학적인 방법, 전기적·자기적인 방법을 동원했다. 그들은 이 문제를 호수에 대한 모터보트나 카누의 속도를 측정하는 것과 같은 맥락에서 이해했다. 과연 광파는 정지해 있는 물 위에서 보트가 움직이는 것과 같이, 그리고 음파는 정지해 있는 공기 속으로 전파되는 것과 같이, 정지해 있는 에테르 속으로 전파되는 것일까? 그렇다면 그 에테르의 바람은 과연 관찰할 수 있을까?

 실험 결과는 아주 당황스러웠다. 곧 그 내용에 대하여 자세히 설명하겠지만 광행차 현상을 이용한 첫번째 실험 결과는 에테르 바람의 존재를 보여 주는 듯했다. 두 번째로 그 유명한 마이컬슨-몰리Michelson-Morley 실험에 의하면 에테르 바람이라는 것은 전혀 존재하지 않았다. 이 실험에서는 각기 다른 방향으로 움직이는 빛의 속도를 측정했는데 그 어떤 차이도 감지되지 않았다. 이 실험으로부터 추론할 수 있는 결론은 에테르가 존재한다면 그것은 지구와 함께 움직여야만 한다는 것이었다. 마치 지구를 감싸고 있는 대기가 지구와 같이 움직이는 것처럼. 세 번째 실험으로는 피조Armand Fizeau가 흐르는 물 속에서 행한 광속 측정이다. 실험 결과는 빛의 속도가 물 속에서 부분적인 에테르의 끌림에 의해 영향을 받는다는 사실이었다. 그러나 그 관계는 단순히 빛의 속도와 물의 속도의 산술적인 합이나 차이를 의미하는 것은 아니었다.

로렌츠와 피츠제럴드Edward Fitzgerald는 각자 독립적으로 마이컬슨-몰리의 실험을 설명하기 위하여 움직이는 물체 자체와 측정 도구의 모양이 변형된다는 새로운 개념을 도입했다. 그들은 지구의 운동이 광속 측정을 위해 사용된 간섭계의 길이를 변화시켰을 것이라는 가설을 설정했다. 특히 간섭계에서 두 빛의 경로(그림 9 참조) 중 에테르 속에서 지구가 움직이는 방향의 길이가 줄어들었으리라는 것이다. 지금은 그 개념이 약간 바뀌었지만 아직도 우리는 이러한 현상을 로렌츠 수축이라 부른다. 푸앵카레Henri Poincaré는 광속은 절대적으로 불변하는 양이라는 가정을 처음 제안했는데 이는 말하자면 완전한 해답의 절반에 해당되었다. '시간 그 자체가 의심스럽다'고 본 최초의 사람은 바로 아인슈타인이었다. 그는 공간적인 길이뿐만 아니라 시간적인 간격까지도 그것을 측정하는 관측자의 관성 틀에 따라 모두 변한다고 보았다.

자, 그러면 지금까지 논의되었던 것들을 정리해 보도록 하자. 서로 모순되는 것으로 보였던 두 가지 이론, 즉 뉴턴의 상대론과 빛의 속도는 불변량이라는 맥스웰의 이론 사이의 화합을 위한 통로는 놀랍게도 그 두 가지 이론을 있는 그대로 진지하게 받아들여서 하나의 가설로 묶는 것이었다. 말하자면 새로운 가설이란 모든 물체의 운동은 상대적이라는 것(뉴턴의 주장대로)과 빛의 속도는 광원이나 관측자의 운동에 관계없이 일정하다는 것(맥스웰의 방정식이 의미하듯이)이다. 이렇게 분명히 서로 양립되는 것 같은 두 개의 진술을 하나의 이론으로 통합하기 위해 아인슈타인은 뉴턴의 시간과 공간의 개념을 수정하지 않으면 안 되었다.

먼저 광속 불변에 대해 생각해 보자. 별이 지구를 향해 움직일 때는 별빛의 속도가 빨라지고 지구로부터 멀어질 때는 속도가 줄어든다면, 소위 쌍둥이 별에서는 전혀 이해할 수 없는 일들이 벌어진다. 쌍둥이 별이란 두 개의 별이 서로에 대하여 공전하는 것으로 두 별의 운동 방향은 지구에서 볼 때 항상 반대다. 두 개의 별 중 지구 쪽을 향해 오고 있는 별로부터 출발한 빛은 반대 방향으로 움직이고 있는 또 다른 별로부터 나온 빛보다 훨씬 먼저 지구에 도착할 것이다. 또 경우에 따라서는 궤도상 서로 다른 여러 지점에서 같은 별을 동시에 보는 일도 있을 수 있다. 그러나 아직까지 그런 이상한 현상은 관측된 적이 없다.

자, 그러면 빛의 속도 c가 관측자의 운동에 따라 달라진다는 것은 어떨까? 광속이 광원의 속도에는 무관하지만 관측자의 운동에 따라 달라진다면 다음과 같은 논리가 성립된다. 별과 지구가 서로 다가오고 있는 상황에서 별이 지구를 향해 오고 있는 경우라면 광속 c는 변화가 없으며, 반대로 지구가 별을 향해 접근하고 있는 경우라면 광속 c는 더 빨라진다. 따라서 이 경우 우리는 빛의 속도를 측정하여 실제로 누가 움직이고 있는 것인지를 분간할 수 있을 것이다. 그러나 이는 뉴턴의 상대성 원리에 위배된다. 정상적인 쌍둥이 별의 운동을 우리가 보고 있다는 것을 확신하기 위해, 그리고 질량을 가진 물체에 대한 뉴턴의 상대성 원리를 수용할 수 있기 위해서 '진공 속에서 광속 c는 절대적인 상수다'라는 가설을 받아들이지 않을 수 없게 된다. 그러나 파동의 속도가 파원이나 관측자의 운동에 전혀 무관하다는 사실은 음파의 경우에는 적용되지 않는다. 음파는 그것이 전파되기 위해서 매질을 필요로 하기 때문이다. 음파는 진공에서는 전파될 수 없다. 우주인들이 달에서 말을 주고받기 위해서 무선 라디오를 사용하는 것은 바로 그 때문이다. 음파야말로 에테르와 같은 매질을 필요로 한다. 그러나 빛은 다만 진공이 가지는 전기적, 자기적 성질만 필요로 할 뿐이다.

　물리학자들은 에테르라는 굴레에서 자신들을 해방시켜 준 아인슈타인에게 감사해야 할 것이다. 에테르는 관측될 수 없다. 그것은 질량이나 밀도 그리고 구조도 가지고 있지 않다. 에테르는 전자기적 진동인 전자기파를 지탱하여 주지만 음파가 매질에 의해 흡수되는 것처럼 전자기파를 흡수하지 않는다. 에테르는 물이나 유리와 같이 투명한 물체 속을 어떠한 마찰도 없이 통과할 수 있어야 한다. 그래야만 빛이 그 물질 안에서도 소멸되지 않고 진동을 유지할 수 있을 것이기 때문이다. 물리학자에게는 이런 문제점들이 제거되었다는 사실이 무엇보다도 기뻤을 것이다.

　그러나 이로 인하여 오히려 더욱 근본적인 의문이 남게 되었다. 진행하는 파동인 전자기파가 유한한 속도를 가지고 있음에도 불구하고 그 자신의 관성 틀을 가질 수 없다면 어떻게 뉴턴의 상대성 원리가 유지될 수 있을 것인가?

도플러 효과

상대성 이론에 의해 제시된 문제점의 핵심을 파악하는 일이 쉬운 것은 아니다. 하지만 맥스웰 방정식이나 뉴턴의 법칙 또는 움직이는 물체들의 상대성 같은 어려운 문제들은 마지막 순간까지 유보해 두고 문제의 핵심으로 접근해 가는 방법이 있다. 빛의 속도를 포함하는 여러 가지 광학적 현상들을 두루 다루어 본 다음 최종적으로 이들이 상대성 원리와 제대로 아귀가 맞아들어가는지를 알아보는 것이다. 즉, 파열이라고 부르는 파동의 흐름을 이용하여 서로 일정한 상대 속도로 운동하고 있는 두 좌표계 중 어느 것이 '실제로' 정지해 있는 것인지를 물리적으로 확인할 수 있는지 점검해 본다. 물론 이러한 확인 작업은 실험적 관찰을 통해서만 이루어질 수 있다. 상대성 원리가 광파까지도 포함하는 원리로 확장이 가능한가도 역시 선택된 실험들을 통해서만 확인할 수 있다.

음파 또는 물결파 등을 통하여 상대성 원리가 성립하려면 그 파들이 전달되는 매질이라는 제3의 기준계가 필요 불가결하다는 사실을 알 수 있었다. 이러한 제3의 기준계란 음파의 경우에는 공기, 수면파에 대해서는 호수가 될 것이다. 그 외의 두 기준계란 물론 각각 파원과 관측자가 정지해 있는 기준계를 말한다. 그러면 아인슈타인이 제기했던 문제점을 다시 한 번 생각해 보자. 전자기파의 경우와 같이 그 파동이 전파되는 매질도 그 매질의 기준계가 없다면 어떻게 해야만 하는가? 그러나 빛의 경우 제3의 기준계가 필요없다는 것이 오히려 상대성 원리에 대한 궁극적인 해답의 열쇠가 된다. 그렇다면 상대성 원리는 어째서 빛(광파)과 밀접한 관계를 가지는가? 빛이 그렇게 특별한 이유는 무엇인가? 빈 공간을 통해 전파되는 빛의 속력은 측정할 수 없다.

카누 문제로 되돌아가서 모터보트와 평행하게 가는 대신에 모터보트 뒤에서 퍼지는 수면파를 가로질러 카누를 저어 가 보자. 우리가 파동을 가로질러 가면 파동의 간격은 더욱 좁아 보이며 따라서 그 파장이 짧아진다. 같은 이유로 우리는 파동의 높은 부분(마루)을 더 자주 만나게 되며 이는 곧 파동의 진동수가 증가한다는 것을 의미한다. 이렇게 파동의 파장과 진동수가 파원과 관측자 사이의 상대적인 운동에 따라 다르게 관찰된다는 사실을 도플러 효과 또는 도플러 이동이라고 부른다.

도플러 효과의 가장 잘 알려진 예로는 음파를 들 수 있는데, 기차가 관측자에게 접근할 때 그 기적 소리가 높게 들리다가 기차가 관측자를 막 지나친 후 멀어질 때에는 갑자기 낮아진다. 이 음파의 진동수 변화, 즉 음의 고저의 변화가 바로 소리, 즉 음파의 도플러 효과다. 여기서 한 가지 분명히 할 점은 음파의 진동수 변화만을 고찰했다는 것이다. 일반적으로 파동의 속도란 진동수와 파장의 곱이 되므로 진동수의 변화가 곧 파동의 속도 변화를 의미하는 것은 아니다. 실제로 음파의 속력은 그 소리를 내는 기차의 속력과는 무관하다. 음파가 공기 중에 일단 발진되면 공기 중에 정지해 있는 관측자가 관측하는 음파의 속도는 공기 그 자체의 물리적인 성질에 의해 결정되기 때문이다.

다음과 같은 간단한 수치들을 이용하여 도플러 이동을 계산해 보자. 음파가 공기 중을 5m/s의 속도(c)로 전파되고 있으며 그 진동수(f)가 10cycle/s라고 한다. 기차나 관측자 모두 정지하고 있다면 파장은 단순히 음파의 속도를 진동수로 나누어 준 값, 즉 0.5미터가 된다. 일반적으로 파장은

$$\lambda = \frac{c}{f}$$

라고 쓸 수 있다. 이번에는 기차가 관측자에 대해 2m/s의 상대 속력 (v)으로 가까이 다가오고 있다고 하자. 음원인 기차가 자신으로부터 발생된 음파를 계속 뒤쫓아 움직이고 있으므로 기차 앞의 파동들은 더 짧은 공간 속에 밀집된다. 기차가 1초에 2미터를 움직이므로 기차 앞의 열 개의 파동은 5-2=3미터의 거리에 밀집된다. 따라서 파장은 10분의 3미터가 된다. 음파의 속도는 언제나 변함없이 5m/s이므로 관측자는 파장이 10분의 3이라고 기록하든지 아니면 파동의 속도를 파장 10분의 3으로 나눈 값, 즉 진동수를 $16\frac{3}{10}$ cycle/s로 기록할 것이다. 기차가 정지해 있는 경우 그 진동수가 10cycle/s였으므로 도플러 이동은 $6\frac{2}{3}$ cycle/s가 된다.

다음으로 기차는 레일 위에 정지해 있는데 관측자가 음원인 기차를 향해 2m/s의 속도로 가까이 접근해 가고 있다고 하자. 그러면 관측자는 모두가 정지해 있는 경우와 비교하여 1초 동안에 네 개의 파동(2미터 안에 들어 있는)을 더 지나가게 될 것이다. 그러므로 이 경우 도플러 이동은 4cycle/s가 된다. 파원이 움직일 때의 도플러 이동은 관측자가 움직일 때의 도플러 이동보다 항상 크다. 즉, 기차가 움직이는 경우 도플러 이동은

$$\Delta f = f\left(\frac{v}{c-v}\right)$$

이며, 관측자가 움직이는 경우에 도플러 이동은

$$\Delta f = f\left(\frac{v}{c}\right)$$

으로 서로 같지 않다는 사실을 알 수 있다.

이는 공기, 즉 음파를 전달하는 매질에 대한 상대 속도를 다루었기 때문에 당연한 결과다. 공기라는 매질이 바로 제3의 기준계 역할을 하고 있다. 공기 그 자체도 음원이나 관측자에 대해 상대 속

도를 가지고 움직일 수 있음을 의미한다.

관심 있는 독자라면 도플러 효과에서 파동의 진동수와 더불어 파장은 어떻게 될 것인가에 대하여도 관심을 가졌으리라. 기차가 움직이는 경우 그 파장은 5분의 1미터가 감소하고, 관측자가 움직일 경우 7분의 1미터가 감소한다. 물론 이러한 계산은 이 파동의 속도가 진동수와 파장의 곱, 즉 $(f+\Delta f)(\lambda-\Delta\lambda)=c$ 라는 사실을 응용한 것이다.

음원, 즉 기차가 움직이건 정지해 있건 간에 관측된 음파의 속도는 변화가 없지만 관측자가 움직일 때는 음파의 속도가 변화한다. 이러한 차이에도 불구하고 전체적으로 상대성 원리와 서로 모순되지 않는 것은 음파는 공기라는 자기 스스로의 기준계가 있기 때문이다. 관측자는 공기에 대해 움직이거나 정지하는 것에 의해 음파의 속력 변화를 느낀다. 이는 카누의 문제에서도 마찬가지다. 카누가 호수에 대해 움직일 때는 수면파의 속도가 증가한다는 것을 관찰할 수 있다.

그러나 음파나 수면파가 아닌 광파를 다루게 되면 상황은 완전히 달라진다. 전 우주에 단 하나의 별과 지구, 즉 광원과 관측자가 각각 하나씩만 존재하며 제3의 기준계는 없다고 생각해 보자. 그렇다면 다음과 같은 두 가지 경우를 어떠한 물리학적 방법으로 서로 구별할 수 있겠는가? (1) 별이 지구로 향해 다가올 때, (2) 지구가 별을 향해 접근하고 있을 때. 이는 마치 별과 지구가 줄로 연결되어 있어 우리가 별을 끌어당길 때 실제로 지구와 별 중 어느 것이 움직이고 있는지를 말할 수 없는 것과 마찬가지다. 우리는 단지 광원과 관측자가 서로 가까워지고 있음을 확인할 수 있을 뿐이다. 광파를 다루는 경우에는 에테르와 같은 제3의 기준계가 없기 때문에 두 물체 사이의 상대적 운동은 둘 사이의 상호 관계에 의해서 결정될 수밖에 없다. 이를 상대성 원리와 접합시켜 보면 다음과 같은 진술이 나온다. "도플러 효과를 광파와 관련된 광학적 영역에 적용해 보면 음파와는 달리 광원이 움직이는 경우의 도플러 이동과 관측자가 움직이는 경우의 도플러 이동은 서로 정확하게 일치해야만 한다." 따라서 한 별에서 방출된 빛이 지구에 도착할 때 도플러 이동이 관측되었다 하더라도 그 별이 우주 공간에서 실제로 움직이고 있다고 단정할 만한 아무런 근거가 없다.

천문학자들에 의하면 별들로부터 오는 빛에서 도플러 이동이 관측된다고 한다. 그리고 도플러 이동의 크기는 별에 따라 모두 다르다. 이는 별들간 그리고 지구와 별 사이의 상대적 운동이 모두 다른 것으로 해석된다. 앞에서 각각 계산한 두 가지 경우의 도플러 이동은 정지된 공기라는 매질과 그 속에서 전파되는 음파에 대하여는 정당한 것이지만 빛에 대하여는 그대로 적용되지 않는다. 상대성 원리를 빛이라는 신호에까지 확장시키기 위해서는 시간과 공간이라는 개념이 광원과 관측자 간의 속도 v, 빛의 속도 c가 상수임을 고려한다면 이에 대한 비례값으로 v/c에 따라 어떻게 달라지는가를 고려해야만 한다.

과학자들은 그들의 우주를 서로 다른 법칙과 원리들이 적용되는 여러 개의 영역으로 구분하여 놓는 것을 대체로 싫어하는 경향이 있다. 물리학자들은 음파나 수면파와 같이 역학적인 대상에 적용되는 상대성 원리가 동시에 광학적 영역에까지 적용될 수 없다는 사실을 인정하기가 무척 싫었다. 게다가 당시에는 광파와 관련된 상대론에서는 실험적 사실을 뒷받침해 줄 만한 일관된 이론조차 가지고 있지 못했다. 아무튼 우리는 우주 안에서 일관성을 추구한다. 또 과학자들이란 심정적으로 모두 유일신을 믿는 사람들이다.

이에 대한 해결점을 제시한 사람이 아인슈타인이다. 그가 제시한 해결의 실마리는 거리를 측정함에 있어서의 공간, 그리고 시간의 간격을 측정함에 있어서의 시간은 언제나 빛의 속도와 비교되어야 한다는 것이다. 반면에 뉴턴은 모든 운동에 명백히 동일하게 적용되는 절대 공간의 개념을 도입했다. 시간에 있어서도 뉴턴은 외부의 어떤 영향과도 관계없이 일관되게 흘러가는 절대적이고 수학적인 시간 개념을 사용했다. 말하자면 아인슈타인의 상대성 이론은 뉴턴이 가정한 두 개의 절대적 개념, 즉 시간과 공간을 버리고 광속 c라는 단 하나의 절대적 개념으로 그들을 대치했다. 오컴의 면도날에 의하면 이는 보다 발전적이다. 그러나 더욱 중요한 점은 모든 상대적인 운동이 그 상대 속도가 등속인 한 같은 원리에 의해 지배된다는 것이다. 이렇게 해서 우주의 통일성은 다시 회복되었다.

별들의 광행차

유한하고 일정한 속도로 전파되면서도 자기 자신만의 기준계를 가지고 있지 않은 빛(전자기 파동)과 상대성 원리를 조화시킬 수 있는 또 다른 접근 방법에 대하여 알아보자. 여기에서도 역시 역학적인 면으로부터 유추할 것이며 이러한 유추 결과가 실험적 결과에 대하여는 심각한 모순을 야기한다는 것, 그래서 결과적으로 뉴턴의 시간과 공간에 대한 개념을 포기하지 않으면 안 된다는 사실을 보여 주고자 한다. 앞에서는 파장과 진동수를 통하여 도플러 이동을 기술했다. 그러나 이번에는 방향과 각도를 다룰 것이다.

어떤 사람이 수직으로 내리는 빗속에 서 있다고 하자. 그는 물론 우산을 수직으로 곧게 들고 있을 것이다. 그가 빗속을 뛰어가기 시작한다면 그는 우산을 앞 쪽으로 기울여야 한다. 그래야만 앞으로 달리더라도 비를 맞지 않기 때문이다. 이렇게 우산을 기울이는 정도를 광행차라고 부르는데 이는 비가 수직으로 떨어지는 속도와 사람이 수평으로 달리는 속도의 비로서 구할 수 있다. 정확하게 광행차는 이 두 속도의 탄젠트 값으로 주어진다. 빗방울과 사람의 속도가 같다면 그 비가 1이므로 탄젠트 45도가 되어 광행차 각은 45도가 된다.

 이를 광학적으로 적용하기 전에 또 다른 역학적인 예를 들어 보기로 하자. 이번에는 우리가 배를 타고 적군의 포대 앞을 지나가고 있다고 하자. 이 때 적군은 우리 선체를 향하여 대포를 발사했고 이 대포알은 우리의 선체를 옆에서부터 수직으로 관통하여 지나갔다. 이 때 배의 움직임으로 인해 대포알이 빠져나간 구멍, 즉 적군의 포대로부터 더 먼 쪽 면에 생긴 구멍은 대포알이 들어온 구멍보다 선미 쪽에 더 가깝게 난다. 그 이유는 물론 대포알이 배의 양쪽 면 사이에 있는 동안 배가 움직이고 있기 때문이다. 따라서 이렇게 생긴 두 구멍을 통해서 적군의 포대로부터 먼 쪽 구멍에서 바라보면 대포가 있는 방향과는 다른 방향을 바라보게 되는데 바로 이 각도의 차이가 광행차이며 이는 대포알의 속도와 우리 배의 속도의 비로부터 구할 수 있다.

 자, 그러면 이제 빛의 광행차에 대하여 생각해 보자. 떨어지는 빗방울 대신에 별빛을, 그리고 우산을 든 사람 대신에 지구를 대치시키는 것이다. 우리가 별빛을 관측하는 망원경도 지구의 공전 운동에 따라 같이 움직이고 있으므로 별의 관측되는 위치는 실제보다도 약간 치우쳐 보인다. 지구의 공전 속도와 빛의 속도의 상대적인 차이로 인해 생기는 이러한 광행차는 망원경이 천정天頂 방향을 향할 때 약 20초 정도의 각도를 가지는 것으로 관측된다. 이를 앞에서와 같이 대포알이나 빗방울과 비교하여 생각해 보면 쉬울 것 같으나 실상 그리 간단치는 않다. 대포알이나 빗방울은 운동의 주체로 나름대로 그 기준계가 있으나 전자기파인 빛은 그렇지 못하기 때문이다. 다시 말하면 공간과 시간상에서 대포알이나 빗방울이 지나가는 궤적은 정확하게 추적할 수 있다. 그러나 광파의 궤적을 정확하게 추적하는 것은 전혀 다른 일이다.

이와 관련하여 그리니치의 천문학자인 에어리George Airy는 1872년에 다음과 같은 실험을 했다. 그는 망원경 속에 물을 가득 채운 다음 별빛의 광행차를 관측했다. 물론 잘 알려진 바와 같이 물속에서는 빛의 속도가 공기에서보다 3분의 1 느리다. 그러나 관측 결과 광행차가 공기 중에서와 같았다. 에어리의 실험 결과는 물리학자들에게는 수수께끼 같은 것이었으나 아무도 그 중요성을 깨닫지 못했다. 아마도 아인슈타인이 그 당시 있었다면 다음과 같이 질문했을 것이다. "에어리 씨, 망원경 속에 채운 물이 지구와 별의 상대 운동에 어떤 영향을 미쳤다고 생각하십니까?"

이러한 질문은 모두에게 역설적인 실험 결과로부터 한 걸음 물러서서 전체 상황을 깊이 숙고할 것을 주문한다. 이와 관련하여 당시로서는 도플러 이동에서 관측자가 움직이는 경우와 음원이 움직이는 경우의 결과가 동등한가에 대한 실험적 검증이 없었다. 그러나 빛에서 도플러 이동의 동등성이야말로 에어리의 실험 결과나 마이컬슨-몰리의 "에테르는 없다"는 역설적인 실험 결과와 맥을 같이한다. 아인슈타인은 광속이 유한하다는 사실로부터, 상대 운동을 하는 서로 다른 관측자가 측정한 어떤 사건 사이의 시간 간격은 다르다고 보았다. 시간 간격이란 관측자의 속도에 따라 상대적으로 정해지는데 이렇게 관측자에 따라서 달라지는 시간 간격을 측정하기 위해서는 어느 관측자에게나 빛의 속도는 일정해야만 한다는 잣대가 표준으로 적용되어야 한다는 것이다. 물론 우리가 일상 생활에서 경험하는 것처럼 관측자의 속도가 광속보다 아주 느린 경우에는 뉴턴의 법칙을 그대로 따른다. 그러나 속도가 빨라져서 약 100,000

km/s 정도가 되면 이처럼 상대론이 적용되기 시작한다.

아인슈타인은 바로 이러한 두 가지 사건의 동시성 또는 시간 간격에 대한 깊은 성찰 속에서 놀라운 결론에 도달하게 되었다. 앞에서와 같은 역설적인 실험 결과들을 설명하는 열쇠는 결국 시간을 어떻게 측정하는가 아니 측정해야만 하는가에 있었다. 다음과 같은 경우를 생각해 보자. 멀리 떨어진 두 장소에 각각 번개가 떨어졌다고 하자. 이 때 두 지점의 한가운데에 서 있는 관측자에게는 두 번개가 동시에 떨어진 것으로 관측되었다. 그러면 같은 위치에 또 다른 관측자가 있다고 했을 때 그리고 이 사람은 번개가 떨어진 지점을 향하여 움직이고 있다고 했을 때, 이 사람에게는 두 번개가 동시에 떨어지지 않은 것으로 관측될 것이다. 그는 한쪽 번개를 향하여 움직이고 있고 반면에 또 다른 번개는 그를 따라잡기 위하여 애쓰고 있기 때문이다. 이러한 동시성에 대한 논의는 대단히 중요한 점을 시사한다. 우리가 시간을 측정할 때는 언제나 두 가지 사건의 동시성에 근거하기 때문이다. 예를 들어 초시계를 가지고 육상 선수의 달린 시간을 측정할 때는 이 선수가 결승 테이프를 끊는 것과 초시계의 초침이 특정한 표식에 도달하는 것의 동시성을 이용하고 있는 것이다.

공간상에서 거리를 측정하는 것도 결국은 마찬가지다. 우리가 미터 자로 물체의 길이를 측정하고자 할 때, 먼저 미터 자의 한쪽 끝을 물체의 끝과 일치시킨 다음 물체의 다른 쪽 끝과 미터 자가 만나는 눈금에 표식을 하게 된다. 이것은 바로 시간에서의 동시성을 이용하는 것과 같은 원리다. 움직이는 계에서 공간 길이의 수축, 즉 로렌츠 수축은 관측자가 빛의 속도에 비해 상대적으로 얼마나 빠른 속도로 움직이느냐에 따라 그가 측정하는 시간의 길이가 달라지는 것으로부터 기인한다. 빛의 속도는 관측자의 속도에 관계없이 모든 관측자에게 일정하기 때문에 특정 관측자가 측정하는 공간상의 거리는 그 관측자가 측정하는 시간 간격과 밀접한 관계가 있다. 거리란 곧 속도와 시간의 곱이므로 시간이 변하고 속도가 일정하다면 결국 거리가 변해야만 한다.

상대성 원리의 중요한 부분은 바로 이와 같이 한 계에 있는 관측자가 자기에 대하여 일정한 속도로 상대 운동을 하고 있는 또 다른 기준계에서 관측되는 길이와 시간을 계산할 수 있다는 것이다. 이러한 계산은 두 계 사이의 변환 방정식에 의해 이루어진다. 같은 계산 방법을 통하여 두 번째 계의 관측자도 마찬가지로 첫번째 계에서 관측하는 길이와 시간을 계산할 수 있으며 그 계산 결과는 첫번째 계의 관측자의 것과 동일하다. 이것이야말로 완전한 상대성 이론이다. 두 기준계 사이에는 상대적 운동만이 존재하며 각자의 기준계에서 시간과 길이를 측정하기 때문이다. 시간과 거리는 관측자에 따라 다르게 측정된다. 측정이란 언제나 관측자에게 가장 편한 방법, 즉 자신이 정지해 있는 계에서 이루어지게 됨은 당연한 일이다. 우리는 언제든지 지구가 정지해 있다고 가정하고 모든 것을 측정한다. 그러나 지구는 자전하고 있으므로 '실제로' 정지하고 있는 것이 아님을 알고 있다. 나아가 아인슈타인은 그의 일반 상대성 이론에서 이에 대한 또 다른 문제점을 제기한다.

로렌츠는 상대성 이론이 발표되기 이전에 이미 상대적으로 움직이는 두 계 사이의 변환식을 유도했다. 그러나 아인슈타인은 또 다른 방식으로, 즉 앞에서 언급한 개념들을 기초로 변환식을 유도했다. 그 유도 과정은 많은 물리 교재에서 찾아볼 수 있다. 상대성 이론에서 특징적인 표현식은

$$\sqrt{1-v^2/c^2}$$

인데, v는 두 관측자 사이의 상대 속력이고 c는 광속이다. 두 관측자는 서로 상대방이 움직이고 있다고 생각하지만 그 상대 속력의 크기 v에는 동의한다. 광속 c는 모두 같다. 이 수식은 항상 0과 1 사이의 값을 갖는다. 또 이 식은 매우 비선형적이어서 우리 주변에서 흔히 관찰할 수 있는 속도들, 예를 들어 비행기, 총알, 야구공 등의 속도에 대하여는 $\sqrt{v^2/c^2}$ 의 값이 1보다 매우 작으므로 상대성 이론에 의한 효과가 관측되지 않는다. 그러나 상대 속도 v가 빛의 속도(300,000km/s)에 가까워지면 그 효과는 아주 커진다. 빛의 속도가 무한대였다면 이 값은 언제나 1이며 따라서 상대성 이론은 더 이상 필요치 않고 뉴턴의 법칙이 모든 경우에 적용되었을 것이다.

상대성 이론의 변환식은 앞에서 언급했던 수많은 역설적인 실험들에 적절한 답을 주었다. 에테르는 없는 것으로 판명되었으므로 에테르의 물리적 성질은 어떠한가에 대한 논쟁도 사라지게 된 것은 당연하다. 물론 이에 대하여는 단순하면서도 간결한 뉴턴의 물리학이라는 대가를 치루어야 했다.

주요 결과에 대한 요약

1. 한 기준계에서의 길이를 그 기준계에 대하여 일직선상을 일정한 속도로 움직이고 있는 또 다른 기준계에서 측정하면 그 공간적인 길이는 $\sqrt{1-v^2/c^2}$ 의 비율로 짧아진다. 이것을 로렌츠 수축이라 부른다. 이러한 측정 결과는 그 기준계가 진공이든 공기, 물 속, 금속 어떤 것이든 간에 관계없이 성립한다.

2. 한 기준계에서의 시간을 그 기준계에 대하여 일직선상을 일정한 속도로 움직이고 있는 또 다른 기준계에서 측정하면 그 시간의 길이는 $\sqrt{1-v^2/c^2}$ 의 비율로 늘어난다. 이것을 시간의 늘어남이라고

한다. 이는 어떤 종류의 시계를 사용해도 마찬가지인데 예를 들면 심장 박동이나 턱수염이 자라는 시간, 원자 시계 등이 있다. 시간 그 자체는 속도에 의해 변화된다. 이는 물리학자들에게조차도 쉬운 개념이 아니다.

3. 어떤 기준계에 정지해 있는 물체의 질량을 그 기준계에 대하여 일직선상을 일정한 속도로 움직이고 있는 또 다른 기준계에서 측정할 때 그 관성 질량은 $\sqrt{1-v^2/c^2}$의 비율로 증가한다. 이것을 상대성 원리에 의한 질량 증가라 한다. 이것은 시간과 길이의 상대적 변화 그리고 운동량 보존 법칙으로부터 이미 암시된 결과다. 이는 입자들의 속도가 거의 빛의 속도에 근접하게 되는 입자 가속기에서 특히 중요하다. 또 빠른 속도의 우주선을 제작하는 데도 제약이 된다. 아마도 광속에 근접하는 속도의 우주선을 만들려면 그 우주선의 연료 탱크는 지구만한 부피를 가져야 할 것이다.

4. 그 유명한 질량-에너지 등가식인 $E=mc^2$에 의하면 에너지는 질량이 흩어진 형태이고, 반면에 질량이란 에너지가 고도로 밀집된 상태다. 이는 에너지 보존 법칙과 질량 보존 법칙이 더 이상 독립적으로 적용되지 않음을 의미한다. 오히려 이 두 양은 하나로 통합되어야 한다. 고립계에서의 에너지와 질량의 합이 보존된다는 것이다. 원자 폭탄의 거대한 에너지는 바로 질량이 직접 에너지로 변환되는 것을 보여 주는 좋은 예이며 일반적인 화학적 폭탄이 폭발하는 것과는 근본적으로 다르다.

5. 어떠한 질량을 가진 물체도 광속과 같게 또는 그보다 빠른 속도까지 가속될 수는 없다. 이는 물체의 속도 v가 광속 c보다 커지면 $\sqrt{1-v^2/c^2}$이 허수가 되기 때문이다(또 질량은 무한대를 넘어 버린다). 이는 물리적으로 불가능한 일이다. 이러한 사실이 내포하는 의미는 빛보다 더 빠른 속도로 정보를 전달하는 것은 불가능하며, 또

먼 거리에 있는 물체에 즉각적으로 상호 작용력이 작용할 수 없다는 것이다.

6. 자기력이란 전기적인 현상과 전혀 별개의 것이 아니며 전하를 띤 입자가 움직임에 따라 나타나는 현상이다. 철이 자성을 띠는 것은 규칙적으로 배열된 철 원자 내부의 전자 운동 때문이다. 아인슈타인의 상대성 이론의 첫 논문 제목은 '운동하는 물체의 전기 동역학에 대하여'였으며 그는 논문 첫 줄에 "자석과 도체 사이의 전기 동역학은 단지 그들의 상대적 운동에만 의존한다"고 적고 있다. 이러한 아인슈타인의 주장은 도체에 유도되는 전류에 대하여 (1) 자석이 정지해 있고 도체가 움직이는 경우와 (2) 도체가 정지해 있고 자석이 움직이는 두 가지 경우를 각각 서로 다른 것으로 다룬 종래 인식에 대하여 반론을 제기한 것이었다. 그리고 이것이야말로 상대성 이론의 출발점이었다. 상대성 이론은 로렌츠의 수축이라는 도구를 이용해 자기력을 아주 간단하게 설명할 수 있었다. 오컴의 면도날이 다시 한 번 적용되는 순간이었다.

7. 공간적인 거리와 시간 간격과의 상호 관계는 역학적 현상이 시공간이라는 사차원 공간에서 다루어져야 함을 보여 주었다. 시간과 공간은 더 이상 서로 독립적인 개념이 아니며 상대성 이론의 방정식 속에서 동등하게 다뤄져야 한다. 또 상대성 이론이 적용되는 모든 물리적인 현상들은 이러한 대칭성을 따라야 한다. 맥스웰 방정식은 이러한 대칭성을 만족한다. 그러나 양자 이론의 핵심인 슈뢰딩거Erwin Schrödinger 방정식은 이를 따르지 않는다.

사차원 공간에 대하여는 시간 여행을 비롯한 여러 가지 공상적인 이야기들이 있다. 간단한 사차원에 대한 개념은 교통 신호를 통해서도 이해할 수 있다. 서로 다른 두 대의 자동차가 서로 시간 좌표가 다르다면 같은 값의 x와 y축 좌표(교차점)를 갖더라도 문제가 없다. 그러나 이 세 가지 좌표가 모두 같다면 그들은 충돌했을 것이다. 도로상의 교통 정리는 두 개의 공간 차원에서 시간 차원을 다루는 문제라고 볼 수 있다. 반면에 공항의 관제사들은 들어오고 나가는 비행기의 고도까지도 고려해야 하므로 이는 사차원 시공간을 다루는 것이다.

8. 어떤 관측자에 대하여 한 계가 움직이고 있고 이 계가 움직이는 방향으로 또 다른 계가 상대적으로 움직이고 있다면 처음 관측자에게는 두 번째 계의 속도가 단순한 속도의 합이 되지 않는다. 예를 들어 움직이고 있는 우주선에서 우주선의 운동 방향으로 미사일이 발사되었다고 가정해 보자. 그 둘의 속도가 각각 광속의 4분의 3이라고 하자. 뉴턴 역학에 의하면 정지해 있는 관측자가 측정하는 미사일의 속도는 $1\frac{1}{2}c$가 될 것이다. 그러나 이는 5번 결과에 위배된다. 아인슈타인은 광속보다 작은 어떤 두 물체의 속도의 합도 언제나 반드시 광속 c보다 작다는 사실을 보여 주었다.

이들은 다시 다음과 같은 세 가지 사실로 압축될 수 있다. 운동에 의하여, 길이는 수축되고 시간은 천천히 흐르고 질량은 더욱 무거워진다는 것이다. 그 외에도 물질은 에너지로 전환될 수 있고, 물론 역도 가능하며, 운동하는 물체의 속력은 광속도인 300,000km/s를 넘을 수 없으며, 자기력은 실제로 움직이는 전하에 의한 힘이라는 것과 우리는 사차원 시공간에 살고 있고, 속도는 시공간상에서 비선형적인 가법加法을 따른다는 것으로 요약할 수 있다.

아주 단순해 보이는 아인슈타인의 두 가지 가설로부터 얻어진 놀랄 만한 결과는 실험적으로도 수없이, 그리고 수많은 방법으로 증명되었다. 물론 이 두 가지 가설이란 하나는 뉴턴의 법칙에서 빌려 왔으며 다른 하나는 광속 c가 절대적인 상수라는 것이다. 그 외에도 상대론으로부터 많은 다른 내용이 도출될 수 있는데 그 중 가장 잘 알려져 있는 것은 쌍둥이 역설이다. 우주선이 광속도에 가까운 속력으로 여행할 때 상대론적인 효과로 인해 아주 극적인 결과가 나타나는 것이다.

쌍둥이의 역설

아치와 베티는 쌍둥이 남매다. 아치는 지구에 머물며 시계를 보고 있고 그 쌍둥이 동생인 베티는 또 다른 시계를 가지고 P라는 행성으로 우주 여행을 떠난다고 하자. 베티가 지구로 다시 되돌아왔을 때 베티는 아치보다 더 젊고 그녀의 시계는 아치의 시계보다 더 앞의 시간을 가리키고 있을 것이다. 그렇다고 해서 베티가 지구를 출발했을 때보다 더 젊어져서 돌아온다는 말은 아니다. 그녀라고 여행 중 젊음의 샘을 발견한 것은 아니므로. 다만 그의 형제 아치에 비해 덜 늙었을 것이라는 말이며 이 점은 두 사람의 시계를 비교해 보면 쉽게 알 수 있다. 우주 여행이 정말로 사람을 더 젊게 만드는 효과가 있다면 아마도 나이 든 정치가들이 우주의 연구과제에 예산을 배정하는 데 더 너그러울지도 모르겠다.

행성 P가 꽤 멀리 떨어져 있어서 베티가 거의 광속에 가까운 속도로 여행을 했다면, 둘 사이의 시간 차이는 매우 커질 것이다. 예를 들자면 베티가 자신의 시계를 기준으로 몇 달의 여행을 마치고 돌아와서는 이미 아치의 증손자들까지도 늙어서 죽었다는 사실을 발견하게 될 수도 있다는 것이다. 마치 립 반 윙클Rip Van Winkle의 이야기처럼.

쌍둥이의 역설은 아치와 베티의 두 기준계가 서로 대칭 관계에 있을 것이라는 우리의 직관에 위배되는 듯이 보인다. 다시 말해서 왜 우리는 베티의 우주선이 정지해 있고 반대로 아치가 있는 지구가 멀어져 가고 있다고 생각할 수는 없을까? 그렇다면 쌍둥이가 다시 만났을 때 오히려 거꾸로 아치가 베티보다 더 젊은 상태일 것이다. 이 문제를 분석하는 데에는 여러 가지 방법이 있을 수 있다. 그러나 어떤 방법을 택하든 정답은 언제나 실제로 베티가 더 젊을 것이라는 것이다.

우선 그 기준계가 계속 변화하고 있는 사람은 베티뿐이다. 아치는 언제나 동일한 기준계에 있지만 베티는 그렇지 않다. 그렇다면 베티가 가속도 운동을 한다는 사실이 바로 두 사람의 시계가 달라지는 문제를 해결하는 열쇠가 되는 것처럼 보인다. 그러나 그것이 모두가 아니라는 사실은 쌍둥이의 세 번째 형제 샬렌의 경우를 생각해 보면 알 수 있다. 샬렌은 베티와 거의 비슷한 여행 계획을 가지고 있다. 단지 베티의 경우와 다른 점은 좀더 멀리 있는 행성까지 여행하고 돌아온다는 것이다. 여행에서 돌아왔을 때 샬렌은 베티보다도 더 젊은 상태일 것이며 샬렌이 베티보다 얼마나 더 젊을 것인가는 샬렌이 베티보다 얼마나 더 먼 행성까지 갔다 왔는가에 달려 있을 것이다.

아치와 베티 사이의 또 다른 차이점은 행성 P까지의 거리와 관계가 있다. 즉, 누구를 기준으로 거리를 측정할 것인가 하는 문제다. 측정된 두 점 사이의 거리는 관측자의 속력에 따라 달라진다. 베티가 측정하는 행성 P까지의 거리는 지구에서 아치가 측정하는 행성 P까지의 거리보다 짧다. 지구는 행성 P에 대해서 상대적으로 거의 정지 상태에 있기 때문이다. 지구라는 기준계에서 측정한 거리는 베티의 입장에서는 그녀의 운동 방향으로 수축되어 나타난다.

두 사람 사이의 비대칭성, 또 왜 샬렌이 베티보다도 더 젊을 것인가 하는 점은 다음과 같은 사실로부터도 알 수 있다. 베티와 샬렌이 반환점에서 되돌아올 때 그들이 가속함으로써 나타나는 효과들은 우주인들에게는 즉각적으로 나타난다. 그러나 지구에 있는 아치로서는 그들이 반환점을 돌았다는 사실을 알게 되려면 그 신호가 도달하기까지 기다려야만 한다. 이 실험이 시작될 때 다음과 같은 장치를 했다고 하자. 세 사람의 시계에 각각 일정한 시간 간격으로 신호를 발신하도록 한다. 물론 이 신호는 빛의 속도로 전달된다. 또 아치와 베티 그리고 샬렌은 자기의 시간과 함께 나머지 두 사람이 보낸 신호가 도달하는 시점을 계속 기록해 나가도록 한다. 물론 자기 자신이 보내는 신호의 간격은 전 여행을 통해서 변함이 없는 것이 당연하다. 그러나 아치의 입장에서는 베티와 샬렌이 지구로 돌아올 때 보내는 신호의 간격이 그들이 지구로부터 멀어질 때보다 도플러 효과에 의해 더 짧아진다.

다시 앞으로 돌아가서 이 문제를 시간과 공간 사이에서 두 사람(샬렌까지 포함한다면 세 사람)의 여행 궤적이라는 관점에서 생각해 보기로 하자. 시공간에서 두 사람의 궤적은 두 점에서 만난다. 베티가 처음 여행을 시작하는 시점과 여행으로부터 다시 돌아온 시점이 바로 그것이다. 그러나 그렇다고 해서 시공간상에서 이 두 교점 사이의 거리가 같지는 않다. 이 문제에서 두 사람 사이의 대칭성을 유지하려면 아치도 역시 여행을 해야만 한다. 아치가 베티와 동시에 정반대 방향으로 출발하는 것이다. 아니면 아치가 좀 뒤에 출발하여 행성 P에서 먼저 도착한 베티와 만나는 것도 또 다른 방법이다. 그러나 늦게 출발한 아치가 베티보다 더 빠른 속도로 여행을 해서 베티를 따라잡게 된다면 대칭성은 깨지며 여행 후에는 아치가 더 젊을 것이다.

대칭성이란 묘한 것이다. 그러나 이는 물리학에서 매우 중요하다. 아인슈타인은 이를 다음과 같이 표현했다. "신은 치밀하다." 예를 들면 거울에 비치는 상은 좌우가 반대다. 그러나 위아래가 뒤집히지는 않는다. 어째서 이런 비대칭성이 나타나는 것일까? 거울이 이미 좌우와 위아래를 구별한다는 것인가? 아니면 거울이 중력을 느끼는 것일까?(힌트: 물체의 상이란 삼차원적인 것이다. 우리는 삼차원적인 상을 한쪽에서만 바라보기 때문이다.)

아인슈타인의 특수 상대성 이론을 마치면서 우리에게는 하나의 큰 숙제가 주어진다. 이는 등속 운동과 가속 운동 사이의 분명한 비대칭성이다. 현재로서는 등속도 운동에서만 빛이라는 신호가 상대적으로 움직이는 두 계 사이에서 어떻게 해석되어야 하는지 이론적으로 정립되었다고 보인다. 그러나 제7장에서 볼 수 있듯이 아인슈타인은 모든 일반적인 운동에 있어서의 상대성 이론으로 우리를 인도한다.

6
양자론 : 새로운 현상, 새로운 원칙

양자론의 길은 뉴턴으로부터 여행하고 있는 여섯 갈래 길 중 가장 울퉁불퉁하고 험하다. 양자론은 아마도 르네상스 시대 이래 가장 급진적인 과학적 변화라고 보아도 과언이 아닌데, 이 지적 혁명은 아직도 계속되고 있다. 양자론은 상대성 이론이 물리학에서 절대 공간과 절대 시간이라는 개념을 포기하도록 한 것으로는 만족하지 못하고 인과율이라는 기본 신념까지도 약화시키고 있다. 상대성 이론은 물리학의 세계에 광속도 c라는 불변의 양을 주었고, 반면에 양자론은 플랑크 상수 h라는 불변량을 주었다. 플랑크 상수는 에너지와 시간의 곱의 차원, 또는 운동량과 거리의 곱의 차원을 갖는다. 이 양을 물리학에서는 작용 action이라고 부르며 그 크기는 앞의 표현을 통해 구할 수 있다. 그러나 이런 단순한 표현만 가지고는 그 속에 담긴 깊은 의미에 대한 실마리를 전혀 발견할 수 없다.

플랑크 상수가 현대 물리학 전 분야에 걸쳐 나타나고 있는 것으로 보아 그것이 가지는 물리적 의미는 더 깊은 듯이 보인다. 1900년 플랑크 Max Planck가 흑체 복사 문제를 해결한 것으로부터 시작하여 이후 양자론은 거의 모든 물리 분야에 확대 적용되었다. 전자공학은 물론 광학, 화학, 천문학, 방사능, 레이저, 초전도체, 반도체, 초유동성, 원자핵에 이르기까지 양자적인 관점이 응용되지 않는 과학 분야는 없는 듯하다. 양자론의 이면에는 확률론적인 우주관이 도사리고 있다. 양자론의 세계에서 신은 항상 주사위 놀이를 하고 있다. 그것도 특별한 규칙에 따라서.

이 장에서는 일곱 가지의 양자적인 현상 또는 실험 결과가 소개될 것이다. 물론 수많은 실례들이 있지만 이것들만 가지고도 고전 물리학과 차별성을 과학적으로 보여 주기에 충분하다. 일곱 가지 현상을 연대순으로 나열하면 흑체 복사(1900), 광전 효과(1905), 수소 원자의 선 스펙트럼 계열(1913), 콤프턴 효과(1923), 입자 회절 현상(1927), 램소어 효과(1927), 터널 효과(1928) 등이다. 이런 현상들이 하나하나 이해되어 가는 과정에서 양자론은 점차 커져 갔고 이와 동시에 물리학자들의 불행도 마찬가지로 커져 갔다. 1935년에 아인슈타인-포돌스키-로젠에 의해 발표된 유명한 논문을 선전 포고로 양자론에 대한 논쟁은 절정에 달했다. 그 논쟁의 핵심은 양자론의 완전성에 대한 것이었다. 오늘날 많은 물리학자들의 견해로는 이 논쟁이 아직도 만족하게 해결되지 않았다고 한다. 인과율과 확률 간의 상호 의존성이 아직도 확실히 이해되지 않은 것이다.

위의 일곱 가지 실험은 수없이 수행되었다. 그 중 몇 가지는 대학교 물리학 실험 과정에 포함되어 있기도 하다. 이 실험들의 결과는 뉴턴의 역학, 맥스웰의 전자기학, 심지어 상대성 이론으로도 설명이 불가능하다. 이에 대한 여러 사람들의 견해는 제9장에서 다시 다루기로 한다. 그러면 이 일곱 가지 현상들에 대하여 하나씩 점검해 보기로 하자.

흑체의 복사 이론

양자론은 빈 구멍으로부터 시작되었다. 커다란 용기에 아주 작은 구멍이 뚫려 있는 것을 흑체라고 하는데 이 흑체는 전자기파를 한 번 흡수하면 다시는 방출하지 않는다. 이런 용기 또는 공동空洞을 흑체라고 부르는 것은 이와 같이 모든 파장, 즉 모든 색깔의 전자기파를 흡수해 버리기 때문이다.

그러나 이 공동이 뜨겁게 가열되면 오히려 이 구멍을 통해 복사가 일어난다. 뜨겁게 달아오른 화덕에 달린 작은 문과 같다고 보면 된다. 이는 공동 내벽의 색깔이 어떤 것이든 관계가 없으며, 공동 내벽의 재질이 금속이나 세라믹 무엇이든 전혀 문제되지 않는다.

다만 공동 내벽의 각 부분은 서로 다른 부분을 볼 수 있어야 한다. 내벽의 각 부분에서 방출된 직진하는 전자기파가 내벽의 다른 곳에 직접 도달할 수 있어야 흡수, 방출, 반사, 재방출, 재흡수 등에 의한 전자기파의 상호 교환이 가능하기 때문이다. 또 공동의 구멍은 내벽의 면적에 비해 아주 작아야 하는데, 전자기파가 구멍을 통해 쉽게 밖으로 빠져나가지 않고 공동 내부에 있는다. 즉, 구멍이 작을수록 좋은 흑체가 된다. 공동이 없는 대부분의 고체 물질도 흑체와 근사한 복사를 한다. 고체가 아닌 별이나 대부분의 비금속 표면, 심지어 인간의 피부도 마찬가지다.

공동의 벽이 뜨거워질수록 빛은 밝아진다. 방출되는 복사의 세기가 증가하는 것이다. 공동의 온도에 따라 달라지는 것은 빛의 세기뿐이 아니다. 빛의 색깔도 또한 달라지는데 온도가 높아짐에 따라 공동은 붉은색에서 오렌지색으로 바뀌고 계속해서 흰색으로 변화된다. 공동이 아주 높은 온도에도 견딜 수 있다면 이 때 방출되는 빛은 푸른색을 띠게 될 것이다. 같은 원리로 청색 별은 적색 별보다 온도가 더 높다. 이렇게 흑체로부터 방출되는 빛의 세기와 색깔의 변화를 정량적으로 기술하고 이러한 현상을 예측할 수 있는 이론을 만들어 내는 것은 결국 물리학자들의 과제다. 공동을 구성하고 있는 원자의 종류가 복사에 영향을 주지 않으므로 흑체의 복사에는 단순히 전자기 복사와 고체의 특성만이 개입되어 있다고 판단된다. 특별히 물리학자들은 일정한 온도의 공동에서 방출되는 빛의 세기가 각 색깔, 즉 파장에 따라 어떻게 달라지는가를 잘 설명해 줄 수 있는 이론을 원했다. 그림 15는 파장에 따른 복사의 세기 변화를 실험적으로 측정하여 그 결과를 그림표로 나타낸 것이다.

실험은 아주 간단하다. 공동으로부터 나오는 빛을 분광계로 분산

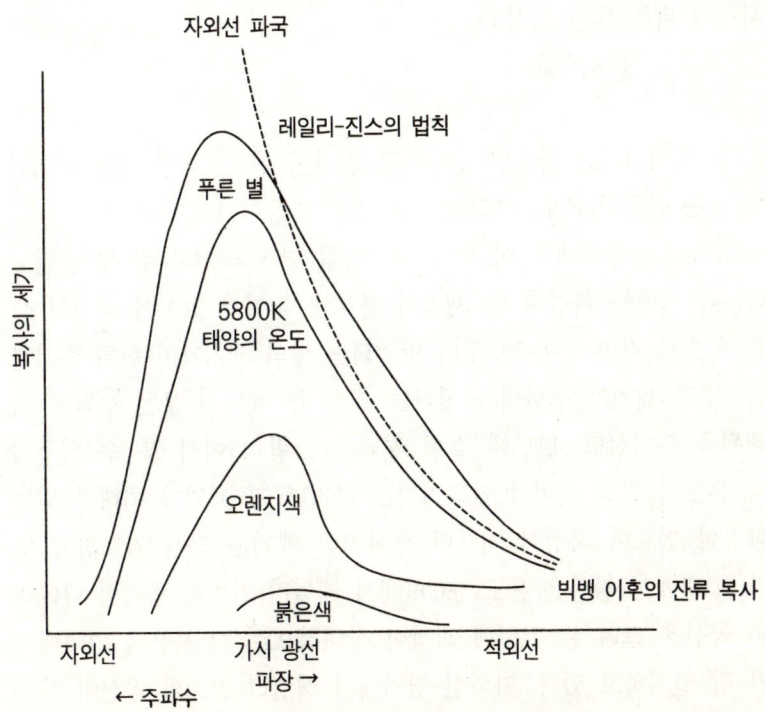

그림 15 여러 가지 온도에서의 흑체 복사 곡선

시킨 후 검출기로 천천히 분산된 빛을 탐지하며 각 파장에 따라 그 세기를 기록하는 것이다. 물론 전체 실험을 통해 공동은 일정한 온도를 유지해야 한다. 여러 가지 공동의 온도에 대한 실험 결과를 그림 15가 보여 주고 있다.

측정 결과는 너무나도 분명하다. 문제는 이 측정된 결과에 알맞은 방정식을 열역학의 원리로부터 유도해 내는 것이다. 이러한 시도를 처음으로 한 것은 레일리John Rayleigh와 진스James Jeans다. 그들은 맥스웰의 전자기파 방정식과 열역학적 원리로부터 각 파장에 따른 빛의 세기를 예측하는 방정식을 유도했는데 이 방정식은 그들의 이름을 따서 레일리-진스의 법칙이라 불린다. 이 방정식에 의하면 파장에 따른 빛의 세기 I는

$$I = \frac{8\pi kT}{\lambda^4}$$

이며, 여기서 k는 볼츠만 상수라고 알려진 엔트로피의 기본 단위이고, T는 공동의 온도, 그리고 λ는 빛의 파장이다.

그러나 불행하게도 이 방정식은 실험 결과 곡선과 잘 맞지 않았다. 이 식에는 파장의 네 제곱이 분모에 들어가 있어서 파장이 짧은 쪽으로 가면 공동으로부터 방출되는 빛의 세기가 무한히 증가한다. 빛의 세기가 무한대가 된다는 것은 곧 에너지 보존 법칙에 위배됨을 의미한다. 반면에 실험 결과는 그림 15에서 볼 수 있듯이 각 온도에 따라 위치가 달라지기는 하지만 그 세기가 최대가 되는 파장이 있으며 파장이 이보다 짧아지면 세기는 다시 감소하고 있다. 그림에서 점선은 온도 5800K에서 레일리-진스의 법칙이 나타내는 곡선을 그려 본 것인데 파장이 상대적으로 긴 붉은색 영역에서만 잘 일치하고 있다. 자외선 영역에서 레일리-진스의 곡선이 무한히 증가하는 것을 '자외선 파국'이라고 부른다.

자외선 파국의 문제를 해결해 보려는 노력이 레일리와 진스 외에도 많은 물리학자들에 의해 시도되었으나 모두 실패로 끝났다. 앞에서도 말한 대로 레일리-진스의 공식은 고전 열역학 원리를 기초로 유도되었다. 그리고 그 유도 과정에는 아무런 문제가 없는 것으로 판명되었다. 그렇다면 열역학의 기본 이론에 문제가 있다는 결론이 나온다. 그러는 동안에 다소 부분적인 성공 사례도 있었다. 빈 Wilhelm Wien이 흑체 복사의 곡선에서 빛의 세기가 최대가 되는 파장 λ_{max}과 그 때의 온도의 곱은 일정한 값을 갖는다는 사실을 알아낸 것이다. 빈의 법칙은

$$\lambda_{max} T = 2900$$

이라고 쓸 수 있는데 여기서 파장은 마이크로미터 단위, 온도는 절대 온도인 캘빈 단위를 사용했다. 이 법칙은 상당히 잘 들어맞았으며 별의 온도를 알아내는 데 응용되기도 했다. 별의 스펙트럼으로부터 λ_{max}를 측정한 다음 빈의 공식에 대입하여 별의 온도 T를 구하면 되는 것이다. 또 우리 눈에 적절한 조명을 얻기 위하여 백열등의 텅스텐 필라멘트의 적정 온도를 구할 수도 있는데, 빈의 법칙을 대입하여 우리 눈이 가장 민감하게 작용하는 녹색빛의 영역, 즉 파장 0.5×10^{-6}m에서 빛의 세기가 최대가 되는 온도를 계산하는 것이다. 온도가 이보다 높아지면 비가시 영역인 자외선 복사가 많아지고, 반대로 온도가 낮아지면 역시 비가시 영역인 적외선 복사가 많아진다. 빈의 법칙을 응용한 적절한 온도의 계산은 다음과 같다.

$$\frac{2900}{0.5} = 5800K$$

이는 바로 태양 표면의 온도다. 신은 인간에게 가장 적절한 조명을 제공해 주도록 태양을 창조한 것이다. 혹자는 현재와 같은 태양

광선 아래서 우리 눈이 진화해 왔다고 보기도 한다. 사람 눈의 적응력은 이보다 더욱 뛰어나다. 땅거미가 지고 푸르스름해지는 저녁녘에는 눈의 색에 대한 감지도가 푸른색 쪽으로 이동한다.

좀 호기심이 많은 독자라면 빈의 법칙을 사용하여 우리 몸이 가장 크게 복사하는 파장의 영역은 어디쯤인지 궁금할 것이다. 인간의 몸도 피부색에 관계없이 근사적으로 흑체처럼 복사를 한다. 이러한 복사는 때때로 유방암을 진단하거나 또는 야간에 사람을 식별하는 장치에 이용되기도 한다. 그러면 빈의 법칙에 사람의 체온인 310K를 대입해 보라.

흑체 복사 연구의 또 다른 성과는 슈테판Jasef Stefan과 볼츠만에 의해 이루어졌다. 그들은 흑체가 그 표면으로부터 단위 면적당, 단위 시간당 복사하는 에너지의 총량은 표면 온도 T의 네 제곱에 비례한다는 사실을 발견했다. 따라서 한 별이 방출하고 있는 빛의 총 복사량을 측정할 수 있으므로 여기에 슈테판-볼츠만의 법칙을 적용하면 별의 모양이 구라는 가정하에 이 별의 복사 면적과 함께 별의 크기도 구할 수 있다.

흑체의 복사 문제에서 그랜드 슬램 홈런은 결국 플랑크에게로 돌아갔다. 그는 이 문제를 완벽하게 해결했다. 그가 올린 4점의 점수는 다음과 같은 내용이다.

1. 플랑크의 법칙은 실험 곡선과 잘 일치한다.
2. 자외선 파국의 문제를 해결했다.
3. 그의 공식으로부터 빈의 법칙이 유도된다.
4. 그의 공식으로부터 슈테판-볼츠만의 법칙이 유도된다.

플랑크의 복사 법칙은 다음과 같다.

$$I = \frac{8\pi ch}{\lambda^5 \left(e^{\frac{ch}{\lambda kT}} - 1\right)}$$

여기서 c는 광속이고 e는 상수로서 2.71828……의 값을 갖는다. h는 플랑크 상수이며 그 크기는 6.6×10^{-34} J·S가 된다. 이 값은 그야말로 아주 작기 때문에 양자화의 불연속성이 쉽게 감지되지 않는 이유가 된다. 플랑크의 복사의 법칙을 나타내는 방정식의 그림표가 그림 15에 그려져 있다.

플랑크의 법칙에서 혁명적인 특성은 플랑크 상수 h에 담겨 있다. 플랑크 상수 h가 물리적으로 의미하는 바는 각각의 원자에 의해 방출되는 에너지에는 유한한 최소 단위가 존재한다는 것이다. 고전 물리학에서는 평형 상태에 있는 두 원자에 의해 방출되는 복사 에너지의 차이가 무한히 작을 수 있음을 가정한다. 그러나 플랑크의 법칙에 의해 그 에너지의 차이에 유한한 극한값이 있음을 알게 되었다. 연속적인 에너지는 양자화된 불연속적 에너지 상태들로 대치되었다. 물리적 우주는 알갱이화되어 있을 뿐만 아니라 그 알갱이의 크기는 어디서든 나타나는 자연의 기본 상수다.

플랑크가 양자화라는 가설을 도입하게 된 것은 레일리-진스 법칙의 모순점을 피하기 위해서였다. 레일리-진스의 법칙을 유도하는 과정은 거의 끝까지 정당했다. 여기에 최종적으로 플랑크의 가설만 접목시킨다면 플랑크의 법칙을 얻게 된다. 그러나 이 최종 단계에서 플랑크의 가설을 적용하지 않고 에너지의 차이가 무한히 작아질 수 있다는 고전 물리학의 가정을 고수한다면 레일리-진스의 법칙에 도달하게 된다. 플랑크는 고전 열역학의 결점을 손질하기 위해서 그의 가설을 제안했다. 그러나 그의 손질에 의해 고전 열역학은 구조가 더 튼튼해지기는커녕 완전히 무너져 버리고 말았다.

플랑크의 법칙은 그 성공으로 인해 많은 물리학자들의 찬사를 받았다. 그러나 플랑크의 해법은 당시 알려져 있는 기존의 물리 법칙에는 위배되었다. 따라서 당시의 일반적인 정서는 플랑크가 정확한 방정식을 찾아냈음에도 불구하고 또 다른 유도 방법이나 해석이 필요하다는 생각이 팽배해 있었다.

광전 효과

플랑크 방정식의 성공으로 인한 성취감은 채 5년이 안 되어 깨져 버렸다. 1905년 스위스 베른의 특허청 직원이었던 무명의 물리학자 아인슈타인이 논문 세 편을 발표했는데 그는 이러한 업적을 대학이나 연구소 등과의 협력도 없이 다만 혼자의 힘으로 일구어 냈다. 세 편의 논문 중 하나는 분자의 실체를 확립했다. 당시 어느 누구도 분자를 본 사람이 없었으며 어떤 학자들은 그 존재를 의심하기까지 했다. 아인슈타인은 이 논문을 통해 현미경으로 관찰할 수 있는 브라운 운동을 물 속의 작은 티끌과 물 분자와의 충돌에 의한 것으로 설명했다. 두 번째 논문은 그 유명한 상대성 이론에 관한 것이었다. 세 번째 논문은 아인슈타인 스스로도 가장 혁명적이라고 했던 것인데 금속 표면에 빛을 비추었을 때 전자가 방출되는 현상인 광전 효과에 대한 내용이다.

당시로서 광전 효과란 수수께끼와 같은 문제였다. 금속 세슘 표면에 약한 붉은색 빛을 쪼여 주면 속도가 느린 전자가 방출되었다. 붉은색 빛을 강하게 비춰 주면 방출되는 전자의 수는 늘어나지만 그 속도는 역시 느렸다. 약한 푸른색 빛을 쪼였을 때 전자는 적게 방출되었으나 속도는 빨랐다. 푸른색 빛을 강하게 비추어 주었을 때는 빠른 속도의 전자들이 많이 방출되었다. 적외선을 쪼였을 때는 그 밝기에 관계없이 전자가 방출되지 않았다. 이러한 실험 결과들은 프레넬이나 맥스웰에 의해 발전된 빛의 파동 이론으로는 도저히 설명되지 않았다.

 빛의 파동 이론에게는 더욱 안 된 일이지만, 아인슈타인의 계산에 의하면 파동 이론을 적용할 경우 금속 세슘 표면에서 측정된 정도 크기의 속도, 즉 운동 에너지를 가지고 전자가 방출되려면 적어도 몇 분 이상 전자기파를 쪼여 주어야만 했다. 금속 세슘 표면의 일부 원자들만이 전자를 방출한다. 전자를 방출하지 않은 원자들에 흡수된 빛은 어떻게 되는가? 고전적인 관점에서는 광파의 흡수란 물체의 표면 전체에 걸쳐서 일어난다. 그렇다면 아인슈타인의 계산과 같이 세슘 원자가 전자를 방출할 수 있을 정도로 충분한 에너지를 축적하려면 꽤 오랜 시간이 걸리게 된다. 그러나 광전 효과는 빛을 쪼여 줌과 동시에 거의 나노초 이내에 즉각적으로 일어난다. 그렇다면 문제는 '빛이 금속 표면 전체를 비출 때 어떻게 일부 세슘 원자에만 에너지가 집중되는가'라는 것이다.

 아인슈타인은 플랑크의 가정을 도입하여 이 문제점을 극복했다. 광전 효과는 흑체 복사와는 아무런 연관이 없는데도 불구하고 플랑크의 양자 가설이 이 현상을 설명하는 데 성공적으로 사용되었다는 사실로 인해 플랑크의 가설은 점점 더 확고해져 갔다. 아인슈타인은 입사된 빛이 양자화되어 있어 마치 입자들과 같이 행동한다고 가정했다. 아인슈타인은 이를 광자 또는 광양자photon라고 불렀다. 이리하여 뉴턴의 빛의 입자설이 다시 부활되었다. 아인슈타인은 계속해서

$$E = hf$$

라는 식을 사용했는데, 여기서 E는 광양자의 에너지이고 f는 빛의 진동수 그리고 h는 플랑크 상수다. 식을 말로 표현하자면 광양자의

에너지는 진동수에 비례(또는 파장에 반비례)한다는 것이다.

따라서 광전 효과의 실험 내용은 다음과 같이 설명된다. 광양자가 충돌한 세슘 원자만이 전자를 방출한다. 푸른색 광양자는 에너지가 커서 푸른색 광양자의 충돌에 의해 방출된 전자가 붉은색 광양자에 의해 방출된 전자보다 큰 에너지, 즉 속도를 갖는다. 고전적인 관점에서는 방출 전자의 속도가 빛의 진동수에 관계없이 빛의 세기에 비례하여 증가해야 한다.

그러면 빛의 파동설은 어떻게 되는가? 보어는 상보성의 원리라는 것을 제안했다. 즉, 입사된 빛이 어떤 측정 장비에 의해 측정되기 전까지는 일종의 불완전하게 정의된 림보limbo 상태에 있다는 것이다. 이후 빛은 그 측정 기구의 종류에 따라서 입자적인 성질을 나타내기도 하고 파동의 성질을 띠기도 한다는 것이 밝혀졌다. 간섭계에서는 빛이 파동성을 띠고, 광전지에서는 광양자와 같이 입자적인 행동을 한다.

1905년에서 1935년 사이의 30년간, 고전적인 관점은 계속 실패에 직면했다. 반면에 양자론적인 착안은 보다 많은 현상을 설명하는 데 사용되는 등 그 영역을 확장해 나갔다. 양자론은 매우 다재 다능하고 강력하고 그리고 자체 모순이 없는 개념이요 원리다. 이론을 평가함에 있어 그것이 실제 현상을 얼마나 잘 설명하느냐라는 기준만을 적용한다면 아마 양자론을 능가할 이론이 없을 것이다. 경마장에서 어떤 말이 우승할지를 쪽집게처럼 그것도 계속해서 알아내는 사람이 있는데, 그가 왜 그 말이 우승하는지에 대하여는 충분히 설명하지 못한다고 할 때 당신은 이 사람을 어떻게 생각해야 할까?

원자로부터 방출되는 빛의 선 스펙트럼

네온 가스가 들어 있는 관 속을 전자가 통과할 때 네온 가스는 빛을 방출하는데, 이것이 바로 네온 사인의 원리다. 네온 사인의 스펙트럼은 꽤 복잡하지만 관 속의 네온을 수소로 바꾸어 주면 분광기에 몇 개의 간단한 스펙트럼만을 얻게 된다. 이 수소의 스펙트럼들은 리츠의 공식이라고 불리는 실험적인 수식을 따르는데 이는

$$f = R\left(\frac{1}{2^2} - \frac{1}{n_2^2}\right)$$

라고 표현된다. 여기서 f는 스펙트럼의 진동수, n_2는 2보다 큰 정수로 3, 4, 5,……이고, R은 리드베리Rydberg 상수라 불리는 상수다. 스펙트럼 선들은 n_2가 3에서부터 시작하여 각 정수값을 가질 때 나타나며 이 스펙트럼 선들을 발머 계열이라 부른다. n_2가 3일 때가 유명한 수소의 α선이며 분홍색을 띤다. n_2가 4일 때가 β선이며 녹색을 띤다.

리츠 공식에서 첫째 항을 1로 바꾸어 주면 또 다른 계열의 스펙트럼을 얻게 되는데 이 스펙트럼 선들을 라이먼Lyman 계열이라 부른다. 이 때는 첫째 항과 둘째 항 사이의 차이가 커져서 빛의 진동수는 발머 계열보다 커지며 스펙트럼은 자외선 영역에 있게 된다. 리츠 공식은 실제로

$$f = R\left(\frac{1}{n_1^2} - \frac{1}{n_2^2}\right)$$

인데 n_2는 n_1보다 큰 정수다. n_1이 3과 4일 때는 적외선 영역의 스펙트럼을 얻는다. 각 계열에서 n_2는 n_1+1의 값부터 시작하며 n_2가 증가함에 따라 스펙트럼 선들의 간격이 촘촘해진다.

이 공식은 수소 원자의 상태가 양자화되어 있어서 특정한 진동수

의 빛만을 방출할 수 있다는 것을 의미한다. 왜 그럴까? 원자를 축소된 태양계처럼 마음속에 그려 보자. 수소 원자의 중심에 핵이 있는데 이 핵은 그 주위를 돌고 있는 전자보다 1836배나 무겁다. 뉴턴의 법칙에 의하면 태양계 내에서 궤도 운동을 하고 있는 행성은 그 궤도가 타원이기만 하면 그 궤도 반지름은 어떤 값이든지 가질 수 있다(제10장의 케플러의 법칙을 보라). 그러나 원자의 세계에서는 가장 단순한 수소 원자에서조차 안정성에 대한 조건이 이와 달라 특정한 에너지 상태만 안정하게 된다. 원자가 빛을 방출하며 에너지를 잃을 때 원자는 한 안정한 에너지 상태에서 이보다 낮은 에너지 상태로 떨어지게 된다. 이것은 어떤 사람이 호텔에서 밑으로 뛰어내리는 것과 흡사하다. 이 사람은 20층이나 13층에서 뛰어내릴 수는 있으나 12.2층에서는 뛰어내릴 수 없다. 이 사람이 가능한 한 최대 한도인 1층($n_1=1$)까지 뛰어내린다면 바로 라이먼 계열에 해당된다. 2층 난간($n_2=2$)에 뛰어내린다면 발머 계열에 해당된다.

여기에는 선택 규칙 selection rule이란 것이 있다. 모든 뛰어내리기가 허용되지는 않는다. 어떤 층에서는 정해진 층으로만 뛰어내릴 수 있다. 원시 부족의 결혼에 대한 금기를 비유로 사용한다면 늑대 부족의 처녀는 독수리 부족의 총각과 결혼이 가능하지만 물개 부족의 총각과는 금지되어 있다는 이야기와 유사하다. 그러나 원자들은 때때로 로미오와 줄리엣 같은 잘못된 만남을 하는 경우가 있다. 이러한 원자 스펙트럼을 금지된 전이라고 하는데 주로 천문학적 관측과 같이 지구의 물리적 환경과 매우 다른 환경에 있는 원자로부터 발생된다.

양자수 n_1과 n_2는 다른 양자수에 관계되는 선택 규칙들이 있다. 이는 전자의 스핀과 같은 특성들과 연관이 있다. 파울리의 배타 원리가 그런 강력한 금기들 중 하나인데 이는 한 원자 내에서는 어떤 두 전자도 절대로 같은 양자수의 조합을 가질 수 없다는 것이다. 원소의 주기율표는 파울리의 배타 원리로 아주 잘 설명된다. 한 궤도 안에는 그 궤도가 가질 수 있는 전자보다 더 많은 전자를 가질 수 없다. 따라서 하나의 전자가 남는다면 이는 반드시 다른 궤도에 있어야 한다.

1913년 보어는 리츠 공식을 유도하는 데 성공했으며 이로부터 실험 결과와 잘 일치하는 리드베리 상수를 구할 수 있었다. 보어도 플랑크와 아인슈타인이 그랬던 것처럼 $E=hf$를 사용했다. 또 그는 원 또는 타원 궤도를 운동하는 전자가 경우에 따라 에너지를 방출하지 않으며 핵 주위를 돌 수도 있다고 가정함으로써 고전 물리학 이론에 제동을 걸었다.

물리학자들은 원자 내에서는 고전적인 전자기장 이론이 성립하지 않음을 인정해야 했다. 보어의 모형은 정교한 것이었다. 전자 궤도의 둘레는 그 길이가 파장의 정수배가 되도록 양자화되어 있는데 이는 마치 톱니바퀴가 정수의 톱니를 가지고 있는 것과 유사하다. 그러나 보어의 모델도 무거운 원자에까지 확장해 보면 잘 맞지 않는 경우가 나타난다. 이러한 원자의 모형은 이제 보다 추상적이고 수학적인 접근을 요구하고 있으며 태양계와 같은 역학적인 대응 모형도 상상하기가 점점 어려워진다. 이렇게 보다 발전된 양자론은 하이젠베르크와 슈뢰딩거에 의해 시작된다. 동시에 입자와 파동 간의 구별도 모호하게 되었다. 광전 효과에서는 광파가 입자처럼 행동한다. 다음 절에서 언급될 콤프턴 효과도 파동이 입자처럼 행동하는 또 다른 예다. 다음에는 입자가 파동처럼 행동하는 세 가지 현상을 기술해 보도록 한다.

콤프턴 효과

빛이 작은 구들에 의해 산란되는 현상을 다루고자 한다면 맥스웰 방정식이야말로 그 시발점이다. 그런데 콤프턴Arthur Compton은 파장이 매우 짧은 빛인 X선이 구의 역할을 하는 전자와 충돌하여 산란하게 되면 산란된 X선의 진동수가 작아진다는 사실을 발견했다. 이는 맥스웰 방정식의 결과와는 일치하지 않는다. 콤프턴은 이를 다음과 같이 해석했다. X선을 광양자로 다루기로 한다면 그 에너지는 광전 효과에서와 마찬가지로 $E=hf$라고 생각할 수 있으며 전자와의 충돌 후 그 진동수가 작아진다는 것은 에너지를 잃어버림을 의미한다. X선 광양자가 잃어버린 에너지는 충돌한 전자에 전달된다. 에너지는 충돌 과정을 통해 보존되며 운동량도 마찬가지로 보존된다. 왜 X선은 충돌에서 입자와 같이 행동함으로써 에너지를 잃어버리게 되었을까? 이렇게 빛이 입자처럼 행동하는 것은 광전 효과에만 국한되는 것이 아니다.

입자의 회절 현상

다음에 고전 물리학에서는 파동만이 가지는 성질을 입자가 보여주는 예를 들어 보려고 한다. 이러한 입자와 파동의 대칭성, 또는 이중성은 드 브로이Louis de Broglie에 의해 예언되었다. 드 브로이는 상대성 이론에서 파동이 시공간상의 벡터로 표현된다는 사실에 착안했다. 그는 이러한 원리를 움직이는 입자에도 적용하여 질량이 m인 입자가 v의 속도로 움직인다면 이 입자는 마치 파장 λ인 파동과 같이 행동한다고 예측했는데 여기서 파장 λ는 다음과 같다.

$$\lambda = \frac{h}{mv}$$

 드 브로이는 이러한 생각을 프랑스 파리의 소르본 대학교에 박사 학위 논문으로 제출했다. 그러자 대학의 물리학부는 고민에 빠지게 되었다. 드 브로이에게 박사 학위를 수여하자니 그의 이론이 틀렸을 경우 대학의 명예를 생각하지 않을 수 없었으며, 그렇다고 그에게 학위를 수여하지 않을 수도 없었기 때문이었다. 결국 대학 당국은 편법을 사용하기로 했다. 드 브로이의 논문을 당시 소르본 대학교와는 아무런 관련이 없었던 아인슈타인에게 보내어 심사를 위탁한 것이다. 예상 밖으로 아인슈타인은 드 브로이의 생각에 크게 감동을 받았으며 그의 학위 논문에 짧은 서문을 써 주기까지 했다. 후에 드 브로이는 이 업적으로 노벨 물리학상을 수상했다.

 드 브로이의 이론에 대한 실험적 증명도 곧 뒤따랐다. 데이비슨 Clinton Davisson과 저머 L. H. Germer 두 사람은 금속 박막이 회절 격자와 같이 작용함으로써 전자 빔이 회절된다는 사실을 실험적으로 입증했다. 그들의 측정 결과는 드 브로이의 방정식 결과와 일치했다. 입자들도 마치 파장이 λ인 파동처럼 회절 현상을 보였으며 파장 λ는 운동하는 입자의 운동량 mv를 플랑크 상수 h로 나누어 준 값이 되었다. 이는 전자를 비롯한 원자와 같은 입자들도 움직이게 되면 단단한 공과 같이 입자로만 생각될 수 없으며 어떤 형태로든 파동과 연관성을 갖는다는 사실을 함축하고 있다.

 입자의 파동성을 염두에 두고, 파동의 회절 현상과 간섭 현상 사이의 차이점을 다시 한 번 상기해 보도록 하자. 파동이 작은 구멍이나 예리한 모서리 등을 지날 때, 이들 장애물에 의해 회절된 파동은 직진할 경우에는 도달할 수 없었던 영역에까지 도달할 수 있게 된다. 예를 들면 파도가 방파제 옆을 통과하여 잔잔한 해변까지 밀려오는 것과 같다. 해변의 한 지점에는 방파제의 여러 부분으로부터 회절되어 온 파동들이 중첩되는데 이들은 모두 다른 거리를 지나왔으므로 서로 다른 위상으로 해변에 도달한다. 이렇게 동일한 파동의 서로 다른 부분들이 중첩되는 것을 회절이라 부른다. 반면에 간섭은 서로 다른 파동이 중첩되는 현상이다. 이중 슬릿 실험이 그 좋은 예인데 각 슬릿마다 서로 다른 파동이 통과한다.

회절 격자는 수많은 슬릿이 규칙적으로 죽 늘어서 있는 것으로, 간섭 현상을 일으키는 장치로 사용된다. 회절 격자의 간섭 현상에 대하여 이것이 회절인지 아니면 간섭인지를 분명히 구분하는 것 자체는 그리 중요하지 않지만, 입자의 경우에는 실제로 그 구분이 모호하다. 만일 회절이라면 이는 각각의 입자가 한 개의 구멍만 통과한다는 것을 의미하며 계속해서 파동의 회절성으로 이어진다. 반대로 간섭이라면 각 입자는 커다란 파동을 이루어, 떨어져 있는 여러 개의 구멍을 동시에 통과할 수 있다는 것을 의미한다. 단 여기서는 어떤 각본이 실험적인 사실과 더 잘 맞는지에 대한 논의는 유보하기로 한다.

하이젠베르크에게는 드 브로이의 연구 결과가 신선한 충격이었으며 그는 보어의 초기 고전 양자론을 더욱 발전시켜 추상적이고 발전적인 양자론을 확립하기에 이르렀다. 이렇게 드 브로이의 영향을 받은 것은 하이젠베르크만이 아니었다. 슈뢰딩거도 나름대로 독자적인 방법으로 양자 이론을 발전시켰다. 하이젠베르크의 이론이 관측 가능한 상태에 대한 행렬 표현을 주로 사용한 반면 슈뢰딩거는 주로 입자의 위치와 운동량을 표현하는 연산자에 기초하여 파동 방정식을 사용했다. 이 두 가지 이론은 처음에는 서로 다른 방법으로 여겨졌으나 곧 슈뢰딩거에 의해 결국 같은 결론으로 귀결된다는 사실이 입증되었다. 디랙Paul Dirac과 파인먼Richard Feynman이 발전시킨 또 다른 방법이 있기는 하지만 아직도 양자론을 다룰 때에는 하이젠베르크와 슈뢰딩거의 방법이 주로 사용되고 있다. 아무튼 이런 다양한 도구들을 사용하여 양자론은 물리학의 여러 분야의 문제를 차례로 해결해 주었다.

이 네 개의 이론들은 모두 아주 추상적이어서 실제 물리적인 세계에서 어떤 일이 벌어지고 있는 것인지에 대하여 구체적인 그림을 제공해 주지 못하고 있다. 그들은 단지 원자 상태가 변화할 확률에 대한 정보만을 가르쳐 준다. 그것은 마치 주사위 놀이에서 확률만을 가르쳐 주면서 어째서 그런 확률이 나오는지 구체적인 요소들을 설명하지 못하는 것과 마찬가지다. 우리가 가지고 있는 도구란 단지 원자가 이러한 혹은 저러한 상태에 있을 확률을 구하는 수학적 규칙뿐이다. 보어가 제시한 작은 태양계와 같은 모형마저도 결국은 배제되고 말았다. 물리학자들은 원자에 대해, 전자가 핵 주위를 마치 구름과 같이 감싸고 있다는 모형을 제시하기도 한다. 따라서 개별적인 전자의 위치도 정확하게 정의될 수 없다. 보어는 전자의 궤도를 확률 분포라고 해석한다. 간혹 조건이 잘 맞거나 실제 측정이 이루어지면 각 전자의 위치가 정해지기도 한다. 이러한 현상은 핵 물리학 분야에서도 분명하게 나타난다. 핵 속에는 전자가 없는데도 불구하고 핵이 베타 붕괴를 하는 것은 핵이 전자를 방출하기 때문이다. 즉, 전자가 그 도중에 만들어지는 것이다.

램소어 효과

전자 빔의 속도가 점점 느려져서 일정한 속도에 이르게 되면 전자가 가스 원자에 의해 전혀 산란되지 않거나 산란되더라도 아주 작은 각도로만 이루어진다는 사실이 관측되었다. 이는 전자 빔이 가스를 투명한 것으로 인식하게 되는 것을 말하는데, 고전적인 이론으로는 도저히 설명되지 않는다. 숲에 농구공을 던지는 상황으로 유추하여 생각해 보자. 고전적인 이론에 의거하면 공이 숲 속의 나무와 충돌하지 않고서 얼마나 멀리 날아갈 수 있는지, 즉 농구공의 평균 자유 거리를 계산하기 위해서는 먼저 농구공의 반지름을 고려해야 한다. 다음은 숲 속에 있는 나무의 반지름과 또한 나무와 나무 사이의 간격을 구한 다음 이로부터 농구공의 평균 자유 거리를 계산할 수 있다. 이렇게 가스 원자가 전자 빔에게 투명하게 인식되는 현상을 램소어 효과라고 부르는데, 이를 설명하기 위해서는 양자론을 도입해야 한다. 양자론에서는 전자 빔을 드 브로이 파장을 가지는 파동으로서 다룬다. 전자의 드 브로이파가 특정한 파장을 가지게 되면 그 산란되는 파동들이 소멸 간섭을 이루어 산란되는 파가 나타나지 않게 된다.

좀 어렵기는 하지만 충돌 단면적이라는 개념을 사용해 보기로 하자. 전자와 가스 원자의 충돌 단면적이란 말하자면 농구공과 나무의 반지름을 말한다. 램소어 효과란 다름 아니라 전자의 속도가 느려지면 그 충돌 단면적이 감소한다는 것이다. 이는 단순히 전자가 가지고 있는 전하 때문만은 아니다. 흑연 속을 통과하는 중성자에게서도 같은 현상이 발견되며 아다시피 중성자는 전하를 전혀 가지고 있지 않기 때문이다. 움직이는 중성자도 드 브로이 파장을 가진다. 뉴턴의 역학에서는 아주 분명한 것으로 보였던 입자의 크기와 그 위치라는 개념도 그렇게 단순한 것만은 아니라는 사실을 알 수 있다.

램소어 효과는 가스 원자 크기와 전자의 드 브로이 파장이 일치하는 것에 의한 일종의 공명 효과로서 설명된다. 또 다른 설명으로는 가스 원자가 만드는 장에 대한 전자의 터널링 효과로 볼 수도 있다.

터널 효과

우리는 이미 두 번의 터널 효과를 만났다. 첫번째는 파동의 길에서 만났던 전반사라는 현상이었다. 파동이 진행하다가 장벽을 만나면 그것을 통과하려고 애쓰게 되는데 장벽이 아주 강하고 두껍지 않다면 파동의 일부는 장벽을 투과한다. 투과는 결국 장벽의 저쪽 어느 정도 거리에 파동이 선호하는 매질이 존재하느냐에 달려 있다.

두 번째는 바로 앞에서 다루었던 램소어 효과다. 터널 효과의 역설적인 면은 고전적인 계산에 의하면 결코 투과할 수 없는 장벽을 입자가 투과하는 현상이 실제로 일어난다는 점이다.

자동차가 벽돌 벽에 부딪치는 상황과 비교해 보자. 자동차가 벽 저쪽까지 완전히 뚫고 지나갈 확률은 얼마나 될까? 계산 결과 그 확률이 100번에 한 번이었다고 하자. 그렇다면 양자 역학적으로는 100대의 차가 벽돌 벽을 향해 돌진한다면 그 중 한 대를 벽의 저쪽 편에서 볼 수 있다는 것이다. 실제로 전자 공학에서 유용하게 쓰이고 있는 터널 다이오드에서는 전자가 장벽을 투과한다.

핵을 둘러싸는 퍼텐셜 장벽을 핵 입자와 에너지가 투과함으로써 일어나는 방사능 현상은 터널링 효과의 아주 좋은 모델이다. 핵의 퍼텐셜 장벽이란 핵을 이루고 있는 핵자들을 한데 붙잡아 두기 위한 핵력에 의한 것이다. 이러한 핵으로부터 방사능이 방출되는 것은 어떤 외부적인 자극에 의해서 유발되는 것이 아니라 순전히 확률적인 터널링 효과에 의한 것이다. 핵의 방출 확률이 그 방사능 물질의 반감기와 관계되는 것은 이러한 이유에서다. 원자들의 반감기가 길면 길수록 주어진 시간 동안 방출 현상이 관측될 확률은 낮아진다.

입자의 터널링 효과를 파동의 전반사로 유추해서 생각한다면 굳이 확률이라는 개념에만 의지할 필요가 없어진다. 입자는 일시적으로 장벽 속으로 진입한다. 거기서 선호하는 지역을 만나게 되면 입자는 그대로 투과한다. 그러나 그렇지 못하다면 다시 핵 쪽으로 돌아간다. 빛의 일부가 반사되고 일부가 투과되는 것에 대하여 뉴턴이 했던 추측을 상기해 보자. 그는 빛의 빔이 둘로 갈라진다고 보았다. 뉴턴의 이러한 해석은 입자가 일시적으로 장벽 속으로 진입한다는 모형보다는 훨씬 양자론에 가깝다고 볼 수 있다. 양자론은 언제나 개개 입자에 초점을 맞추기 때문이다. 한 개의 입자를 둘로 나눌 수는 없다. 그래서 확률적인 접근이 필요하다. 양자론의 주된 주제 중 하나는 입자와 파동의 이중성이다. 터널 효과의 경우에서 이 이중성은 다음과 같은 두 가지 방법으로 성립한다. (1) 빛의 입자성, 즉 광양자, (2) 입자의 파동성, 즉 드 브로이 파동이 그것이다.

몇 가지 양자론의 기본 원리

위에서 기술한 일곱 가지의 중요한 양자 현상은 양자론의 중요한 원리들을 설명한다. 고전 물리학은 이 중 어느 하나도 제대로 설명하지 못하고 있다. 경우에 따라서는 설명을 못하는 정도가 아니라 전혀 틀리기도 한다. 제9장에서 다루게 되겠지만 양자론에 대해서도 전혀 비판이 없는 것은 아니다. 그러나 오늘날의 물리적 우주를 이해하기 위해서 양자 역학은 꼭 필요하다.

이제까지의 내용들을 정리해 보자. 흑체 복사의 문제에서 양자 가설을 도입하지 않는다면 자외선 파국은 피할 수 없는 결과가 된다. 원자의 스펙트럼 선을 설명하는 데에도 양자화는 필수적이다. 양자론의 열쇠는 양자화의 단위가 되는 플랑크 상수 h다. 플랑크 상수 h가 더 작아서 거의 0에 가깝다면, 즉 우주가 양자화되지 않았다면 원자의 스펙트럼 선들은 연속적이었을 것이다. 결국 고전 물리학이란 플랑크 상수 h가 0으로 접근하는 극한의 경우다. 이를 양자론의 대응 원리라고 한다. 상대성 원리를 설명하면서도 비슷한 경우를 경험했는데 광속에 대한 물체의 속도의 비가 0에 접근할 때 상대성 이론의 방정식들은 뉴턴 역학의 그것들과 같아진다.

파동과 입자의 이중성은 양자론의 또 다른 필수적 요소다. 우리는 파동이 입자처럼 행동하는 두 가지 경우를 살펴보았는데 광전효과와 콤프턴 효과가 그것이다. 또 입자 빔의 회절, 램소어 효과, 터널링 효과와 같이 입자가 파동성을 보이는 경우에 대하여도 살펴보았다. 그러면 어떤 경우에 이렇게 잠재되어 있던 입자성과 파동성 중 특정한 성질이 표출되는 것일까? 그것은 우리가 그들을 관측하는 방법에 의존한다. 빛의 경우를 생각해 보자. 우리가 간섭계를 사용하면 파동성이 나타나고, 광전지를 사용하면 광양자와 같은 입자성이 드러난다. 간섭계의 무늬가 맺히는 부분에 광다이오드를 설치한다면 광전 효과를 관측할 수 있다. 또 다른 예를 들어 보자. 일반적인 조건하에서 입자와 입자가 충돌하는 경우다. 입자의 드 브로이 파장이 서로 일치한다면 램소어 효과를 관측하게 된다. 보어는 이렇게 관측 조건에 따라 파동성도 나타나고 입자성도 나타나는 것을 상보성의 원리라고 불렀다. 이 원리의 정확한 공식화는 물리학자들 사이에서 아직도 논쟁으로 남아 있다.

양자론의 세 번째 중요한 특성은 확률에 의존한다는 것이다. 이에 대한 상세한 논의는 하지 않았는데 수학적으로 너무 깊이 들어가는 것을 피하기 위해서였다. 게다가 여기에는 특별한 통계 법칙이 사용된다. 빅 줄Big Jule의 주사위가 그렇게 간단치는 않다. 실제로 구별할 수 없는 주사위에는 두 가지가 있다. 그 하나는 보스-아인슈타인 통계라고 하는 것이며 또 다른 하나는 페르미-디랙 통계라고 불린다. 모든 소입자는 이 두 통계 법칙 중 어느 하나를 따른다. 이들은 각각 보존, 페르미온이라고 불리는데 말하자면 입자에는 두 가지 종족이 있는 셈이다. 각각의 통계 법칙은 해당되는 입자들을 다룰 때에 유용하게 사용되지만, 그들의 깊은 의미는 사실 이해하기가 매우 난해하다. 확률에 의존한다는 것은 양자 현상의 기술이 다분히 임의적이라는 것을 의미한다. 사망률표는 내년에 얼마나 많은 사람들이 죽게 될 것인지를 예측할 수 있게 해주지만 이 사망자들이 무엇 때문에 죽는지에 대한 이유는 구체적으로 설명하지 못하는 것과 같다.

양자론은 고전 물리학이 보여 주었던 것 이상으로, 원자 세계의 사건들이 서로 밀접하게 연관되어 있다는 사실을 알려 주었다. 이렇게 숨겨졌던 관계 중 가장 잘 알려진 것이 유명한 하이젠베르크의 불확정성의 원리인데 이 원리는 특정한 두 양 사이의 숨겨진 상호 의존성을 보여 준다. 어떤 양을 정확하게 측정하면 외견상으로는 이 양과 전혀 관련 없는 듯이 보이는 또 다른 양의 측정에 한계가 주어지는 것을 피할 수 없다는 것이다. 하나의 쌍이 되는 이 두 양의 곱은 플랑크 상수의 차원, 즉 작용action의 차원이다. 이러한 쌍으로는 운동량과 거리, 에너지와 시간, 또는 각 운동량과 회전각의 세 가지 경우가 있다. 그렇다고 여기에 너무 철학적인 의미를 부여해서는 안 될 것이다. 하이젠베르크의 불확정성의 원리를 한 가지만 적용해 보자. 우리가 입자의 운동량을 어느 정도 불확실성을 가지고 측정했다고 하자. 그러면 동시에 그 입자의 위치를 측정하는 데에 불확실성이 생기는데 이 두 불확실성의 곱은 최소한 플랑크 상수 h 정도의 값을 가져야 한다.

좀 거친 비유가 될지는 모르겠으나 다음과 같은 경우를 생각해 보자. 자동차를 타고 저단 기어로 가파른 언덕을 올라가고 있다. 이 때 자동차의 오르는 능력을 증가시키면 동시에 자동차의 속력은 감소한다. 일종의 교환인 셈이다.

불확정성의 원리가 쉽게 납득되지 않는 것은 사실이다. 아인슈타인도 이 불확정성의 원리에 위배되는 예를 찾기 위하여 노력했는데 그 몇몇 예들은 흥미를 끌 만하다. 그러나 그것들은 결국 맥스웰의 악마가 열역학 제2법칙을 위배하는 것처럼 성공적이지 못했다. 아인슈타인은 자신의 패배를 인정해야 했다. 그러나 아인슈타인은 양자 역학적 모델이 불완전하다는 신념만큼은 끝까지 버리기를 거부했다. 양자론의 완전성에 만족하는 물리학자와 그 반대로 또 다른 무엇인가가 틀림없이 있을 것이라고 확신하는 물리학자들을 구분짓는 아주 좋은 예가 이른바 슈뢰딩거의 고양이다.

슈뢰딩거의 고양이

플랑크 상수가 매우 작은 값이기 때문에 양자론에 대한 역설들은 주로 원자 세계로 한정된다. 그러나 원자 세계의 사건이 계기가 되어 거시적인 사건으로 연결되는 상황을 설정해 볼 수는 있을 것이다. 슈뢰딩거는 다음과 같이 한 재미있는 이야기를 기술하고 있다.

한 고양이가 무시무시한 철제 상자 안에 가두어져 있다. 상자 안에는 방사능 물질과 함께 그 붕괴를 감지할 수 있는 가이거 계수기가 들어 있는데 이 방사능 물질이 한 시간 내에 붕괴할 확률이 50퍼센트라고 한다. 한 시간 내에 방사능 물질이 붕괴된다면 가이거 계수기가 이에 반응하여 청산가리가 든 플라스크를 망치로 깨뜨리게 되어 있다. 이 철제 상자를 그대로 약 한 시간 동안 방치했다고 하자. 어떤 사람은 그 동안 방사성 원소가 붕괴되지 않았으므로 고양이는 아직 살아 있을 것이라고 말할 것이다. 붕괴가 일어났다면 고양이는 청산가리를 마시고 죽었을 것이다. 따라서 전체 계의 Ψ함수는 고양이가 살아 있는 경우와 죽은 경우를 모두 포함하게 되는데, 즉 고양이의 생사는 그 안에 동일한 확률로 혼재 또는 스며들어 있다.

'Ψ함수'란 슈뢰딩거 방정식에서 파동 함수를 나타낸다. 이 함수는 각각 가능한 두 가지 결과에 대한 확률을 나타낸다. 그러나 관측에 의해 그 결과가 나타나기 전까지는 이 방정식은 혼재되어 있는 상태를 나타낸다.

슈뢰딩거의 고양이를 다루는 양자론적인 방법론은 그야말로 수많은 토론과 논쟁의 불씨가 되었다. 슈뢰딩거의 고양이는 다음과 같은 수수께끼의 양자론적 상황이다. "숲에서 한 나무가 쓰러졌다. 그런데 아무도 그 소리를 듣지 못했다면 나무가 쓰러지는 소리는 난 것인가 아니면 안 난 것인가?" 이런 상황을 해석하는 데는 적어도 다음과 같은 다섯 가지 방법을 생각할 수 있다.

1. 뉴턴적(상식적) 견해: 대상물의 실체는 관측자로부터 완전히 독립되어 있다. 고양이는 죽었든지 아니면 살아 있든지 둘 중 하나이며, 어느 것이 옳으냐 하는 지식은 우리에게 주어지지 않았다. 아인슈타인이 지적했듯이 공간적으로 서로 떨어져 있는 것들같이 서로 독립적인 실체를 부정하는 것은 '전적으로 받아들이기 힘들다'. 관측자와 고양이는 공간적으로 멀리 떨어져 있으므로 각각 독립적인 실체다.

2. 양자적(상보적) 견해: 고양이의 상태는 그의 파동 함수에 의해 표현된다. 이 함수는 관측이 이루어지기 전까지 결정되지 않는다. 한 상태는 다른 상태가 없어지는 것으로서 매우 잘 정의되는데 그것은 계가 측정 기구, 즉 관측자와 서로 상호 작용을 하기 때문이다(아마도 고양이 자신이 '측정 기구' 역할을 하거나 또는 가이거 계수기가 그 역할을 할 수 있다). 이러한 상황은 마치 야구 심판이 스트라이크 선언을 하는 것과 같다. "내가 스크라이크 선언을 하기 전까지는 이 공은 아무것도 아니다."

3. 여러 세계의 관점: 방사선 입자의 방출은 '실재實在'를 두 개의 세계로 갈라 놓는다. 또 우리가 상자 안을 보는 행위도 현실을 두 개 이상의 세계로 갈라놓는다(한 세계에서는 고양이가 살아 있고 또 다른 세계에서는 죽어 있다). 이런 모든 가능성들이 존재한다. 수천억조의 실재들이 존재한다. 위의 전통적인 양자적 관점에서처럼 파동 함수의 항들은 사라지거나 붕괴되지 않는다.

4. 통계적 관점: 표본과 완전하게 동일한 수많은 다른 계에 대해 파동 함수를 적용할 수 있다. 시간이 흐를수록 고양이가 죽어 있는 계의 숫자가 늘어나고(고양이가 죽을 확률이 증가하므로) 반대로 고양이가 살아 있는 계의 수는 줄어든다. 우리가 관측을 하면 실제적인 결과가 도출되는데 이는 곧 확률적인 상황이 하나의 실제적 결과로 대치되는 것이다. 동전 던지기와 상황이 유사하다.

5. 실재(존재)란 정도의 문제라는 관점: 우리는 고양이뿐만 아니라 고양이에 대한 우리의 관측에도 관심이 있다. 우리가 더 많은 정보를 가지면, 고양이가 살아 있을(또는 죽어 있을) 정도가 상대적으로 증가하게 된다. 파동 함수는 두 개의 항을 갖는데, 각 항은 방사능 물질이 붕괴하거나 또는 붕괴하지 않을 확률을 각각 나타낸다. 방사능 붕괴에 대한 모든 가능한 정보를 가지고 있다는 가정을

버린다면 그런 역설은 사라진다. 우리는 단순히 주사위만 던져 보면 되는 것이다.

　상식적 견해는 우리가 상자 안을 들여다보는지에 관계없이 고양이는 어떤 상태로 있다는 것을 의미한다. 정보란 물리적 우주 속의 어떤 대상에 대한 객관적인 상태를 나타내는 것이지 관측자의 주관과는 무관하다. 상보적인 해석은 최종적인 상태만을 물리적 실재로 여기는 실수를 범했다. 여러 세계의 관점은 일부의 물리학자들에게 지지를 받기도 했지만 주관적 의미를 제외한 모든 물리적 의미를 빼앗아 갔다는 점에서 동양 철학의 경우와 비슷하다. 통계적 견해는 양자론이 비록 정확하지는 않지만 분명한 해답을 제시하고 있다는 사실을 간과했다. 통계적 결과란 각각의 개별적인 시도에 대한 최종 결과로 사용될 수 없으며 다만 최종 결과에 대한 가능한 정보만 제공해 준다. 다섯 번째 견해는 소수의 견해이자 나의 개인적인 견해다.

　슈뢰딩거의 고양이에 대한 논쟁은 마치 물리학자들이 실내에서 서로 잡담을 늘어놓고 있는 듯이 들릴지도 모르겠다. 그러나 슈뢰딩거의 고양이는 무인도와 같기는 하지만 물리적 실체에 관한 철학적 논쟁의 중심에 위치하고 있는 것이 분명하다. 첫째로, 고양이 문제는 매일매일의 거시적인 현실 세계와 미시적인 원자 세계와의 장벽을 양자론적인 규칙으로 허물어 버렸다. 오랫동안 물리학자들은 그 두 영역 사이에 경계를 분명히하려고 노력해 왔다. 그러나 몇몇 양자적인 현상은 고양이 만한 크기의 현실 세계에서도 직접 관측이 가능하게 되었다. 초전도 현상, 초유체 그리고 저온에서 고체의 비열 등이 그 예다.

　두 번째로, 슈뢰딩거의 고양이는 물리적인 실체가 확률적으로만 주어지는 것이 무엇을 의미하는지를 극단적으로 보여 주고 있다. 슈뢰딩거 방정식은 장에 대한 방정식이며, 이 장의 변수는 확률이다. 장으로의 여정에서 우리는 힘을 기술하는 장들, 즉 중력장, 전기장, 자기장 그리고 온도나 색깔과 같은 물리적인 장들도 다루었다. 그러나 슈뢰딩거 방정식이 다루고 있는 장의 변수란 다소 개념이 상이하다. 게다가 이 변수는 주기적인 성질을 가져서 보강 또는 상쇄 간섭을 일으키기도 한다.

세 번째로, 슈뢰딩거의 고양이는 아인슈타인의 비판의 대상이 되었던 양자론의 완전성 문제를 제기했다. 폰 노이만John Von Neumann과 같은 양자론의 이론가들은 모든 가능한 물리적 정보들이 슈뢰딩거 방정식 속에 포함되어 있다는 믿음에 대한 증거들을 제시했다. 양자론의 이론들이 강력하고도 아주 성공적이어서 더 이상 필적할 만한 이론이 없기 때문에, 또 다른 숨겨진 인과 관계란 있을 수 없다는 것이다.

고양이에 관한 이상의 세 가지 논점에 대하여는 제9장에서 또다시 언급될 것인데, 특히 이 세 가지가 내포하고 있는 것들이 어떻게 하나의 관점으로 초점이 맞추어지는가에 관심을 가질 것이다. 다소 서두른 감이 없지 않으나 이상으로 양자론의 여정을 마치려고 한다. 다만 여기서 다루지 못한 양자적 효과들은 아직 무수히 많다는 사실을 언급해 둔다. 몇 개만 나열해 본다면 홀Hall 효과, 조지프슨Josephson 효과, 램Lamb 이동, 뫼스바우어Mössbauer 효과, 슈타르크Stark 효과, 그리고 제만Zeeman 효과 등이 있다. 그렇더라도 양자론에 의한 지적 혁명을 기술하기에는 충분한 분량이 제시되었다고 믿는다. 그러나 한 이론이 물리적인 실험 결과들과 잘 일치하기는 하지만 그들의 깊은 내용을 설명해 주지는 못하는 것일 때, 우리가 이 이론에 대하여 만족하고 말아야 하는지에 대한 문제는 아직까지 남아 있다. 실험 결과와 체계적인 일치, 그리고 그 결과의 예측 가능이 완전한 과학 이론으로서의 충분 조건은 아니기 때문이다. 이러한 생각을 가장 강하게 드러내 놓고 주장하는 과학자 중 한 사람이 바로 아인슈타인이다. 그는 특수 상대성 이론을 발표한 이후 줄곧 그 이론의 제한적 요소들에 만족할 수 없었으며 홀로 11년이라는 시간을 재투자하여 일반 상대성 이론을 탄생시켰다. 이러한 면에서 아인슈타인은 과학자들에게 위대한 모범이 되고 있다.

7
일반 상대성 이론

특수 상대성 이론은 뉴턴의 제1법칙과 마찬가지로 등속 직선 운동에만 적용된다는 제한이 있다. 따라서 가속도 운동의 경우, 특히 지구의 자전과 같은 회전 운동에서의 상대성 원리(한 물체의 운동은 관측자의 운동에 따라 상대적이라는 것)에는 적용될 수 없다. 그렇다면 물체가 회전하고 있는지 아닌지를 다른 물체와의 관계를 생각하지 않고 정확하게 말하는 것은 과연 불가능한가? 회전하고 있는 물체에 작용하는 원심력은 특히 액체인 경우 더욱 분명하게 나타나는데, 이는 곧 비어 있는 절대 공간에 대한 상대적인 회전 운동 때문이다. 이것이 뉴턴의 견해였으며 이러한 견해는 아인슈타인이 상대성 원리가 모든 운동에 적용될 수는 없다고 의심을 품기까지 믿어져 왔다.

뉴턴의 시대에는 빈 공간이 갖는 성질에 대하여 여러 가지 논란이 있었다. 뉴턴과 동시대의 인물인 라이프니츠는 뉴턴이 그의 저서 《프린키피아》에서 제시한 빈 공간이 물리적 성질을 내포하고 있다는 개념에 반대했다. 라이프니츠에게 공간은 자신이나 유클리드와 같은 수학자와 철학자의 영역이었다. 비어 있는 공간이 빛과 같은 파동이 전달될 수 있거나 중력이 작용할 수 있도록 에테르로 채워져 있는지는 해결되지 않은 문제였다. 뉴턴은 자신의 견해가 옳다는 것을 보이기 위해 다음과 같은 사고 실험을 해보았다. 사고 실험이란 실제로 해보지 않고 단순히 논리적인 전개를 통해 수행하는 실험을 말한다. 이 실험은 뉴턴의 물통이라고 알려져 있다.

물이 담긴 통을 줄에 매달고 손으로 통을 돌려 줄이 꼬이도록 한다. 이와 같은 상태에서 물통을 놓으면 줄의 꼬임이 풀리면서 통은 역방향으로 회전할 것이다. 다음과 같은 다섯 가지 단계를 생각해 보자.

1. 물통을 놓기 전까지 물통과 그 속에 들은 물, 또 지구 사이의 상대적인 운동은 없다. 그리고 통 속의 물 표면은 평평하다.
2. 물통을 놓으면 회전하기 시작한다. 통의 벽은 매끄러워서 벽과 물 사이에 마찰이 매우 작다. 따라서 통이 막 회전을 시작했을 때 물은 관성(뉴턴의 제1법칙)에 의해 움직이지 않는다. 물통 벽이 물을 스쳐 지나가는 동안 물은 움직이지 않는다. 물이 움직이지 않기 때문에 물과 물통 사이의 상대적인 운동이 있다 하더라도 물의 표면은 평평하다.
3. 그러나 물과 물통 벽 사이의 마찰이 작기는 하지만 완전히 무시할 수는 없다. 이 마찰력이 점차 물이 물통과 함께 회전하도록 작용한다. 더 이상 물과 물통 사이의 상대적인 운동은 없다. 그리고 물의 표면은 원심력 때문에 포물선 모양으로 오목해진다.
4. 줄은 풀리고 물통은 정지하게 되지만 회전하고 있는 물은 관성으로 인해 계속 회전한다. 물과 물통 사이에 다시 상대적인 운동이 있게 되지만 이 때 물의 표면은 오목하다.

5. 모든 것이 정지하게 되고 위의 1번 상태인 초기 상태로 되돌아온다.

왜 물 표면이 오목해질까, 그것은 물이 지구에 대해 상대적으로 움직이고 있기 때문일까, 아니면 물통 혹은 에테르에 대해서 상대적으로 운동하기 때문일까? 위와 같은 실험을 멀리 우주 공간에 떠 있는 우주선 속에서 한다고 하더라도 같은 결과를 기대할 수 있다. 따라서 그 대답은 에테르에 대해서 상대적이라고 해야 옳을 것이다. 물이 절대 운동을 하는 것으로 이해된다.

등속 직선 운동에서는 상대성 원리가 적용된다. 그러나 가속 운동은 그렇지 않다. 다른 예를 들어 보자. 차가 갑자기 앞으로 가속하면서 출발하거나, 급브레이크를 밟으면서 서거나, 또는 갑자기 코너를 돈다면(이들은 모두 일종의 가속도 운동이다) 차 안의 승객들은 창을 통해 그 밖의 기준계를 내다보지 않고서도 이 차가 어떤 운동을 하고 있는지 알 수 있다.

이것은 물리의 영역이 크게 두 부분으로 나뉜다는 것을 의미하는데 그 중 한 영역에서만 상대성 이론이 적용된다. 그러나 물리학자들은 이런 이원론을 싫어한다. 특수 상대성 이론도 결국은 기계적인 신호(탄도학)와 빛의 신호(광학)라는 이원론을 제거하고자 하는 노력이 계기가 되었다. 아인슈타인은 이와 유사한 과정이 가속도 운동을 하는 계에도 동일하게 적용될 수 있기를 희망했다. 회전 운동을 하고 있는 기준 틀에도 동일하게 적용되는 보다 일반적인 상대성 원리를 추구했던 것이다.

처음에 혹자는 뉴턴의 법칙과 특수 상대성 이론 그리고 맥스웰의 전자기장에 관한 방정식을 적당히 혼합하면 될 것이라고 기대했다. 그러나 문제는 그리 간단하지 않았다. 11년이라는 세월이 지난 후에 아인슈타인은 뉴턴과 맥스웰의 그것과는 전혀 다른 새로운 개념의 중력장 이론을 만드는 데 성공했다.

더 나가기 전에 뉴턴의 견해를 다시 생각해 보자. 원심력은 실질적인 힘이다. 이는 회전하고 있는 관측자에게 나타나는 일종의 환상이 아니라는 말이다. 아마도 원심 분리기를 사용해 본 사람이라면 누구라도 이에 대한 증언을 할 수 있을 것이다. 지구의 자전으로 인해 지구는 적도 부근의 반지름이 극 지점의 반지름에 비해 13마일 정도로 긴 넓적한 모양이다. 이러한 지구의 일그러짐과 같은 현상을 자전하고 있는 화성에서도 마찬가지로 볼 수 있다.

지구가 하루에 한 바퀴가 아니라 한 시간에 한 바퀴씩 자전한다면 어떻게 될까? 아마도 적도 부근의 열대 지방에 사는 사람들은 하늘 위로 막 날아오를 것이다. 정말 그렇다. 회전하고 있는 물체의 원심 가속도에 대한 공식은 다음과 같이 속도의 제곱을 회전 반지름으로 나눈 것이다.

$$a = \frac{v^2}{r}$$

지구의 둘레는 기억하기 쉽다. 프랑스 파리를 지나는 지구 둘레의 4분의 1, 그리고 다시 그것의 1000만 분의 1의 길이를 1미터라고 정의했기 때문이다. 따라서 지구의 둘레는 4×10^7미터이며 반지름은 이를 다시 2π로 나눈 것이다. 지구의 중력에 의한 중력 가속도는 $9.8 m/s^2$이다. 이는 지구를 향해 자유 낙하하는 물체뿐만 아니라 지구의 중력권에서 탈출하는 물체에도 똑같이 적용된다. 자, 그러면 지구가 하루에 한 바퀴 자전한다는 사실로부터 지표면의 속력을 계산한 다음, 이로부터 지표면이 이러한 속도로 움직이고 있을 때의 원심 가속도를 계산해 보자. 계산 결과를 지구의 중력 가속도와 비교하면 지구가 지금보다 17배 더 빠른 속도로 회전해야 원심 가속도가 지구의 중력 가속도 $9.8 m/s^2$에 이른다는 것을 알 수 있다. 같은 내용을 다음과 같이 설명할 수도 있다. 지구가 시간당 1회전을 하면 적도 지방에서 지표면은 시간당 2만 5000마일의 속도로 움직인 것이다. 우주선을 우주로 날려보낼 때 시간당 약 1만 8000마일의 속도면 지구에서 떠나 보내기에 충분한 속도다. 지구가 한 시간에 한 바퀴씩 회전한다면, 다시 말해서 자전 속도가 지금보다 24배 빨라진다면 적도 부근의 사람들은 원심력에 의해 모두 우주 공간으로 날아가 버릴 것이다. 사람들이 신발 속에 무거운 납을 넣는다면 땅에 머물러 있는 데 도움이 될까? 그렇지 않다. 무거운 물체나 가벼운 물체나 중력에 의해 똑같은 크기로 가속된다는 것을 기억해야 한다.

　사람들이 땅 위로 날아오른다면 그들은 접선 방향으로 날아오를까 아니면 곧게 날아오를까? 이에 대한 내용은 제1장 우주 비행사에 대한 뉴턴의 법칙에서 이미 다루었다. 그 답은 관측자가 함께 회전하고 있지 않다면 접선 방향으로, 함께 회전하고 있다면 곧게 위로였음을 기억할 것이다. 즉, 우리는 우리의 동료들이 하늘 위로 곧게 날아오르는 것을 보지만, 화성인들은 지구와 접선 방향으로 날아가는 것을 관측하게 될 것이다. 이와 같이 원심력에도 일종의 상대론이 적용되고 있음을 알 수 있다. 이렇게 동료들이 접선 방향으로 날아가는 것은 움직이는 방향으로 계속 움직이려고 하는 관성 때문이다. 따라서 우리는 우리의 관찰 위치를 회전하고 있지 않는 기준계로 바꾸어 줌으로써 원심력이라는 힘이 나타나지 않도록 할 수 있음을 알게 되었다.

　그 외에도 우리가 관찰할 수 있는 또 한 가지 재미있는 것이 코리올리Gaspard Coriolis의 힘이다. 열대 지방에서 지표면의 공기는 복사열로 인해 뜨거워지며, 뜨거워진 공기는 상승하여 높은 곳에서 사방으로 흩어진다. 이 중에서 북쪽으로 흩어지는 공기를 생각해 보자. 그것은 잠시 후 냉각되고 지표면 부근으로 다시 내려온다. 그러나 적도보다 조금 북쪽에 있는 지표면의 회전 속도는 적도에서보다 약간 느리다. 따라서 내려오는 공기의 회전 속도가 지표면의 속도에 비해 조금 빨라진다. 이것이 바로 편서풍이 부는 원리다. 그러나 실제로 이 바람을 밀어 주는 힘이 존재하는가? 그 대답은 당신이 어느 기준계에서 관찰하고 있는가에 달려 있다.

적당한 기준계를 잡아 줌으로써 원심력이라는 힘이 나타나지 않도록 할 수 있다면, 중력에 대해서 이와 똑같은 일이 가능하지 않겠는가? 제1장에서 우리는 무중력 상태에 대한 논의를 한 적이 있는데, 자유 낙하하는 계에서는 중력이 없는 것같이 느껴짐을 알았다. 무중력 상태란 물론 질량에 작용하는 중력이 없는 상태를 말한다. 자유 낙하하는 승강기 안에 타고 있는 사람이 그가 들고 있던 총을 손에서 놓아도 그것은 그의 발 위에 떨어지지 않는다.

어떤 물체에 힘이 작용하고 있는지 우리는 어떻게 알 수 있는가? 물체가 가속되는 사실로부터 알 수 있다. 이러한 힘은 어디로부터 기인된다고 믿는가? 가속도 운동을 하고 있다는 사실로부터다. 이 순환되는 논쟁은 아인슈타인을 혼란에 빠뜨렸다. 심지어 헤르츠Gustav Hertz 같은 사람은 힘을 역학에서 제거하려는 시도를 해보았다. 이와 유사한 노력으로 마흐Ernst Mach와 같은 이는 관성 운동이 절대 공간에 대한 상대적 개념이 아니라 모든 우주의 질량의 중심, 다시 말하면 별들에 대한 상대적 개념이라는 시도를 전개했으며 이는 아인슈타인에게 많은 감명을 주었다. 아인슈타인은 공간이 물리적인 특성을 갖지만 물리적 조건에 따라 공간 자체가 영향을 받지는 않는다는 개념에 반대했다. 그는 중력의 원인이 이 계의 바깥 쪽에 있을 것이라고 결론지었다.

아인슈타인은 통일장 이론의 시작점을 관성과 중력이라는 두 개념을 연결시키는 데 둔다. 뉴턴을 포함한 어느 누구도 이 두 물리 개념 사이의 분명한 인과 관계를 찾지 못했다. 단지 뉴턴은 이 둘이 아주 이상하게도 서로 일치하고 있음을 관찰했다. 어떤 물체의 관성 질량(속도 변화에 대한 저항의 척도)이 이 물체와 다른 물체 사이에 작용하는 만유 인력으로부터 측정한 중력 질량과 정확히 같았던 것이다. 제1장에서 이렇게 물체의 관성 질량과 중력 질량이 같음으로 인해 무거운 물체와 가벼운 물체가 같이 떨어진다는 것을 보여 주었음을 기억할 것이다. 아인슈타인은 이 유사성을 등가 원리로까지 끌어올렸다. 물체의 관성 질량과 중력 질량은 같은 것에 대한 서로 다른 두 가지 표현에 불과하므로 같은 것은 당연하다는 것이다. 중력과 관성은 같은 기본 현상에 대한 다른 표현이다. 실제 실험적인 측정에 의하면 중력 질량과 관성 질량의 양적인 등가성은 10^9분의 1까지 정확하게 같다.

　아인슈타인은 뉴턴의 물통 실험이 틀렸음을 증명하기 위해서가 아니라 그에 대한 비교로서 다음과 같은 사고 실험을 제시했다. 아인슈타인은 우주 공간에 매달린 승강기를 이용했다. 승강기 안에 한 사람이 타고 있다고 하자. 이 사람은 밖을 내다볼 수 없지만 승강기 안에서 물체가 떨어지는 것을 측정할 수는 있다. 그는 물체가 떨어지는 것에 대하여 지구가 그의 아래에 있으며 지구의 중력이 물체를 아래로 끌어당기고 있기 때문에 물체가 낙하한다고 생각할 것이다. 이 경우에는 물체에 중력이 작용하고 있으며 승강기는 고리에 걸려 지구 위에 정지해 있다. 이번에는 다음과 같은 경우를 생각해 보자. 승강기는 저 멀리 우주 공간에 놓여 있어 어느 물체에도 중력이 작용하지 않는다. 그러나 위에서 로켓이 승강기를 위쪽으로 일정한 가속도를 가지고 끌고 올라가고 있다. 이 경우에도 역시 승강기 안에서는 물체가 아래로 떨어질 텐데 이는 관성 때문이다. 관성 때문이든 중력 때문이든 간에 물체는 연직鉛直 아래로 떨어진다. 등가 원리가 적용된다면 승강기에 타고 있는 사람은 이 두 가지 경우를 구별할 수 있는 어떠한 측정 수단도 없다.

이론적으로는 무척 단순해 보인다. 그러나 불행하게도 승강기 안에 타고 있는 사람은 다음과 같은 세 가지 실험 또는 측정을 통하여 중력과 관성을 구분할 수 있다. 또 우리는 이러한 세 가지 실험을 잘 검토하여 봄으로써 어려운 수학을 개입시키지 않고서도 이 이론의 핵심을 꿰뚫어 볼 수 있다.

첫째, 이 사람은 두 개의 물체를 하나는 승강기의 한쪽 벽 근처에서, 다른 하나는 그 맞은편 벽 근처에서 나란히 평행으로 떨어뜨린 후 그 궤적을 측정한다. 두 물체를 밑으로 잡아당기는 힘이 지구의 중력이면 이 사람은 두 궤적이 완전한 평행선이 아니라 밑으로 내려갈수록 아주 조금씩 서로 가까워지는 것을 관측할 수 있게 된다. 이는 물론 중력의 방향이 구 모양으로 생긴 지구의 중심 방향을 향하고 있기 때문이다. 그러나 승강기가 로켓에 의해 위쪽으로 끌어올려지는 경우라면 낙하하고 있는 두 물체의 궤적은 서로 정확히 평행일 것이다.

둘째, 그가 승강기 내에서 낙하하고 있는 물체의 가속도를 측정할 때 그것이 지구의 중력에 의한 것이라면 가속도는 천장 부근보다 바닥 부근이 약간 커질 것이다. 이것은 승강기의 바닥이 천장보다 지구에 더 가깝기 때문이고, 따라서 낙하하는 물체에 작용하는 지구로부터의 중력이 더 크기 때문이다. 그러나 승강기가 로켓에 의해 위쪽으로 끌어올려지고 있다면, 가속도는 승강기 안쪽의 각 부분에서 모두 같아야만 한다.

셋째, 이 사람이 승강기를 가로질러서 수평으로 빛을 비춘다면 빛은 질량이 없으므로 중력이 빛의 경로에 아무 영향을 주지 않는다. 따라서 빛은 일직선으로 승강기 맞은편 벽에 도달할 것이다. 그러나 승강기가 로켓에 의해 위쪽으로 끌어올려지고 있다면, 빛은 맞은편 벽의 바닥 쪽으로 더 아래쪽에 도달할 것이다. 이는 특수 상대성 이론의 길에서 별의 광행차를 논했을 때와, 움직이는 배를 향해 포탄을 발사하는 경우와 유사하다. 그러나 이 두 가지 효과는 비슷한 것 같지만 사실은 아주 다르다. 배는 균일한 속도로 운동하고 있지만 승강기는 가속도 운동을 하고 있기 때문이다.

대부분의 사람들은 이 정도 시점에서 아마도 기권했을 것이다. 그러나 아인슈타인은 다른 사람들과는 달랐다. 그는 궁극적으로 이러한 세 가지 차이점을 극복하는 수학적 이론을 공식화하는 데 성공했다. 그는 다음과 같이 쓰고 있다.

관성과 중력이 본질적으로 동등하다는 것, 그리고 그러한 동등성을 수학적으로 설명할 수 있다는 가능성이 바로 일반 상대성 이론이다. 나의 신념에 의하면, 이 새로운 이론을 고전 역학적인 개념과 비교할 때 그 우월성은 그것을 전개하는 데서 겪었던 어려움은 접어 두고라도 너무나 과소 평가되고 있음에 틀림없다.

아인슈타인은 앞에서 언급한 세 가지 실험만을 근거로 이론을 전개하지는 않았다. 대신 그는 사차원의 비非유클리드 기하학을 사용했다. 우리는 그 모든 수학적인 과정을 낱낱이 따라가 보지는 않을 것이다. 다만 그것이 의미하는 몇 가지 핵심적인 내용을 언급하고자 한다.

처음 두 가지 실험에서 볼 수 있듯이 일반 상대성 이론은 무한히 작은 영역에 적용되는 이론이다. 다시 말해서 승강기 안에서 관성과 중력의 동등성이 인정되려면 상대성 이론이 적용되는 승강기라는 공간의 크기는 무한히 작아야만 한다. 그래야만 떨어지는 두 물체의 궤도가 평행에서 벗어나는 정도라든지, 물체가 떨어질 때 위아래에서의 가속도의 차이 같은 양이 0으로 수렴하고 따라서 두 계 사이의 차이점이 없어지기 때문이다. 즉, 일반 상대성 이론은 지엽적인 장 이론이며, 사차원 공간의 물리적인 성질은 그 위치에 따라 달라진다.

세 번째 실험은 일반 상대성 이론이 특수 상대성 이론의 확장이라는 점을 지적하고 있는데, 이는 빛이 에너지를 가질 뿐만 아니라 유명한 에너지-질량의 관계식 $E=mc^2$에 따라 질량을 가지며 이로 인해 중력의 영향을 받게 된다는 사실을 고려한 것이다. 중력의 영향으로 인해 앞의 승강기 실험에서 중력장에 놓여 있는 승강기에서도 빛이 두 벽 사이를 가로질러 갈 때 로켓에 의해 가속되고 있는 승강기에서와 정확하게 같은 정도로 빛의 궤도가 휘어야만 한다. 그러므로 일반 상대성 원리의 방정식은 중력장의 크기가 이러한 가속도에 의한 영향과 잘 일치하도록 세워져야 한다. 이 이론의 기본적인 틀은 바로 중력과 관성의 등가 원리다. 별에서부터 오는 빛이 태양 근처를 지나쳐 올 때 그 궤도가 태양 쪽으로 약간 휜다는 사실을 우리는 일식 현상을 통해 관찰할 수 있다. 이는 그 별과 태양이 서로 다른 위치에 있는 계절을 통하여 그 정확한 위치를 추적해 감으로써 가능하다. 이렇게 측정을 통해서 관찰된 빛의 휘는 정도는 약 2초 정도로, 거의 측정 오차의 한계를 겨우 벗어나는 정도의 값이다. 따라서 이 실험이 일반 상대성 이론의 명확한 증거로서 역할할 수 있기에는 무리가 있다.

일반 상대성 이론의 보다 가시적인 효과는 행성 궤도의 교란에서 볼 수 있다. 행성의 타원 궤도는 뉴턴의 이론이 예측하듯이 완전히 고정되어 있는 것이 아니다. 타원면 전체가 또다시 태양을 중심으로 천천히 돌고 있다. 다시 말하면 타원의 장축 방향이 천천히 회전하고 있다는 말이다. 이러한 효과는 수성의 경우에서 가장 잘 나타나고 있는데, 이는 그 원리를 설명해 줄 수 있는 상대성 이론이 등장하기 이전에 이미 관찰되었던 사실이다.

이 이론의 세 번째 가시적인 효과는 별에서 빛이 방출될 때 그 빛을 방출하는 원자에 작용하는 별의 중력으로 인해 방출되는 빛의 파장이 길어진다는 것이다. 이러한 현상을 빛의 중력 적색 편이 gravitational red shift라고 부르는데 이는 제5장에서 언급했던 도플러 적색 편이와 분명히 다른 현상이다. 태양의 경우 이러한 중력 적색 편이는 매우 작다. 그러나 밀도가 매우 큰 별로부터 오는 빛에서는 이러한 현상이 실제로 관찰된다. 지구에서도 중력장이 아주 작음에도 불구하고 뫼스바우어 효과라는 양자적인 속임수를 사용하면 같은 현상을 관찰할 수 있다.

이렇게 일반 상대성 이론에 의한 효과를 관찰할 수 있는 경우들은 몇 가지 안 되지만 그것이 우리의 시간과 공간에 대한 개념에 미치는 영향은 적지 않다. 시간과 공간은 유클리드 공간처럼 반듯하게 배열되어 있다기보다는 오히려 일그러지고 구부러져 있는 것으로 이해된다. 어떤 물체가 다른 물체와의 만유 인력에 의해 낙하할 때 그 경로는 가능한 한 가장 짧은 길을 택한다. 지구와 같이 만유 인력의 크기가 아주 작다면 그 궤적은 거의 직선이 될 것이다. 직선이야말로 두 점 사이를 잇는 가장 짧은 경로이기 때문이다. 빛도 중력장의 크기가 그리 크지 않을 때는 역시 직진한다. 가장 짧은 경로를 우리는 측지선이라고 부르는데 물리학에서는 이렇게 어떤 물리량이 가능한 한 최소의 값 ─ 경우에 따라 최대값이 될 때도 있는데 ─ 을 가지려는 경향이 있다. 서로 다른 매질 속을 빛이 진행할 때 적용되는 페르마의 원리가 바로 그러한 예다. 일반 상대성 이론도 바로 이러한 한 예에 속한다. 나머지 경우에 대하여는 제9장에서 언급하기로 하자.

  자기력이 전기적인 힘의 특별한 경우에 불과하다는 사실이 특수 상대성 이론에 의해 잘 알려진 것처럼, 중력이 특별한 관성력에 불과한 것이라면 얼마나 좋았겠는가? 그러나 중력은 어떤 상대적 운동이 없는 두 질량 사이에도 존재한다. 반면에 자기력은 전하들 사이에 상대적 운동이 없을 때는 존재하지 않는다. 중력에 대한 열쇠는 운동이 아니라 시간과 공간의 구부러짐에 있다. 다시 말하면 중력과 관성은 동등하다. 그러나 완전히 같지는 않다. 그들은 500원짜리 동전 두 개와 1000원짜리 지폐처럼 동일한 성질을 가지며 그 크기가 같은 것이다.

  일반 상대성 이론의 가장 놀랄 만한 예견 중 하나는 완전히 붕괴된 별들에 관계된다. 빛이 별의 엄청난 질량으로 인해 원에 가깝게 휜다면 이 빛은 영원히 이 별의 주위를 맴돌며 밖으로 빠져나갈 수 없게 된다. 아니면 거대한 질량으로 중력 적색 편이 현상에 의해 빛의 진동수가 0으로 접근하게 될 수도 있다. 파동의 진동수가 0이 된다는 것은 곧 존재하지 않는 것이다. 대부분의 천문학자들은 이러한 일이 가능할 정도로 엄청난 밀도를 갖는 붕괴된 별들이 있다는 것을 믿는데 이러한 별들을 블랙홀이라고 부른다. 그것들은 검지만 그렇다고 구멍은 아니다. 사실 그것들은 엄청난 밀도의 질량을 가지고 있으며 그들에 접근하는 기체 분자들을 비롯해 모든 것을 빨아들이기 때문에 구멍과는 개념적으로 정반대가 된다. 블랙홀로부터는 어떠한 정보도, 심지어 빛까지도 탈출해 나올 수가 없기 때문에 우리는 단지 그것들 근처에서 나타나는 효과를 관찰함으로써 블랙홀을 찾을 수 있다고 믿는 것이다.

특수 상대성 이론에 의하면 거리와 시간 간격이란 속도에 따라 달라진다. 이러한 관계는 사실 이전에는 전혀 알려지지 않았었다. 또 질량과 에너지도 그 유명한 공식 $E=mc^2$에 의해 동등하다는 것을 알고 있다. 일반 상대성 이론은 더 나아가 질량에 의해 그 주변의 공간들이 달라진다는 사실을 말해 준다. 이 얼마나 놀라운 관계인가? 그러므로 일반 상대성 이론은 '공간은 완전히 비어 있다'는 라이프니츠의 주장을 배격한다. 공간은 뉴턴이 그의 물통 실험에 내포시켰던 것과 같은 훌륭한 유클리드 장은 아닐지라도 물리적인 장임에는 분명하다.

아인슈타인은 장의 개념이 전기적인 현상을 포함하여 모든 물리적인 현상에 확장될 수 있기를 원했다. 기대하는 마음으로 그는 이러한 장을 '통일장 이론'이라고 불렀다. 그러나 맥스웰의 방정식은 일반 상대성 이론의 방정식과 매우 다르다. 그리고 아직까지는 누구도 그것들을 연결시키는 데 성공하지 못했다. 많은 물리학자들이 아인슈타인도 그것을 성공시키지 못했음을 주목하면서, 과연 그러한 이론이 가능한지에 대해 회의를 가지고 있다.

다음 장에서 우리는 과학적 사고라는 측면에서 가히 혁명적이라고 볼 수 있는 양자론과 상대론 이후에 물리학이라는 학문이 거쳐온 몇 가지 여정을 돌아볼 것이다. 우리가 그들을 샅샅이 훑어보지 못하는 것은 그것들이 양적으로 엄청난 분량일 뿐만 아니라 대부분의 것들이 고도의 수학적, 기술적 기초가 있어야 이해할 수 있기 때문이다. 그렇더라도 몇 가지 숨겨졌던 놀라운 관계들을 밝히는 데는 어려움이 없을 것이다.

8
또 다른 길들

핵물리학

고대 그리스 철학자들은 물질을 계속 더 작은 조각으로 쪼개 나가다 보면 더 이상 쪼갤 수 없는 작은 입자가 있을 것이라고 가정했으며 이 입자야말로 물질을 이루는 기본 요소라고 생각했다. 이러한 생각은 르네상스의 과학자들에게 전해졌고 현대 과학에까지 이어져 내려왔다. 그러나 현대 화학의 발달로 인해 원자라고 불리는 이 기본 요소에도 내부 구조가 있다는 사실이 밝혀졌다. 원자는 두 종류의 입자들로 구성되어 있는데 이들은 서로 반대의 전하를 갖고 있다. 음전하를 갖는 입자를 전자라 부르고, 양전하를 띤 입자를 양성자라고 불렀다. 질량면에서는 양성자가 전자의 질량보다 1836배나 무거웠지만 반면에 두 입자가 갖는 전하의 절대값은 정확하게 같았다.

19세기 말 영국의 톰슨Joseph Thomson은 원자의 모형에 대한 연구를 했는데 그는 원자 내의 양성자와 전자의 분포를 마치 케이크에

건포도가 박힌 것과 같은 모형으로 생각했다. 또 다른 영국의 물리학자 러더포드Ernest Rutherford는 무거운 원자를 알파 입자에 충돌시켜서 알파 입자가 산란되어 나오는 것을 관찰했는데 이 실험 결과 그는 다음과 같은 원자의 모형을 제시할 수 있었다. 원자의 대부분의 질량은 양성자로 이루어진 핵에 집중되어 있으며 전자는 그 주위를 맴돌고 있다는 것인데 이는 마치 태양 주위를 행성들이 돌고 있는 것과 비슷하다. 이것은 1911년의 일이었다. 이러한 러더포드의 원자 모형은 1932년에 영국의 채드윅James Chadwick이 중성자라는 입자를 확인하면서 더욱 분명해졌다. 중성자는 전하를 띠지 않았지만 원자의 핵 속에 존재하면서 양성자들이 서로 붙어 있을 수 있도록 어떻게든 도움을 주고 있다. 수소를 제외하고는 모든 원자의 핵 속에 약간의 중성자가 들어 있는데 수소 원자핵은 단 하나의 양성자만으로 되어 있어 어떠한 접착제도 필요 없었다.

중성자가 처음 발견되었을 때 일반적으로 물리학자들은 중성자는 양성자와 전자가 결합되어 있는 것이라고 생각했다. 그러나 두 기본 입자가 결합할 때에는 언제나 질량의 결손이 생긴다. 결합된 입자의 질량은 분리되어 있는 두 입자의 질량의 합보다 작아지는데 이는 상대론성 이론에 의한 효과다. 그러나 이와는 반대로 중성자의 질량은 양성자와 전자 질량의 합보다 더 무거웠다. 따라서 중성자의 구조에는 더 복잡한 요인이 있다는 것이다. 현대 물리학 이론에 의하면 양성자와 중성자는 쿼크라 불리는 보다 기본적인 입자로 구성되어 있다.

핵과 핵자 사이에 작용하는 힘에 대한 연구는 오랫동안 진행되어 왔으며 아직도 많은 부분이 투명하게 규명되지 않고 있다. 핵에 대한 모형으로는 먼저 물방울 모형이라 불리는 것이 있는데 이는 핵이 물방울과 같이 그 표면 장력에 의해 최소 체적을 가지려는 성질을 반영한 것이다. 또 다른 것으로는 흐린 수정구 모형이 있는데 이는 핵이 어떤 복사radiation에 대하여 투명하기도 하면서 산란도 시키기 때문이다. 양자 역학은 전자가 원자의 핵으로 떨어지지 않고 안정한 이유에 대하여 아주 잘 설명하고 있다. 반면에 핵물리학은 서로 반발력이 작용하는 핵 속의 양성자들이 어째서 분리되지 않고 있는지를 설명하는 것이 가장 큰 과제로 남았다.

입자와 힘

핵이 어떻게 안정된 상태를 유지하고 있는가를 설명하기 위해 물리학자들은 자연의 새로운 힘을 도입해야 했다. 중력은 이제 우리에게 친숙한 개념이 되었는데 이는 뉴턴이 만들었으며 아인슈타인에 의해 다듬어졌다. 전기력이 두 번째 힘이다. 핵력은 양성자들 사이의 정전기적 반발에도 불구하고 이들을 한 곳에 묶어 두기 위해서 전기력보다 강하게 작용한다. 또 서로 멀리 떨어져 있는 양성자들은 분리된다. 이 두 가지를 모두 만족시키기 위해서는 핵력은 거리의 제곱에 반비례하여 감소해서는 안 되며 거리에 따라 이보다 더 급속하게 감소해야 한다. 따라서 강한 핵력이라 불리는 이 힘은 양성자들이 핵 안에서 가까이 있을 때에는 지배적이지만 보다 먼 거리에서는 무시될 정도로 작다.

어떤 원자의 원자핵으로부터 입자와 함께 에너지 방출이 자연스럽게 일어나는 경우가 있는데 이를 방사능 물질이라고 부른다. 이 때 방출되는 입자의 종류는 표 3과 같다. 방사능 물질로부터 입자가 방출될 때의 상호 작용을 설명하기 위하여 물리학자들은 약한 핵력을 도입했다. 이는 안정된 핵을 이루기 위한 핵자들 사이의 인력인 강한 핵력과 구분된다.

따라서 자연계에는 네 가지 기본적인 힘이 존재하게 된다. 중력, 약한 핵력, 강한 핵력 그리고 전기력이 그것이다. 이 네 가지 힘 중 가장 약한 것은 중력으로 원자의 세계에서는 무시할 정도로 작다. 두 전자 사이의 전기력은 그들 사이의 중력에 의한 인력보다 10^{40}배나 더 강하다. 이것이 얼마나 큰 숫자인지는 개미 한 마리가 지구를 들어올리기 위해서는 자신의 힘의 6×10^{28}배만 발휘하면 가능하다는 것으로 짐작이 간다. 이 숫자는 10^{40}보다 1000억분의 1 정도로 작은 것이다.

물리학자들은 항상 오컴의 면도날을 염두에 두고 있다. 그들은 자연계에 기본적인 힘의 법칙이 네 가지씩이나 된다는 사실에 불편한 심기를 가지고 있으며 이 힘들 사이의 숨겨진 상관 관계를 찾아내기 위하여 많은 노력을 기울였다. 그 결과가 바로 약한 핵력과 전기력을 결합시킨 통일장 이론으로 이는 힘의 법칙을 통합하고자 하는 노력이 어느 정도 성공적이었다는 사실을 말해 준다. 전자기력은 맥스웰 방정식에 의해 기술되는데 이 방정식은 그 변수가 연속적이어서 전기장의 알갱이적 현상을 다룰 수 없다. 장에서의 알갱이 현상, 즉 장의 미세 구조를 다루기 위하여 이 이론은 약간의 수정이 필요하게 되었다. 이러한 이유로 전자기장에 양자론이 도입되었으며 이 새로운 이론을 양자 전자기학quantum electrodynamics/QED이라고 부른다. 이로써 새로운 장의 방정식은 플랑크 상수 $\hbar$를 포함한다.

물리학자들은 전자, 양성자 그리고 중성자 외에도 새로 더 많은 소립자들을 발견했는데 어떤 것들은 수명이 매우 짧아서 채 1초도 되지 않아 더 작은 입자들이나 감마선으로 붕괴된다. 쪼개지지 않는 원자라는 오래된 사고는 프톨레마이오스의 천동설과 같이 폐기되기에 이른 것이다.

표 2의 입자표는 이 소립자들을 종류에 따라 분류했다. 이 소립자의 세계에는 약 100여 종의 주민이 살고 있다. 그들은 마치 권투선수들과 같이 몇 개의 등급으로 나누어져 있다. 가장 가벼운 것들을 렙톤, 중량급을 메존, 가장 무거운 헤비급을 배리온이라고 부른다. 각 입자는 자기 자신과 쌍을 이루는 반입자를 가지고 있다. 양성자는 반양성자가 그 짝이며, 전자의 짝은 양전자라고 한다. 중성자와 중성미자 같은 전하를 띠지 않는 입자들도 반입자가 있다. 오직 한 가지 예외가 있다면 광양자다. 그러나 규칙을 일관성 있게 적용하기 위하여 물리학자들은 광양자 그 자체가 스스로의 반입자라고 한다. 그러나 광양자가 두 가지로 존재하는 것에 대하여 납득이 안 되는 점도 있다.

소립자 세계에는 중성 미자와 같이 다소 불가사의한 존재도 있다. 중성 미자는 정지 질량이 0이지만 결코 정지 상태로 존재하지 않는다. 따라서 상대론적인 질량만을 갖는다. 또 고체 상태의 반도체에는 그 격자 내부에 홀hole이라는 입자가 있다. 이 홀은 옆에 있는 전자와 결합하여 사라지며 그 전자가 없어진 곳에는 또 다른 홀이 생긴다. 홀은 이런 방법으로 반도체 내부에서 이동한다. 홀의 움직이는 방향은 실제로 전자가 움직인 방향과는 반대가 된다. 이러한 방식으로 홀이 계속 움직여 가면 전자가 움직이는 것과 마찬가지로 전류가 형성된다. 홀은 일종의 가상적인 입자다.

핵 에너지

핵 에너지로의 여정에서 가장 흥미를 끄는 길 중 하나가 바로 원자 핵융합을 제어하는 방법에 대한 것인데 이는 바로 태양이 에너지를 만들어 내는 방법이기도 하다. 이것은 연료를 태워서 에너지

8 · 또 다른 길들   201

표 2 소립자의 특성

이름	그림	기호	전하	질량 (원자 단위)	다른 이름	원자	투과 능력	존재율	자연 방사능 방출
전자	⊖	e	-1	$\frac{1}{1836}$	베타선, 음극선	없음	공기에 의해 흡수	매우 많음, 어디에나 있음, 특히 금속	있음
양성자	⊕	p	+1	1	수소 원자핵	$_1He^1$	공기에 의해 흡수	핵 속에 많음	없음
중성자	Ⓝ	n	없음	1	없음	없음	종이, 물이나 다른 원자핵에 흡수	핵 속에 많음	있음
감마선		γ	없음	0	하드 X선 (광양자)	없음	매우 좋음, 납과 같은 고밀도 금속에 흡수	β입자에 의해 생성	있음
알파 입자	⊕⊕ n n	α	+2	4	헬륨 원자핵	$_2He^4$	종이를 투과 못함	헬륨 기체에 많음	있음
듀테륨	⊕ n	D	+1	2	중수소 원자핵	$_1He^2$	매우 좋지 않음	바닷물 수소 중 0.015%	없음
트리튬	⊕ n n	T	+1	3	삼중 수소 원자핵	$_1He^3$	매우 좋지 않음, 주로 β입자 방출	합성에 의해 생성, 반감기 12년	없음

를 얻는 것보다 훨씬 능률적임은 물론이고, 원자 핵폭탄을 제작함으로써 원자력 시대의 문을 열었던 원자 핵분열보다도 훨씬 더 효과적이다. 모든 핵 에너지의 독특한 특징은 핵반응의 과정에서 생기는 질량 결손이 $E=mc^2$의 상대성 방정식에 따라 에너지로 변환되는 것이다. 반면에 우리가 음식을 먹거나 화석 연료를 태움으로써 에너지를 얻는 것은 주로 산화 작용이라는 화학 작용에 의한 것이지만 그렇게 효과적인 방법은 아니다. 한 덩어리의 석탄이 있다고 하자. 그 질량이 완전히 에너지로 바뀐다면 이는 비행기 한 대를 뉴욕으로부터 파리까지 날아가게 하는 데 충분한 에너지가 된다. 또 이를 위해서는 꼭 화석 연료일 필요도 없다.

당신이 이 질량과 에너지의 등가 방정식을, 다이어트를 해서 빼려고 하는 체중과 당신이 이를 위해 덜 먹어야만 하는 에너지의 칼로리를 계산하는 데 사용하려고 한다면 다이어트의 결과는 상당히 기대와 어긋날 것임에 틀림없다. 그러한 관계가 성립한다면 역으로 단 한 개의 햄버거를 먹어도 10억 일 이상을 견디기에 충분한 에너지를 섭취한 것이 되어 버린다. 당신은 얼마나 오랫동안 다이어트를 할 생각인가?

표 3에서 볼 수 있듯이 핵 에너지 전환에는 다음과 같은 네 가지 형태가 있다.

1. 핵분열fission: 무거운 원자핵에 중성자로 충격을 가하면 보다 작은 조각으로 깨지며(핵분열) 이 때 약간의 질량 결손이 일어난다. 유리잔을 바닥에 떨어뜨려 깬 다음 그 깨진 조각들을 주워 담아 무게를 재면 약간의 파편들이 책상 밑으로 흩어져서 질량이 줄어든 것과 마찬가지라고 볼 수 있다. 핵의 경우 실제로 약간의 질량이 손실된다. 손실된 질량은 에너지로 변환되며 이것이 원자 폭탄이나

핵원자로 안에서 열 에너지의 근원이 된다.

2. 방사성 방출radioactive emissions: 불안정한 원자핵이 핵분열을 하는 대신 단일 입자 또는 전자기파를 방출한다. 때때로 이것은 자연스럽게 발생되기도 하고, 핵분열을 일으키는 것과 같이 외부의 자극에 의해 일어나기도 한다. 핵으로부터 방출되는 종류도 다양한데 이 중 가장 중요하고 위험한 네 가지가 표 3에 표시되어 있다.

3. 쌍소멸/쌍생성annihilation/creation: 입자가 그것의 반입자와 만날 때, 예를 들면 전자가 양전자와 만날 때 그 둘은 서로 충돌하여 소멸되며 동시에 감마선이 발생된다. 이 과정은 가역적이다. 어떤 특별한 조건하에서는――그것이 잘 이해되고 있지는 않지만――감마선이 갑자기 입자와 반입자로 전환되기도 한다. 즉, 입자가 쌍으로 생성된다.

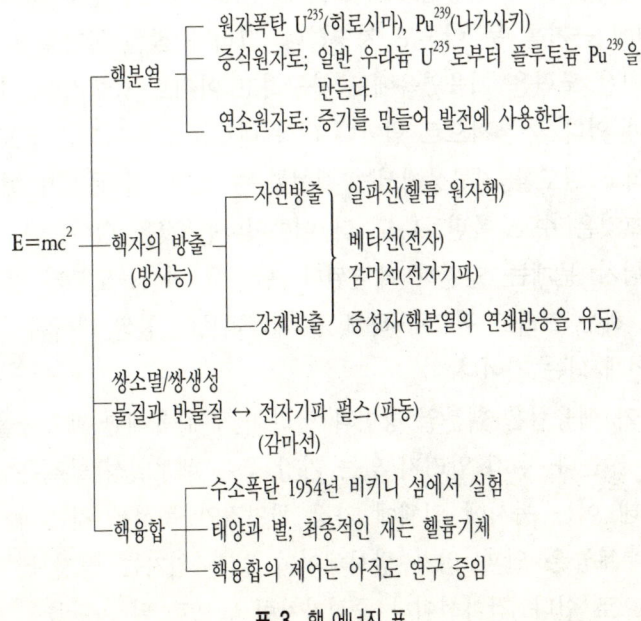

표 3 핵 에너지 표

4. 핵융합fusion: 이것은 핵분열의 역반응으로 입자 또는 핵이 결합하여 하나의 핵이 되는 것이다. 이 때에도 질량의 결손이 생기게 되며 이는 에너지로 전환된다. 즉, 결합된 핵의 질량은 결합되기 전 두 핵이 각각 가지고 있던 질량의 합보다 가볍다. 이렇게 생성된 에너지가 바로 태양과 별의 에너지, 그리고 수소 폭탄의 에너지다. 핵분열은 일반적으로 무거운 핵, 특히 우라늄, 플루토늄에서 일어나며, 핵융합은 가벼운 핵, 특히 수소, 헬륨 등에서 일어난다. 태양은 대부분이 수소와 헬륨으로 구성되어 있다.

많은 과학자들이 핵융합을 제어하는 방법을 찾기 위하여 노력해 왔다. 핵융합에 대한 이론은 이미 우리가 알고 있는 것이며 이는 별이나 수소 폭탄에서 잘 맞고 있다. 그러나 우리는 우리의 도시들을 파괴시킴 없이 핵융합으로부터 에너지를 얻고자 한다. $E=mc^2$의 방정식에 근거를 둔 이론도 자명하다. 그러나 많은 국가들이 거의 30년 이상 노력을 기울였음에도 불구하고 아직도 공학적인 어려움이 남아 있다. 기본적으로 별이나 태양 내부에서 유지되는 온도, 압력 그리고 밀도를 지구상에서는 재현할 수 없다. 이 문제가 해결된다면 그것은 수소 폭탄보다도 더 어마어마한 것을 의미한다. 인류의 에너지 문제는 영원히 해결된다. 단순히 바닷물로부터 우리가 필요로 하는 그리고 필요로 하게 될 에너지보다 훨씬 더 많은 에너지를 얻게 되는 것이다.

게다가 핵융합은 핵분열 방법과 달리 인체에 유해한 폐기물을 남기지도 않는다. 현재 알려져 있는 가장 좋은 핵분열성 물질은 플루토늄인데 이는 동시에 인체에 가장 치명적인 독성을 갖는 물질이다. 플루토늄은 알파 입자 방사체이며 알파 입자는 정지시키기가 상대적으로 쉽다. 감마선이나 중성자처럼 납으로 된 차단물을 필요로 하지 않는다. 원자로가 폭발이라도 한다면 풀루토늄 먼지들은 공기 중으로 날아갈 것이다. 매우 소량의 플루토늄이라도 그것을 들이마시면 폐 속에 남게 되어 알파 입자를 방사한다. 소름 끼치는 일이지만 약간 익살스럽게 표현한다면 이는 우리 가슴 속에 자연스러운 X선 소스를 가지고 있는 것과 같다. 그러나 사실 알파 입자는 가슴벽을 투과하지 못한다. 대신에 폐 조직에 의해 흡수될 것이고 거기에 암을 유발시키게 된다. 단 한 개의 증식 원자로라도 그 속의 플루토늄이 원자로 사고나 테러리스트의 공격으로 폭발하여 퍼지게 되면 전 세계의 남녀노소는 한 명도 남김 없이 죽게 될 것이다. 이에 대하여는 더 이상 언급하지 말기로 하자.

패리티, 전하 켤레, 시간의 역전(PCT)

빔 속에서 움직이는 입자는 전류가 흐르는 것 같은 많은 파동적 특성을 나타낸다. 파동과 입자의 차이점 중 하나는 편광 현상이다. 빛이나 수면파 같은 횡파는 진행 방향에 수직인 방향으로 진동한다. 입자도 이와 유사한 특성을 갖는데 입자의 스핀(자전)이 그것이다. 이는 마치 지구나 또 다른 행성들이 자전하는 것과 같은데, 빔 속의 입자들도 각각의 축을 중심으로 회전하고 있으며 그 회전축은 서로 평행하다. 마치 입자 빔이 편광된 빛과 같은 특성을 가지고 있다는 것을 보여 준다.

어떤 유명한 교과서에서는 입자의 스핀을 다음과 같이 기술한다. "스핀이란 입자가 마치 팽이와 같이 아주 빠르게 회전하는 것으로 생각할 수 있다. 그러나 입자의 크기가 아주 작다고 하여도 입자의 표면 부분이 회전하는 속도는 빛의 속도를 초과하게 되면 실제로 이치에 맞지 않는다. 게다가 광양자나 중성 미자와 같이 정지 질량이 0인 입자들도 스핀을 갖는다. 어쨌든 스핀이란 실제로 존재하는 것이다." 마지막 문장이 바로 이 문제의 어려움을 잘 말해 주고 있다. 스핀이란 아직 분명하게 알려져 있지 않은 입자의 편광성을 우리가 이해하기 편리한 방법으로 기술한 것에 지나지 않는다.

패리티parity는 스핀의 회전 방향을 기술하기 위한 과학적 용어다. 시계는 시계 방향 또는 반시계 방향으로 회전할 수 있다. 오른나사와 왼나사도 바로 패리티와 관련이 있다. 오른손 법칙 또는 왼손 법칙으로 기술되는 x-y-z 좌표계도 마찬가지다. 제4장에서 다루었던 등분배의 원리에 의하면 자연은 왼손 좌표계와 오른손 좌표계, 스핀, DNA 분자 등 패리티에 있어서 어느 쪽도 더 선호하지 않는다. 우리가 외계에 사는 ET에게 어느 것이 우리의 오른손이고 어느 것이 왼손인지를 설명하기 위해서는 그들과 우리가 동시에 볼 수 있는 특정한 방향으로 회전하고 있는 천체가 하나 있어야 할 것이다. 그렇지 않으면 설명은 불가능하다.

여기까지가 기존에 해 오던 생각들이다. 그런데 1957년에 물리학자들은 소립자들의 반응에서 패리티가 보존되지 않는 한 가지 유형을 발견했는데 그것은 약한 핵력의 경우였다. 자연은 명백하게 하나의 선택을 선호했던 것이다. 먼저 실험적인 측면에서 이는 사실임이 분명해졌으며 그 업적은 노벨상의 가치가 있다. 그러나 이에 대한 해석은 또 다른 문제였다. 몇몇 물리학자들은 "그것을 단순한 사실로서 인정하면 그만이다"고 말한다. 그러나 어떤 이들은 이에 대한 형이상학적 고려가 있어야 한다고 강조한다. 등분배의 원리가 위반되는 것과 이 새로운 것 사이에는 어떠한 상호 관계가 숨겨져 있다는 것이다. 가장 첫번째로 심증이 가는 것은 물질과 반물질 사이의 변환을 의미하는 전하 켤레charge conjugation와 시간이 역으로 흐르는 시간 역전time reversal이다. 패리티를 포함하여 이 세 가지 사이의 상호 작용을 보통 PCT 퍼즐이라고 부른다.

이는 사실 대칭의 문제다. P, C, T는 서로 독립적으로는 대칭적이 아닐 수도 있다. 그러나 이들이 어떤 조합을 이루면 대칭성이 나타난다. 야구 경기에서 왼손잡이 선수들은 그 비대칭성에 의해 약간 유리한 경기를 하고 있는 셈이 된다. 아마도 야구 경기를 창안한 사람은 왼손잡이였는지도 모르겠다. 대칭성을 유지하려면 왼손잡이 선수는 시계 방향으로 베이스를 돌아야 할 것이다. 이처럼 대칭의 문제는 아주 미묘하다. 이는 제5장의 쌍둥이 역설에서도 마찬가지였음을 기억할 것이다.

물리학자들은 대칭을 아주 선호하는 강한 편견을 가지고 있다. 방출을 흡수와의 대칭 과정으로, 인력을 척력의 대칭으로 다루고 또 양전하와 음전하가 기본적으로 동등한 효과를 준다고 본다. 이러한 편견은 부분적으로 오컴의 면도날에 근거를 두고 있지만 사실 그보다 더 깊은 의미를 지닌다. 대칭적 과정은 필연적으로 등분배 원리로 귀결되는데 이는 그 물리적 원인이 등분배의 원리나 대칭성을 위반함으로써 그 자신을 표현한다는 암시를 갖는다. 여러 번 동전을 던져서 반은 앞면, 반은 뒷면이 나왔다면 그것은 단지 일어난 현상이고, 이를 설명하기 위해 특별히 원인을 도입해야 할 필요는 없다. 그러나 반대로 계속해서 앞면만 나온다면 이번에는 숨겨진 변수를 의심하기 시작할 것이다.

PCT 퍼즐로 돌아가자. 이 퍼즐에는 재미있는 특징이 있다. 왼손 좌표계에서 오른손 좌표계로의 연속적인 변환은 불가능하다. 쉽게 이야기하면 왼손과 오른손 양쪽에 적당히 잘 맞는 중간 정도의 장갑이란 있을 수 없다. 즉, 이 변환은 양자화되어 있다. 전하 켤레와 시간 역전에서도 마찬가지다. 파인만은 C와 T는 상호 관계를 갖는다고 지적했다. 반입자란 수학적으로 원래 입자가 시간에 대하여 역으로 움직이는 것과 동일하다는 것이다.

우리의 경험에 비추어 보면 시간의 화살은 항상 한 방향으로만 진행한다. 그래서 어째서 비대칭인가 하는 의문이 떠오른다. 몇몇 물리학자들은 팽창하는 우주에서 혹은 열역학 제2법칙에서 또는 두 가지 모두에서 그 이유를 찾고자 한다. 아마도 반입자는 시간에 대해 반대쪽으로 움직이고 있고, 우리는 과거와 미래에 대한 개인적인 감정이 잘못됐음을 알게 될 것이다. 그것은 시간이 말해 줄 것이다.

"벨의 정리가 아무렇지도 않은 사람은 돌머리다"

어떤 분야의 학문에서도 마찬가지겠지만 그 학문의 가장 첨단 영역은 대개 여러 가지 해석이 서로 상충하고 있기가 십상이다. 슈뢰딩거의 고양이, 입자들에 적용되는 특별한 통계적 법칙, 그리고 방금 다루었던 PCT 퍼즐 등이 바로 이러한 혼란과 논쟁의 소용돌이 중 하나다. 다음 장에서 우리는 양자 이론가들이 인과율에 의한 해석을 배제해야 하는 필요성을 설명하기 위하여 즐겨 사용하는 한 가지 사고 실험에 대해 논하게 된다. 이는 단일 양자에 대한 영의 이중 슬릿 실험이다. 그러나 보다 핵심이 되는 것은 바로 '벨의 정리'라 불리는 역설이다.

1935년에 발표한 한 유명한 논문에서 아인슈타인, 포돌스키Boris Podolsky 그리고 로젠Nathan Rosen은 양자론이 불완전하다고 주장했다. 그들은 물체, 특히 양자적 물체가 그들을 관찰하고 측정하고 교란시키는 것에 관계없이 독립적인 물리적 실체를 가지고 있다는 사실을 보여 주는 사고실험(이는 보통 EPR 실험이라고 일컬어짐)을 제안했다. 이 점이야말로 양자 물리와 고전 물리학이 근본적으로 다른 해석을 가지고 있는 부분이기 때문이었다. 후에 EPR 실험은 봄 David Bohm에 의해 두 개의 원자를 갖는 분자에 대한 실험으로 수정된다. 즉, 한 분자는 두 개의 원자로 구성되어 있는데 각 원자의 스핀이 서로 반대 방향이어서 분자의 총 각운동량은 0이다. 두 원자가 스핀에 교란받지 않고 분리된다고 하자. 이 때 한 원자의 스핀을 측정한다면 또 다른 원자의 스핀은 전혀 측정하지 않고도 어떤 스핀 상태에 있는지를 알 수 있다. 이 실험에서 동전과 같이 거시적인, 즉 고전적인 물체를 사용한다면 그 내용은 다음과 같아진다. 동전을 얇게 갈라서 두 조각으로 만드는데 하나는 앞면, 또 하나는 뒷면을 포함하도록 한다. 그리고는 이 두 개의 반쪽을 서로 다른 사람에게 우편으로 보낸다. 한 사람은 자기가 받은 반쪽짜리 동전을 보면 나머지 사람이 앞쪽 아니면 뒤쪽 동전을 받았는지를 알 수 있다.

그러나 양자론자들은 이 실험에 대하여 이렇게 반박한다. 아니, 우리는 이 실험에서 동전의 앞면과 뒷면을 다루지 않겠다. 대신에 하이젠베르크의 불확정성의 원리가 적용되는 두 가지 측정 가능한 물리량, 예를 들면 운동량과 물체의 위치 같은 것을 사용하겠다. 불확정성의 원리에 의하면 우리가 한 물리량을 정확하게 측정하면 그와 쌍을 이루는 또 하나의 양은 그것이 어디에 있든지 간에 결코 동시에 정확하게 측정될 수 없다. 이는 하나의 양을 측정하는 것이 결국 다른 것에 영향을 미친다는 뜻이며 이 둘 사이에 신호를 주고받을 방법과 시간이 전혀 없는 것같이 보이는 경우에도 마찬가지로 적용된다.

EPR 논문에 대한 보어와 봄 그리고 다른 이들의 대답은 사실 적절하지 않았다. 그러나 어느 누구도 한쪽 편에 확신을 가질 수 없었던 것이 사실이었다. 양쪽 편이 서로 보여 준 것은 결국 각자 나름대로의 주장에 따라 논리적인 일관성을 유지하고 있다는 사실뿐이었다. 다시 말하자면 "당신은 그렇게 생각하는가? 그렇다면 나는 이렇게 생각한다"는 식이었다. 아인슈타인과 보어 사이의 논쟁은 두 사람이 모두 세상을 떠날 때까지도 풀리지 않아 후대의 물리학자들에게 넘겨졌다.

이 논쟁이 또다시 불붙기 시작한 것은 1964년 벨John Bell이 한 논문을 발표하면서부터였다. 그는 논문에서 양자 역학에 의하면 EPR 실험은 실효성이 없으며, 두 입자의 상관 관계는 고전적이 아닌 양자적 통계를 따르고 있다는 사실을 증명했다. 이러한 증명에 함축된 의미는 '먼 거리에서 작용하는 유령 같은 상호 작용'이 존재한다는 것이었다. 이 말은 사실 아인슈타인이 양자론을 반박하며 사용한 경구이기도 했는데 물론 아인슈타인은 벨의 정리가 발표되기 이전에 세상을 떠났다. 아마도 그가 살아 있었다면 여기에 대하여 할 말이 많았을지도 모르겠다.

벨은 EPR을 모형으로 하는 실험에 대해 일반적인 계산을 수행했는데, 단 하나의 쌍이 되는 두 입자의 스핀은 전혀 교란됨이 없이 분리가 가능하며 분리되어서도 서로 상호 관계를 유지한다는 양자론을 적용했다. 이러한 조건하에 벨은 분리된 두 입자가 각각의 스핀 상태에 있는 것을 관찰할 확률은 EPR에 의해 제시되는 확률과는 차이가 있다는 것을 보여 주었다. 여러 번 실험했을 때 관측되어야만 하는 결과에는 차이가 있다는 것이다. 쉽게 설명하기 위하여 매일매일의 생활에서 우리가 경험하는 비양자적 세계로 유추해 본다면, 같은 수의 흰색과 검은색 구슬이 들어 있는 큰 상자에서 두 개의 구슬을 꺼내는 경우를 생각할 수 있다. 고전적 통계에 의하면 두 개의 검은 구슬을 꺼낼 확률은 4분의 1, 두 개의 흰 구슬을 꺼낼 확률도 4분의 1, 흰 구슬과 검은 구슬을 하나씩 꺼낼 확률은 2분의 1, 즉 50 대 50이다. 그러나 양자적 통계에 따르면 결과는 확률의 길에서 묘사한 빅 줄의 주사위와 같아진다. 세 가지 경우에 대한 확률은 모두 같아서 3분의 1, 3분의 1, 3분의 1이 된다는 것이다.

벨의 증명이 커다란 반향을 몰고 왔던 것은 논쟁을 어떻게 실험적으로 검증할 수 있는가에 대하여 EPR 실험보다 더 날카롭게 지적했기 때문이다. 제안된 실험은 공학적인 복잡성으로 인해 약간의 수정을 필요로 했지만 실제로 검증을 위한 실험이 수행되었다. 이로써, 필자의 견해로는, 게임은 끝이 났다. 그러나 일부 고집불통들은 아직도 EPR을 완강하게 고수하고 있다. 이 실험들은 통계적 상호 관계를 다룬다. 두 분리된 입자가 서로 유령과 같은 신호를 주고받고 있다면 그것은 항상 작동하고 있어야만 한다. 주사위는 매번 이기는 눈만 나오도록 고정되어 있는 것이 아니다. 다만 일부분만 확정되어 있는 상태. 그렇다고 우리가 오로지 불확정성의 원리에는 예외가 없다는 사실, 유령과도 같은 신호, 그리고 먼 거리에서의 상호 작용과 같은 것들만 쳐다보고 있어서는 안 될 것이며, 이에 대한 새로운 해석, 새로운 체계를 세우고자 하는 도전이 어느 때보다도 절실히 요구되고 있다는 사실을 깨달아야 한다.

마술사들은 항상 관중의 시선을 다른 쪽으로 끌기 위하여 엉뚱한 이야기를 늘어 놓는다. "자 여기를 보십시오. 상자는 완전히 비어 있습니다. 직접 들여다보시기 바랍니다." 그러나 마술에 대하여 약간의 지식만 있다면 그 결정적인 단서는 다른 곳에 있다는 사실을 쉽게 간파할 수 있다. 그것은 아마도 상자가 놓여 있던 탁자 밑이나 마술사의 소매 속에 있을지도 모른다. 벨의 정리에서 두 개의 입자가 완전히 분리되고 서로 움직여 멀리 떨어져 나갈 때에도 서로 독립적이라는 가정에 대하여 의문이 제기된다. 아마도 앞으로 우리는 입자의 위치가 정확하게 정의될 수 있는가라는 문제에 부딪칠지도 모르겠다. 아니면 양자 쌍과 공간 관계 사이의 대칭성 또는 우리가 PCT 퍼즐에서 다루었던 입자/반입자의 쌍과 시간의 역전 사이의 대칭이라는 문제에 부딪칠지도 모른다.

  필자는 여기서 벨의 정리에 의해 표현된 역설에 대한 해답이나 또는 그러한 실험을 지지해 주는 납득할 만한 설명도 가지고 있지 못하다. 이번 게임은 끝이 났지만 그러나 아직도 결승전이 남아 있다. 최후의 승리는 아직 결정되지 않았다. 다음 장에서는 바로 이 점을 보여 주려고 한다. 게임은 막바지를 향해 점점 고조되고 있다. 벨의 정리에 대한 머민David Mermin의 흥미로운 논문이 《피직스 투데이 Physics Today》(1985년 4월호)에 실려 있다. 이 절의 제목은 바로 그 논문에서 따온 것이다.

9
결정론도 비결정론도 아닌

뉴턴으로부터 뻗어 나온 여섯 갈래의 길에서 둘러보았듯이, 뉴턴 이후 물리학의 발전은 물리학자들의 견해를 완전히 바꾸어 놓았다. 장과 전자기파의 발견은 뉴턴 역학 체계에 젖어 있던 물리학자들에게 역학 개념의 변화를 요구했으며, 상대성 이론은 공간, 시간, 질량 그리고 에너지에 대한 개념의 전환을 요구했다. 그러나 물리학의 뼈대가 되는 이러한 기본적 개념의 전환조차 양자 세계의 역설인 슈뢰딩거의 고양이, 단일 광자의 이중 슬릿 실험 그리고 벨의 정리 등에 함축된 의미에 비교해 보면 아직도 약소했다. 물리적 인과 관계라는 근본 문제에 의문이 제기되었고, 물리학자들은 물리적 현상을 해석하려는 노력을 포기해야 할지, 그래서 단지 현상을 기술하고 예측하는 것으로 만족해야 할 것인지를 결정해야 했다. 우리는 사실 제4장 확률의 길에서도 주사위를 던지는 문제에서 유사한 판단을 해야 했는데 그 때 확률과 실험적인 결과를 비교하기에는 주사위에 대한 정보가 너무나 부족하다는 이유에서 그 판단을 유보했던 사실을 기억할 것이다. 그러나 양자 역학은 또 다른 문제점을 지적하고 있는데 이는 그러한 정보 자체가 원천적으로 존재하지 않는다는 것이다. 즉, 많은 현상에서 인과적 요소 또는 숨겨진 변수가 존재하지 않는다는 것이다. 우리는 과학적 신념으로 주사위를 던진다. 그렇다면 신은 우주를 가지고 주사위 놀이를 하고 있는가? 다시 말해서 우연이라는 요소가 모든 필연적 과정들을 압도하고 있는가, 아니면 그 반대인가? 또는 그 중간의 어디에 진실이 위치하는 것인가?

이러한 문제들이야말로 현대 물리학에 의해 급격히 촉진된 과학 혁명의 핵심 논쟁이다. 이번 장에서 우리는 보다 열려진 세계에 대하여 논의하게 될 것이며 이로 인해 독자들에게는 더욱 힘하게 느껴질지도 모르겠다. 그러나 이 어려움은 이 문제에 흥미를 느끼고 있는 누구에게나 마찬가지임을 유념해야 한다. 이러한 문제에 대하여 물리학자들은 서로 다른 견해들을 갖고 있다. 그리고 미래에도 새로운 견해들이 계속 제시될 것이다. 말하자면 과학은 대립을 통해 진보하는 학문이다.

새로 제기되는 과감한 관점들은 항상 기존 견해와의 관계에서 많은 문제점을 야기한다. 정확히 무엇이 바뀌었는가? 또 기존 견해에 아직도 유효한 부분이 있다면 이는 새로운 관점과 어떻게 어울릴 수 있는가 하는 의문들이다. 예를 들어 물체의 속도가 빛의 속도 c에 비하여 매우 느린 경우 상대성 이론의 방정식은 뉴턴의 방정식으로 수렴한다. 과도기적 현상은 시간이 흐를수록 안정된 상태로 변한다. 또 양자론에서 플랑크 상수 h가 0이라는 가정을 하면 고전적인 현상에 접근한다.

양자 역학의 이론과 고전 물리학의 관계를 설정하는 데에는 다음과 같은 네 가지 범주가 있다. 그러나 어떠한 경우가 되었든 고전적 영역과 양자적 영역 사이의 경계를 분명히 가르는 데에는 어려움이 따른다.

1. 이중적 관점duality view: 물리적 세계에는 양자적 법칙과 고전적 법칙을 따르는 두 개의 영역이 각각 존재한다고 보는 관점이다. 보어는 모든 측정 장치가 고전적 영역에 속한다고 보았으며 봄도 이와 유사한 견해를 가지고 있었다. 그렇다면 미시 세계(원자, 양자 세계)에서 거시 세계(현실 세계)로의 전환은 어디에서 또 어떻게 일어나는가? 이러한 어려움을 웅변으로 보여 주는 것이 바로 슈뢰딩거의 고양이다. 제6장의 양자의 길에서 기술되었던 일곱 가지 양자 현상들도 모두 거시적으로 관측이 가능했음을 기억할 것이다. 이는 초전도 현상이나 초유체 현상에서도 마찬가지다.

2. 양자론적 관점quantum view: 양자론을 그 기본적 원리로 하여 우주가 하나의 물리적인 통일성을 갖추고 있다는 견해다. 이러한 견해에 따르면 고전 물리학적 현상은 양자론의 한 극한적 상황에 불과하다. 대다수의 물리학자들이 이러한 관점을 지지하고 있다. '양자 역학'이라는 제목으로 저술된 디랙, 쉬프Leonard Schiff, 파인만의 교재들이 바로 이러한 견해를 바탕으로 씌어졌다. 그러나 어떠한 실험 조건에서 고전적 현상으로부터 양자적 현상으로 전환이 일어나는가 하는 문제가 남는다.

3. 고전적인 관점classical view: 우주의 근본 이론으로서, 고전 이론(뉴턴 역학과 상대성 이론)을 바탕으로 하여 물리 세계를 이해하고자 하는 견해다. 이러한 견해에 따르면 양자론은 통계의 유효성에 의해 제한을 받는 특별한 경우다. 이는 1935년에 아인슈타인, 포돌스키, 로젠의 논문에 의해 주장된 견해이고, 벨의 정리와의 관계는 제8장에서 다루었다.

4. 전일적 관점holistic view: 우주가 하나의 물리적인 통일성을 가

지고 있다는 것은 인정하지만 양자론적 개념과 고전적 개념은 모두 단순화된 극한에 불과하다고 보는 견해다. 더 일반적이고 완벽한 관점이 존재한다는 것이다. 그것은 꼭 결정론적 인과율을 기본으로 할 필요도, 우연에 의한 불확정론에 기반을 둘 필요도 없으며 그 중간쯤에 위치할 수도 있다. 이러한 관점에 대한 수학적 이론이 봄에 의해 제시되었지만 그리 완벽하지는 않았다. 그는 앞에서 제시한 첫번째 관점을 가지고 있었으나 아인슈타인과의 토론 이후 네 번째 견해로 바꾸었다고 한다.

상대성 이론으로 해서 절대적 개념의 시간, 거리, 질량 그리고 에너지는 상실되었다. 동시에 유클리드 공간의 편안했던 확실성의 개념도 마찬가지였다. 양자론으로 인해 정확한 진실을 잃게 되었고 물리량에 대한 정확한 값을 얻고자 하는 권리가 상실되었으며, 이로써 인과 관계에 대한 신념은 치명적인 상처를 입게 되었다. 양자론에서는 어떤 관측 가능한 사건은 우연의 법칙을 따른다. 그러나 이러한 사건이 일어날 확률은 수학적 방법에 의해 계산되는데 그 방법이란 결국 인과율의 지배를 받는 고전적인 확률을 구하는 방법과 비슷하다. 말하자면 양자론에서는 사건 그 자체에는 아니지만 사건이 일어날 확률에 일종의 가상적인 인과율이 적용되고 있다.

두 가지 견해의 중간에서 고전적 견해와 양자적 견해는 실체라는 것의 범주를 마치 프로크루스테스의 침대와 같이 마음대로 늘였다 줄였다 한다. 즉, 고전적 견해에서는 그 적용 범위나 기준을 늘려 주기도 하고 경우에 따라 숨겨진 변수를 줄여 버린다. 이러한 견해에서 보면 고전 물리학은 너무 엄격하여 허용 범위가 매우 좁아져 비현실적이다. 반면에 양자론은 특별한 가정과 제한을 둠으로써 다소 비현실적이다. 이 장에서 논의하고자 하는 전일적 견해란 이러한 고전적 견해와 양자론적 견해를 모두 불완전한 것으로 간주한다. 즉, 물리적 실체, 존재, 진실 그리고 인과율이란 결국 정도의 문제이며 주어진 정보의 양에 의존한다고 본다. 이는 한 가설이 진실이거나 아니면 거짓이거나 둘 중 하나라는 아리스토텔레스의 이분법적 논리 체계 역시 변화되어야 한다고 주장한다. 사실과 거짓, 존재와 비존재 사이에 정보라는 연속적인 장이 펼쳐져 있다는 것이다.

이러한 문제들에 대한 활기찬 논쟁은 반세기 이상 계속되어 왔다. 그럼에도 불구하고 앞의 세 가지 견해 중 어느 것도 승자가 될 수 없었다는 사실로부터 우리는 아마도 이 세 가지 견해 내에서 문제가 풀리지 않을 것이라는 의심을 해야 할 시점에 이른 것 같다. 문제가 잘못 다루어져 왔다는 사실을 인정하고, 보다 포괄적이고 일반적인 체제를 찾아 나서야 한다는 것이다. 과거의 기계론과 생체론의 분쟁에서처럼, 결정론과 불확정론 모두 너무 단순화된 것이고 또 협소한 범위 내에서만 문제를 다루어 왔다고 보인다. 원인과 결과 사이에 1 대 1의 대응이란 더 이상 성립하지 않는다. 기계적인 물리 세계는 붕괴되었다. 아인슈타인조차도 이를 다시 돌이킬 수 없다. 반면에 양자론은 양자 현상을 설명하는 준인과율을 용납하는 해석이 필요하다.

다음 절에서는 세 가지 논의가 제시된다. 첫번째는 양자 역학에서는 어떤 사건의 처음 상태와 최종적인 상태에만 초점을 맞추므로 그 과도기적 상태란 구조적으로 배제된다는 것이다. 두 번째는 전자기파와 원자에 대한 고전적인 개념에 수정을 가함으로써 그것이 양자 현상의 준인과율적인 해석으로 이어지도록 하는 것이다. 세 번째는 최소의 원리와 등분배의 원리라는 물리적 과정에서 인과율과 확률적 방법론 사이의 조화를 추구하는 것이다.

어리석은 질문

파동에 대하여 설명하면서 우리는 두 가지 과도기적 현상에 대하여 다루었다. 그 하나는 저율 반사 코팅이 된 유리에서였고, 또 하나는 세 개의 편광판에 관한 역설 문제였다. 여기서 그 세 번째 예로 그림 16과 같이 전지와 스위치 그리고 두 개의 저항이 병렬로 연결된 직류 회로 문제를 다루어 보자. 옴의 법칙에 따라 큰 저항에는 적은 양의 전류가 흐른다. 다음과 같은 질문을 던져 보자. 스위치를 내리면 첫번째 전자군이 분기점에 도달한다. 이 때 전자들은 두 갈래의 길에서 어떤 비율로 갈라질 것인지를 어떻게 알 수 있겠는가? 전류는 아직 저항에 도달하지 않은 상태다. 과연 무엇이 전자의 흐름을 결정하는가? 거기에는 각 저항으로부터 반사된 일시적(선구적인) 전기파가 존재하는가 아니면 처음 몇 개의 전자는 옴의 법칙을 무시하고 그대로 저항으로 흘러 들어가는가? 옴의 법칙에 따르면 저항이 큰 쪽 가지는 더 좁은 도로 때문에 통행이 정체되며 이것이 분기점으로 전해져 분리가 일어난다. 그렇게 되면 어

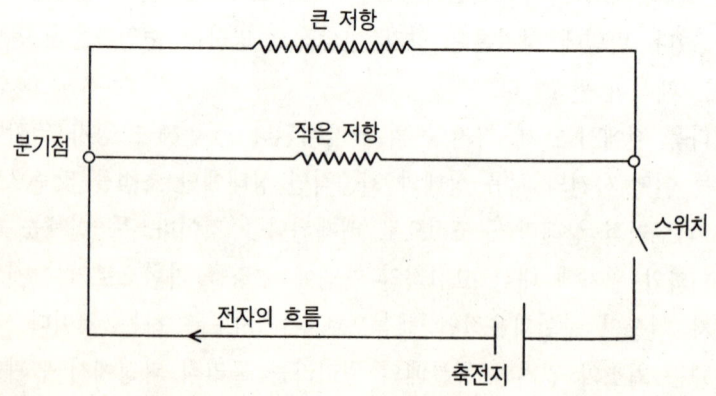

그림 16 직류 병렬 회로

쨌든 안정된 상태에 이르게 될 것이다. 그러나 직류 회로에서 이러한 과도기적 현상은 사실 아무런 관심의 대상이 되지 않는다.

그러나 제6장에서 다루었던 슈뢰딩거의 고양이 문제와 같은 양자 현상에 이러한 관점을 적용하는 데에는 어려움이 따른다. 무시될 수 있는 과도기적 현상이 양자 현상에서 나타났다면 전형적인 대답은 확률의 형태가 된다. 슈뢰딩거의 고양이가 죽었을 확률은 시간이 흐르면 흐를수록 커지는데 그 비율은 상자 내의 방사성 물질의 반감기에 달려 있다. 이로써 시간과 관계된 계산이 가능하다. 그러나 그 물리적인 과정을 설명해 주지는 못한다. 양자론에 의하면 슈뢰딩거 방정식에 의해 기술되는 파동 함수에는 두 개의 항이 있는데, 그 하나는 고양이가 살아 있을 확률을 나타내고 다른 하나는 죽어 있을 확률을 나타낸다. 상자를 열어 보기 전의 고양이 상태를 묻는 질문은 동전을 던지기 전에 그것이 앞면일 것인지 뒷면일 것인지를 맞추는 문제와 비슷하다. 동전 던지기에서는 동전을 던질 때 주어지는 물리적 요소들을 무시한 채 수학적인 방법으로 문제를 해결한다. 그러나 고양이 문제의 경우에는 양자론이 숨겨진 변수를 허용치 않는다는 어려움이 추가된다.

확률론은 등분배의 원리에 기초를 둔 수학의 한 분야로서 그 적용 범위가 매우 넓다. 이것은 필연적인 인과 관계라는 요소들을 완전히 배제해 버리고 순수하게 무작위적 과정에 의해 가능한 결과들만 추적한다. 주사위 놀이, 카드 놀이, 동전 던지기가 그 예다. 물론 약간의 인과적 요소가 개입되어 있는 경우도 있을 수 있다. 그러나 근본적으로 확률은 그 무작위성과 통계적 정보만을 이용한다. 예를 들어 한 야구 경기에서 A팀이 7회 말 현재 2점 차로 앞서고 있다고 하자. 이 A팀이 야구 경기에서 이길 확률은 얼마인가? 입자가 퍼텐셜 장벽을 통과하는 터널링 효과가 일어날 확률의 계산에서도 이러한 인과적 요소와 무작위적 요소가 동시에 사용된다. 때로는 유용 가능한 통계치가 제한적인 경우도 있을 수 있다. 예를 들면 화산이 이번 주에 폭발할 가능성을 구하는 문제라든지 내일 비가 올 가능성 또는 누가 선거에 당선될 가능성 등이 그것이다.

우리의 예측이 인과적 요소에 전적으로 기반을 두고 통계의 무작위적 요소를 완전히 무시했다면 그 예측이 아무리 확률적인 방식으로 표현되었다고 하더라도 그것은 더 이상 확률이 아니다. 예를 들면 내가 확실히 옳다고 3 대 1 정도로 믿는다는 표현과 같은 것이다. 이 경우 계산에서 확률이 적용되었다면 그것은 예측 부분에서가 아니라 단지 그 예측의 정확도 내지는 오차 등에 대한 것일 뿐이다. 즉, 인과율에 따라 생각하고 계산하고 있는데 다만 그것들을 올바르게 사용하고 있는지 확신을 못하고 있는 것에 불과하다.

양자 역학은 약간 다른 방식으로 확률을 사용한다. 인과적 요소가 고려되기는 하지만 과정으로서 받아들여지는 것은 아니다. 과도기적 현상이란 양자 역학에서는 보조적인 것에 불과하다. 원자의 초기 상태가 주어졌다면 이로부터 원자의 최종 상태에 대한 확률만 계산할 따름이다. 이는 마치 동전을 던지기 전에, 동전이 부분적으로는 앞면인 상태에 있고, 부분적으로는 뒷면인 상태에 있는데 최종적으로는 앞면이거나 뒷면인 상태로 관측될 확률이 얼마라고 말하는 것이나 같다. 이러한 관점을 그림 16의 직류 회로에 적용한다면, 전지를 떠난 각 전자는 부분적으로는 높은 저항 쪽으로 지나가는 상태에, 또 부분적으로는 낮은 저항 쪽으로 지나가는 상태에 있다. 그리고 각각의 저항 쪽에서 발견될 확률은 옴의 법칙에 의해 주어진다고 말할 수 있다. 동전 던지기에서와 마찬가지로 과도기적 상태와 인과적 과정은 무시된다.

《피직스 투데이》(1988년 10월호)에 유명한 두 이론 물리학자인

페시바흐Herman Feshbach와 바이스코프Victor Weisskopf는 〈어리석은 질문〉이란 기사를 썼다. 그들은 합당한 질문은 답을 얻을 수 있지만 어리석은 질문은 어리석은 답을 얻을 뿐이라고 단언했다. 어리석은 질문 중 하나가 이런 것이다. 원자가 빛을 방출할 때 그 상태가 전이되는 시간은 얼마일까? 이러한 질문은 양자론에서는 아무런 의미가 없다. 이는 단지 원칙의 문제다. 고전 역학에서의 유사한 경우로 주사위 놀이를 생각해 보라. 무엇이 특정한 눈이 나오도록 하는가? 확률은 이러한 질문에 답할 수 없다. 그저 가능한 모든 경우가 일어날 확률을 계산해 줄 뿐이다. 특정한 눈이 나오도록 하는 모든 물리적인 원인들, 즉 손으로 주사위를 어떻게 잡고, 어떻게 던지며, 바닥의 종류는 무엇인가 하는 것들은 전혀 고려되지 않는다. 이러한 것들이 말하자면 숨겨진 변수다. 양자론에서는 숨겨진 변수를 간단히 무시하지 않는다. 다만 모든 숨겨진 변수의 존재를 부정할 뿐이다. 슈뢰딩거 방정식은 안정된 상태만을 설명한다. 과도기적 상태를 배제하는 것이다. 따라서 원자가 빛을 방출하는 시간을 묻는 것과 같은 어리석음도 동시에 제외된다. 이 물음은 사실 파동의 길 끝 부분에서 이미 제기되었다. 그리고 시간은 간섭계를 이용하면 실제로 측정이 가능하다. 또 고전 역학적으로 원자를 하나의 진동자와 같이 취급함으로써 그 시간을 계산할 수도 있다. 파동의 길에서 언급한 바와 같이 간섭계에서 두 빔의 경로 차가 어느 정도 이상이 되면 밝고 어두운 간섭 무늬는 희미해져 버린다. 이 경로 차를 두 빔의 결 맞는 길이라 부르는데 이는 대체로 파열의 길이를 나타낸다. 간섭계에서 두 빔의 경로 차가 파열 길이를 넘으면 다시 만나는 지점에서 두 파열은 서로 어긋나서 만나지 못하게 된다. 더 먼 거리를 여행한 파열이 너무 늦게 도착하기 때문이다. 이 경로 차를 빛의 속도로 나누면 원자가 하나의 파열을 방출하는 데 걸리는 시간을 얻을 수 있다. 그런데 불행하게도 측정된 결 맞는 길이는 다른 몇 가지 요소, 즉 원자의 속도(도플러 이동), 원자 주변의 전기장(슈타르크 효과) 등에 의존한다. 이로 인해 계산과 실험에는 그야말로 정밀성이 요구된다.

이러한 사실을 보는 양자적 시각은 매우 다르다. 빛을 방출하는 과정은 전혀 고려되지 않는다. 원자가 들뜬 상태에 오래 있을수록 원자가 있는 에너지 준위는 더욱 안정되고 이에 따라 방출 시간에 대한 불확정성은 증가된다. 동시에 불확정성의 원리에 의해 에너지에 대한 불확정성은 매우 작아진다. 따라서 방출선은 더욱 선명해지고, 이는 푸리에의 해석에 의해 더욱 긴 파열을 의미하게 된다. 한 원자로부터 방출되는 파열을 다루고 있는 것이라면 이 긴 파열은 그 결 맞는 길이가 길어진다.

원자는 거의 모든 시간 동안을 바닥 상태에 있으므로 바닥 상태의 에너지 준위의 폭에는 신경 쓸 필요가 없다. 바닥 상태의 체류 시간이 워낙 길어서 그 불확정성은 들뜬 상태의 에너지의 불확정성 ΔE와 비교해서 무시할 수 있다.

좀 거친 비유이기는 하지만 원자 상태의 전이에 대한 전일적 관점과 양자론적 관점을 한 가정집이 한 아파트에서 다른 아파트로 이사가는 것에 견주어서 비교해 보기로 하자. 이 가정이 이사하는 데 걸리는 시간은 그 가정이 아파트에서 얼마나 오랫동안 살아 왔는가와는 관계가 없다. 두 관점은 서로 다른 시간, 즉 (1) 원자가 전이하는 데 걸리는 시간과 (2) 전이 전의 상태에 존속하고 있던 시간에 중점을 둔다.

혹자는 원자가 들뜬 상태에 있는 동안 시간이 흘러가면서 계속 무슨 일인가가 벌어지고 있으므로 원자가 빛을 방출할 때 덜 감쇄된다고 생각할 수도 있다. 그렇다면 들뜬 상태에 오래 있을수록 긴 파열이 방출될 것이고 따라서 파열의 결 맞는 길이도 길어진다(그렇더라도 그 에너지와 기본적인 진동수는 같다). 이는 정통적인 생각은 아니지만 불확정성 원리가 숨겨진 변수로 어떻게 해석하는지를 보여 준다.

관측된 결 맞는 길이로부터 파열의 길이를 결정하는 데에는 실질적인 어려움이 따르는데, 간섭 무늬가 관찰될 정도의 형태가 되려면 수많은 파열을 필요로 하며 이는 곧 많은 원자들이 무작위적으로 방출하는 빛이 실험에 필요하다는 뜻이다. 원자의 에너지 준위는 그 미세 구조와 초미세 구조 등으로 매우 복잡하다. 각 원자에서 방출된 파열은 각각의 파열에 해당되는 경로 차에 따라 각각 자기만의 무늬를 만들게 되는데, 간섭계 경로 차가 증가될수록 무늬의 폭이 넓어진다. 이는 서로 인접한 무늬 사이의 위상 차에 의한 것으로, 이들이 서로 중첩되어 무늬가 흐려지는 효과를 주며 결국 결 맞는 길이의 측정을 어렵게 한다. 전형적으로 측정되는 결 맞는 길이는 수십 밀리미터 정도다. 마이컬슨은 카드뮴의 붉은 선이 특히 선명하다는 사실을 발견했고 200밀리미터 정도의 결 맞는 길이를 얻을 수 있었다. 이 길이를 파열의 길이로 간주한다면 원자의 전이 시간은 0.66나노초가 된다.

이것은 기껏해야 방출의 최소 주기의 크기 정도인 것으로 보아 약간 의심스러운 계산이다. 우리가 진정으로 원하는 것은 짧은 시간 노출을 이용하여 한 원자에 의한 간섭 무늬의 사진을 찍는 것이고 또한 간섭계의 경로 차를 계속 증가시켜 이러한 무늬가 희미해지는 경우를 보고자 하는 것이다. 이를 위해서는 주어진 간섭계의 배치에 따라 한 장씩 노출 사진을 찍어야 한다. 또 이들은 단지 한 원자로부터 방출되는 빛에 의한 간섭 무늬여야 한다. 그러나 지금 여기서는 양자 한 개를 말하는 것이 아니다. 예를 들어 카드뮴의 붉은색 빛의 한 파열에는 수백만 개의 진동이 담겨 있으며 이는 매우 많은 양자들로 이루어진 것이다. 간섭계가 광양자 하나를 쪼갠다는 가정을 할 필요는 없다. 어쨌든 이런 논의는 양자론에서 인정하든 않든 간에 원자의 전이 시간이 물리적 의미를 갖는다는 것을 보여 준다.

여기서 이야기하고 있는 것은 보통 우리가 알고 있는 바와 상반된다. 일반적으로 양자론은 한 개의 광양자나 양자와 같이 개별적인 것에 주로 관심이 있다. 그러나 위의 경우 양자적 관점은 많은 들뜬 상태에 있는 원자들에 의한 에너지 준위의 퍼짐에 초점을 맞추고 있다. 반면에 그 상대가 되는 관점은 단 하나의 스펙트럼 방출에 초점을 맞춘다.

또 하나의 어리석은 질문은 원자핵으로부터 입자가 자발적으로 방출되는 방사능의 경우에 입자가 방출되는 시간과 입자의 방향에 대한 것이다. 양자론에 따르면 이는 특정한 원인이 없이 일어나는 특별한 그리고 발견 가능한 사건이다. 이는 양자의 길에서 다루었던 터널링 효과의 한 예였는데, 확률로서 이 문제를 다루었다. 당시 우리는 왜 하필이면 지금 방사선이 방출되며, 왜 다른 방식이 아닌 이런 방식으로 방출되는가라는 문제는 고려하지 않았다. 그러나 어떤 하나의 사건이 관측됐을 때 우리가 감지하는 그것이 언제, 어디서 또 어떠한 방식으로 결정되는가에 대한 질문을 정당하게 요구할 권리가 있다.

원자핵에서 방출된 알파 입자에 관한 문제를 모트M. F. Mott는 〈알파 입자 경로의 파동 역학에 대하여〉라는 논문을 통해 다루고 있다. 모트는 여기서 알파 입자가 어느 방향으로 방출될 것인가라는 의문을 제기했다. 그러나 그는 곧 화제를 바꾸어 입자의 궤적이 방출의 근원인 원자핵으로부터 뻗어 나오는 방사형일 것임을 보여 주고 있다. 이 설명은 꽤 인상적이기는 하지만 알파 입자의 관측 가능한 궤적을 묻는 문제를 해결한 것은 아니다. 우리는 현상을 관측하고 방위각을 측정할 수는 있지만 이것을 다룰 이론적인 도구가 없다. 마찬가지로 입자의 방출 시간을 측정할 수는 있지만, 양자 역학의 이론은 단지 특정한 시간 간격 동안 방출이 일어날 확률 외에는 아무것도 말해 주지 않는다. 봄의 양자 역학 교과서 《양자론》에서도 이와 유사한 질문을 던지지만 설명을 하지는 못하고 있다. 사망률 표는 유용하며 잘 맞고 있다. 그러나 특정한 사람이 왜 죽는지에 대하여는 설명하지 못한다.

물리적인 상태 사이에 전이가 일어날 확률 등과는 달리, 인과적 과정은 시간이나 공간에서의 위치와 같이 그 자유도를 나타내는 변수들이 반드시 연속적이어야 한다. 연속성을 배제하게 되면 문제 자체는 간단해지나 동시에 그 방법이 불완전해진다. 인과적 과정이란 이런 측면에서 결정론과는 다르다는 것을 주목하도록 하라. 결정론이란 사건이 결코 다른 방식으로는 일어나지 않음을 의미한다. 반면에 인과적 과정이란 과도기적인 과정들이 추론되고 이것이 자연스럽게 관측된 결과로 이어지는 과정을 의미한다.

양자적 현상이 무에서부터 연유하며, 관측 가능하지만 그것을 유발하는 아무런 원인이 없고, 확률적인 예언이 그 전부이고, 원천적으로 숨겨진 변수가 전혀 없다면, 그것은 우리가 과학적인 설명을 찾고자 하는 노력을 포기하는 것이 되어 버린다. 그러나 이는 우리의 민주주의적 권리이자 종교적 자유다. 이론 물리학자 폰 노이만과 벨은 양자 이론으로부터 고전적 자연의 숨은 변수들을 제거했다. 그러나 아직은 어느 누구도 왜 양자 세계 영역에서는 통계적 예측만이 허락되고 과학적 설명으로부터는 제외되는지를 분명하게 설명하지 못하고 있다.

양자 이론이 나름대로 완전한 이론이라는 자신의 주장을 증명할 수 있는 한 가지 방법은 우리가 개별적이라고 여기고 있는 것들 —— 예를 들면 원자핵으로부터 입자가 방출되는 것이나 거품 상자를 지나가는 입자의 흔적과 같은 것들 —— 이 사실은 환상에 불과하며 수많은 동일한 계, 즉 전체적 조화ensemble를 이루어야만 물리적으로 의미를 가지게 된다는 사실을 보여 주는 것이다. 동전 던지기에 비유한다면 한 개의 동전을 던져서 앞면이나 뒷면이 나오는 것을 관측할 수는 없고 단지 수없이 많은 동전을 던졌을 때 그 분포만을 알 수 있다는 것이다. 즉, 전체는 각 개별적인 사건들의 단순한 합과는 다르다. 사망률표에는 한 개인의 죽음이란 없다. 단지 집단에 대한 분포만이 의미를 가질 뿐이다. 그러나 아주 잘 수행된 실험이라고 해서 그것이 전부는 아니다. 예를 들면 광학적으로 회절의 한계와 분해능의 한계를 최대한도로 이용하여 사진을 찍었다고 하자. 아무리 그렇더라도 이것이 광학적인 상인 이상 홀로그램보다 더 많은 정보를 가지고 있을 수는 없다. 그렇다고 홀로그램이 모든 정보를 포착한다고 또 누가 말할 수 있겠는가.

파동처럼 행동하는 입자

양자의 길을 통해, 움직이는 입자가 파동과 같은 성질을 보여 주는 세 가지 경우를 알아보았는데 그것은 터널링 효과, 입자 빔의 회절 그리고 램소어 효과였다. 물론 이들 외에도 입자의 파동성을 보여 주는 예는 많다. 여기서 우리는 다음과 같은 의문을 갖게 된다. 도대체 움직이는 입자가 보이는 파동이란 어떤 종류의 것인가? 그것은 간혹 드 브로이파라고 부르기도 하고 또 경우에 따라 물질파 또는 파속이라고 부르기도 한다. 그러나 그 어느 것도 파동답게 느껴지지는 않는다.

드 브로이의 이론에 의하면 물질파의 파장 λ는 운동량에 반비례한다. 즉,

$$\lambda = \frac{h}{mv}$$

가 된다. 입자가 느리게 움직일수록 파장은 길어진다. 파의 전파 속도는 입자의 속도와 관계가 있으므로 입자에 작용하는 인력과 척력을 통해 가속되거나 감속된다. 수면파나 음파 그리고 광파와 같은 진짜 파동의 속도는 그 파동이 전파되는 장, 곧 매질의 특성에만 관계가 있다. 균일한 매질 속에서라면 속도는 일정한 값을 갖는다. 따라서 가속될 수가 없다.

파동의 개념은 잠깐 접어 두기로 하고, 입자가 퍼져 있는 공간 또는 입자의 위치를 얼마나 정확하게 정의할 수 있을 것인가에 대해 생각해 보기로 하자. 하나의 입자가 시공간상에서 작은 구의 모양으로 퍼져 있다고 상상해 보자. 이 때 입자 빔의 회절각 θ는 회절에 대한 일반적인 공식을 따를 것이므로 다음과 같다.

$$\sin\theta = \frac{\lambda}{D}$$

여기서 D는 구멍의 폭이다. 이를 드 브로이 공식에 대입하여 파장을 소거하면 다음의 식을 얻는다.

$$\sin\theta = \frac{h}{mvD}$$

이 공식은 회절이 관측되기 위해서는 mvD 값이 플랑크 상수 h보다 커야 함을 말해 준다. 그렇지 않으면 사인 함수의 값이 1을 넘어 버리게 되고 그러한 각은 존재하지 않기 때문이다. 또 이 결과는 운동량과 입자의 위치의 불확정성을 각각 곱하면 플랑크 상수 h

보다 커야 한다는 하이젠베르크의 불확정성의 원리에도 잘 부합된다. 또 위의 방정식은 입자의 회절이 관측되기 위해서는 mvD 값이 플랑크 상수 h보다 조금만 커야 함을 말해 준다. 그렇지 않으면 회절각이 관측할 수 없을 정도로 너무 작아지기 때문이다. 플랑크 상수의 값이 너무 작기 때문에 입자 회절은 원자나 분자의 크기로, 그리고 구멍의 크기도 원자 정도의 크기로 제한을 받는다. 입자의 속도 차원에서 고려해 본다면 빔의 속도가 너무 느려서는 곤란하다. 그렇게 되면 빔은 열적인 진동 속에 파묻혀 버리고 말기 때문이다. 이렇듯 입자 회절은 mvD 값이 너무 작거나 너무 크지 않은 범위 내에서 관측된다. 이 제한된 범위가 바로 입자와 구멍 사이에서 공명 효과라는 특성을 보여 준다.

램소어 효과는 전자 빔의 드 브로이 파장이 특정한 크기를 가질 때 전자 빔이 가스를 투과하는 투과도가 극적으로 커지는 현상인데 결국은 공명 현상의 일종이라고 볼 수 있다. 결정에 대한 투과율이 특정 파장의 빛에 대하여 매우 높은 것은 광학적인 측면에서 이와 유사한 예라고 볼 수 있다. 드 브로이파의 개념 속에 내포되어 있듯이, 입자가 공간상에 퍼져 있어서 그것이 운동할 때에는 파동과 같은 형태를 갖게 된다는 개념은 상당히 파격적이다. 터널링 효과를 물질파의 측면에서 이해한다면 이것과 파동 광학에서의 전반사 현상 사이의 유사성이 더욱 돋보인다. 아무튼 물질파의 개념은 이보다도 더욱 파격적인 빛의 입자성, 즉 광양자 모형보다는 더욱 신뢰감이 있어 보인다.

사실 이러한 추론적인 개념들은 전자-양전자의 쌍이 파동인 감마선으로 전이되는 쌍소멸이나 그 반대 현상인 쌍생성 등이 관측되기 전까지는 그렇게 주목받지 못했다. 이러한 추론들은 정통 양자론에서 주장하는 파동-입자 이중성에 대하여 소위 변호사들이 주로 사용하는 용어인 '합리적 의심'을 제기하기 위하여 의도된 것이라고 볼 수 있겠다.

입자처럼 행동하는 파동

양자의 길에서 우리는 파동의 입자성에 대하여 두 가지 예를 알아보았는데 광전 효과와 콤프턴 효과가 그것이다. 광전 효과를 설명하는 데서 생기는 큰 문제는 광전지의 표면을 구성하고 있는 금속 원자의 충돌 단면적이 매우 크다는 사실이었다. 이는 램소어 효과와 정반대의 경우가 된다. 램소어 효과는 전자와의 충돌 단면적이 아주 작아져서 거의 0이 되어 버리는 것 때문에 나타나는 현상이기 때문이다. 두 가지 실험적 사실이 이 문제에 실마리를 제공하고 있다. 첫째는 광전 효과의 효율이 금속 표면의 상태에 크게 의존한다는 사실이다. 광다이오드를 만드는 것은 거의 예술에 가깝다. 결정적인 기술은 빛이 입사되는 금속 표면의 가공에 달려 있다.

두 번째 중요한 실험적 사실은 입사된 빔의 편광에 따라 광전 효과의 효율이 크게 변하는 것이다. 열쇠는 역시 빛을 흡수하는 원자에 있음이 분명해진다. 광전자를 방출하는 금속 원자의 크기는 흡수되는 빛의 파장에 비해서 매우 작다. 따라서 파동에 대한 일반적인 이론인 호이겐스-프레넬의 이론은 여기에 적용될 수 없다. 새로운 모형이 필요하다. 그런데 우리는 제2장 파동의 길에서 이와 유사한 문제를 다루었다. 전파 망원경 내부에 있는 그물 모양 검출선들 사이의 간격이 입사하는 전파의 파장보다 작았음을 기억할 것이다. 광전 효과에서는 파동의 미세 구조를 다루고 있다. 즉, 빛을 방출하는 광원으로서의 원자와 금속 표면에서 전자를 방출하는 원자 사이의 1 대 1 관계가 아니다. 하나의 광양자는 꼭 단일 원자의 소생만은 아니다. 그것은 일종의 양자화되어 있는 에너지다.

여기서 다루고 있는 것은 거대한 전자기파가 아주 작은 원자 속으로 빨려들어가는 현상이다. 마치 수영장의 엄청난 물이 하수구로 빨려들어가는 것과 같다고 보면 된다. 전자기파 전체에 퍼져 있는 에너지가 잘 튜닝된 흡입 구멍 속으로 포획되어 들어간다고 추측하는 것이다.

개념을 더 확장한다면, 전자기파의 에너지가 조그마한 체적으로 압축된다는 것은 전자기파가 특정한 형태의 장애물을 만났을 때 파동의 앞 부분에서부터 그 자리에 차곡차곡 쌓이는 것으로 볼 수도 있다. 이런 모형은 감마선에 의해 전자-양전자쌍이 생성되는 데에도 동일하게 적용될 수 있다.

앞에서 드 브로이파에 대하여 알아보았던 것을 포함하여 이러한 시사점들을 되짚어보는 이유는 파동과 입자의 이중성이라는 주제가 결코 허구가 아니며 양자론이 지금까지 제시해 온 설명보다 한결 설득력 있는 해석을 제공하고 있다는 점을 지적하기 위해서다.

콤프턴 효과에서도 광전자 효과에서와 같이 입사된 X선의 파장은 표적인 전자보다 훨씬 크다. X선이 회절을 하지 않고 역학적인 충돌 현상을 보이는 것은 이 때문이다. 이러한 크기 차이에도 불구하고 충돌하는 두 입자의 에너지와 역학적인 임피던스는 그런 대로 잘 조화되고 있다. 그럼에도 불구하고 충돌에 참여하는 한쪽은 파동이고 다른 한쪽은 입자다. 그들은 서로 다르고 또 결이 맞지도 않는다. 따라서 에너지의 교환은 파동의 진폭이 아니라 세기가 관계되는 것이다. 수학적으로 말하자면 중첩은 곱의 형식이 아님을 의미한다. 따라서 X선은 전자기파임에도 간섭을 일으키지 않고 입자와 같은 행동을 보인다.

이중 슬릿 실험의 재해석

파동의 길에서 기술된 영의 이중 슬릿 실험은 약간의 수정을 가한다면 양자론의 필요성을 보여 주는 좋은 예로 사용될 수 있다. 즉, 실험에서 아주 약한 빛을 사용함으로써 그림 3과 같이 단 하나의 광양자만이 슬릿을 통과할 수 있도록 하는 것이다. 광양자는 둘로 나누어질 수 없으므로 두 슬릿 중 한 곳을 통과해야 하는데 이 때 다음과 같은 의문이 제기된다. 한 번에 한 개의 광양자만이 이중 슬릿을 통과하여 사진 건판에 도달하는데 어떻게 회절 무늬를 볼 수 있다는 말인가? 파인만은 이 실험에 대하여 다음과 같이 말한다. "고전적으로는 설명이 불가능한, 절대로 불가능한 현상이 있으며 이것이 곧 양자 역학의 핵심을 이룬다. 그리고 실제로 그것은 유일한 불가사의다." 파인만은 애초에 이것이 어떻게 일어나는지에 대한 '설명'을 배제한다. 우리는 단지 어떤 일이 일어나는지 이야기할 뿐이다. 오늘날 우리는 이러한 실험이 결코 수행될 수 없는 것임을 잘 이해하고 있다. 실험 자료가 아니라 원리를 논하고 있는 것이다.

위의 논의를 확대해 보자(아래의 설명은 논쟁의 여지가 있음을 독자는 주의하기 바란다). 우리의 주장은 다음과 같다.

1. 그림 9의 마이컬슨의 장치와 같이 두 개의 빔을 사용하는 간섭계라면 위의 사고 실험은 완전히 동등하다. 슬릿을 사용하거나 반투명 거울을 사용하여 파열을 진폭의 측면에서 둘로 쪼개더라도 아무런 차이가 없다.

2. 간섭 효과는 같은 순간 실험 장치 안에 존재하는 파열의 개수와는 무관하다. 그 숫자가 하나이든 둘이든 아니면 수백만이든 결

과는 같다. 오컴의 면도날을 기억하라.

3. 이 사고 실험에서 빛을 사용하는 것과 전자를 사용하는 것은 서로 다르다. 뒤에서 다루게 되겠지만 한 번에 한 개의 전자 또는 한 쌍의 전자를 실험 장치로 통과시키는 것은 전혀 다른 게임이다.

광양자의 쪼개진 부분이 실험적으로 관측되는가 하는 문제는 광양자가 쪼개지는 성질을 가질 수 있는가 하는 것뿐만 아니라 쪼개진 상태로 존재할 수 있느냐 하는 두 가지 주제를 다루고 있다. 하나의 원자로부터 하나의 광양자가 방출된다고 생각한다면 이 때는 아무런 역설이 개입되지 않는다. 두 개의 슬릿이 열려 있을 때에는 간섭이 일어나며, 하나의 슬릿만 열려 있다면 간섭은 일어나지 않는다. 간섭 효과를 얻기 위해서는 둘 이상의 간섭성파가 서로 중첩되어야 한다. 각각의 파가 실험 장치를 통과할 때 간섭성파의 쌍이 생긴 후 다시 합쳐진다.

파열이 매우 짧고 약해서 거의 하나의 에너지 양자만으로 이루어진 경우 이는 일시적인 펄스를 다루는 문제가 된다. 이 때는 전혀 다른 규칙이 적용되며 실험 장치를 어떻게 배치하더라도 간섭은 일어나지 않는다. 또 필자가 알고 있는 한 이런 실험은 단일 원자의 방출이나 단일 양자의 방출 그리고 추적 가능한 광자 어떤 것으로도 행해진 적이 없다.

개개의 광양자 측정은 가이거 계수기의 원리와 같이 항상 이온을 측정하는 것이다. 직접 검출되는 것은 이온이지만 이로부터 광양자가 검출되었음을 추론하는 것이다. 어쨌든 한 번에 오직 하나의 광양자를 검출할 수 있는 실험 장치가 마련되었다고 가정하자. 이 검출기를 두 개의 빔 중 어느 한쪽에 장치한다. 또 검출기를 장치하는 빔을 임의로 바꾸어 가면서 위의 실험을 여러 번 반복한다. 검출기를 사용하여 한쪽 빔을 차단했으므로 간섭 현상은 일어날 수 없다. 통상 양자적인 해석을 위하여 주어진 계를 측정할 때 여기에는 필연적으로 하이젠베르크의 불확정성의 원리가 적용된다. 그러나 이 경우에는 특별히 광양자가 스크린에 부딪치기 전에 검출을 행한다. 반면에 하이젠베르크의 원리는 동시에 측정하는 경우에만 적용되며 측정이 시간 간격을 두고 연속적으로 일어나는 경우에는 해당되지 않는다. 광양자가 한쪽의 열린 슬릿을 통해 지나갔다면 검출기는 에너지를 흡수한다. 이러한 방식으로 우리는 광양자가 어느 쪽 슬릿을 선택했는지 알 수 있고 동시에 그 경로를 추적할 수 있다.

이러한 장치를 설치했다는 것은 곧 움직이는 광양자를 이용하는 하나의 기준 좌표계를 얻었음을 의미한다. 우리는 광양자가 실험 기기에 들어가는 순간을 조절할 수 있고 광양자의 궤도를 확인할 수도 있으며 또 광자가 검출되는 시간을 알아낼 수도 있고 이로부터 광양자의 속도를 계산할 수 있다. 과연 이 속도는 실험 기구의 운동에 따라 달라질까? 상대성 이론은 그렇지 않다는 것을 말해 준다. 도플러 효과가 관측되었다면 그 효과의 정도는 파원이 움직이는 경우와 검출기가 움직이는 경우 서로 다른 결과를 나타낼까? 상대성 이론은 그러한 결과를 예측하고 있다. 이런 질문들로부터 완벽하게 탈출하는 길은 개별적 광자의 존재를 부인하는 것이다. 이러한 배경에는 물론 상대성 이론이 한 개의 빛으로 된 빔을──그것이 양자화되었을지라도──측정 가능한 기준 좌표계로 사용하는 것은 배제한다는 사실이 깔려 있다.

한 개의 광양자만을 사용하는 경우 실험은 또 다른 어려움에 부딪치게 되는데 이는 지연 효과에 의한 것이다. 실험 기구가 매우 크다고 가정해 보자. 두 빔 중 하나를 차단하지 않으면 간섭이 일어난다. 파동을 다루고 있음이 분명하다. 그러나 한쪽 빔을 사진 필름 조각으로 가리면 소위 필름의 감광 입자가 광양자를 흡수할 것이다. 광양자가 어느 쪽 길로 지나가는지를 알아낸 다음 그 쪽 빔을 차단한다면 과연 우리는 그것이 입자인지 파동인지 어떻게 설명할 수 있는가? 파열이 간섭계의 부분 반사 거울에 의해 두 개의 쌍둥이 빔으로 나누어지면 이 둘은 모두 파동적 성질을 갖는다. 후에 그 중 하나가 입자라는 것을 발견했다. 그렇다면 어떻게 파동이 감광 입자 위에 중첩되면서 입자인 광양자로 변할 수 있는가? 가장 쉬운 대답은 빛의 입자 모형인 광양자를 부정하는 것이다. 파열을 여러 개의 슬릿이나 다중 반사 거울을 이용하여 더 많은 숫자의 쌍둥이 빔으로 나누는 경우를 생각해 본다면 이렇게 쪼개질 수 있는 광양자의 모형은 점점 더 믿음직스럽지 못하게 되어 버린다.

한 개의 광양자 대신에 두 개의 광양자를 사용하는 실험을 생각해 보자. 두 개의 광양자가 동시에 실험 기구를 통과하는 것은 아니지만 어쨌든 쌍을 이루는 두 개의 광양자가 장치로 입사된 후 더 이상 광양자가 입사되는 것을 막고 검출기를 가동시킨다. 앞에서와 마찬가지로 한쪽 빔이 지나가는 곳, 예를 들면 슬릿의 바로 뒤와 같은 위치에 검출기를 장치한다. 또 검출기를 장치하는 슬릿을 무작위적으로 바꾸어 주며 반복한다. 양자 통계의 예측은 다음과 같다. 한쪽에서 두 개의 광양자를 모두 검출할 확률이 3분의 1, 하나도 검출해 내지 못할 확률이 3분의 1, 하나만을 검출할 확률이 3분의 1이다. 그러나 고전 통계로는 각각의 확률이 4분의 1, 4분의 1, 그리고 2분의 1일 것으로 기대된다.

지금까지는 빛을 사용하는 실험만을 고려했는데 이번에는 한 번에 하나 또는 두 개의 전자를 사용하는 경우를 생각해 보자. 따라서 당연히 부분 반사 거울을 사용해서는 안 된다. 각 전자는 독립적으로 존재하고 통상 간섭을 일으키지 않는다. 전자는 정지 질량을 가지고 있으며 두 전자 사이의 상대 속도가 변할 수도 있으므로 빛의 경우와는 달리 상대론적인 제약을 받지 않는다. 전자들을 사용해서 실험을 해보면 간섭 현상을 얻지 못한다. 따라서 전자가 둘로 쪼개질 수 있느냐 없느냐 하는 역설은 성립하지 않는다(양자의 길에서 논의된 전자 빔의 회절은 이중 슬릿이 아닌 하나의 슬릿을 사용하는 것으로 전혀 다른 현상이다). 전자는 나누어지지도 않고 간섭하지도 않는다. 전자는 페르미온이고 광자는 보손이기 때문에 두 개의 전자를 검출할, 하나도 검출하지 못할, 그리고 하나만 검출할 확률에 대하여도 빛과는 다른 통계적 결과를 얻는다.

만약 두 개의 전자 쌍이 반대 방향의 스핀을 갖도록 전자 쌍의 상태를 초기에 일치시켜 줄 수 있다면, 이 실험은 앞에서 논의한 벨의 정리를 증명하는 데 사용될 수도 있다. 전자를 하나씩 시간 간격을 두고 실험 기구 안으로 입사시킨다. 이렇게 하면 벨의 정리에서와 유사한 상황이 된다. 다만 이 경우 앞에서처럼 공간적으로 떨어져 있는 두 입자에 대한 상호 관계가 아니라, 한 장소에 서로 다른 시간에 도달한 두 입자 사이의 상호 관계에 관심을 갖게 된다.

최소의 원리와 등분배의 원리

최소의 원리란 물리적인 변화나 과정이 가장 쉬운 또는 가장 짧은 경로를 통해 일어나려는 경향이 있음을 말해 준다. 물리학의 거의 모든 부분에 이러한 원리가 적용되고 있다고 보아도 과언이 아니다. 물이 밑으로 흘러내릴 때 항상 가장 경사가 급한 곳을 택하는 것이나, 물을 용기에 담을 때 그 용기의 모양이 아무리 불규칙

하더라도 그 수면이 최대한도로 낮아지도록 물이 분포되어 중력장에서 위치 에너지가 최소가 되는 것도 그 예다. 광학계에서 빛이 가장 빠른 경로를 택한다는 페르마의 원리와, 중력장에서 입자가 갖는 경로도 마찬가지다. 경로 적분을 이용하는 양자 역학에 대한 파인만의 이론도 최소 작용이라는 원리를 기초로 하며, 맥스웰의 방정식도 최소 작용이라는 조건으로부터 유도된다. 뉴턴의 역학 체계도 해밀턴의 최소 작용의 원리를 따르며, 가우스의 원리는 최소 제약 조건이 적용되는 경우다. 또 톰슨의 원리에 의하면 전하를 띤 입자는 그 에너지가 최소가 되도록 재배치된다. 열역학 제2법칙에 의하면 열적인 계는 언제나 그 있을 수 있는 확률이 최대가 되는 상태로 움직여 간다. 물론 그 외에도 예는 더 있다.

 최소의 원리는 때에 따라서 의심의 눈총을 받는다. 해석하기에 따라서, 물리적인 과정이 그 계에 이미 내재되어 있는 어떤 의도된 목적에 의해 일어난다고 볼 수 있기 때문이다. 바로 다음에 어떤 일이 벌어질 것인가가 현재의 상태에 따라 정해지는 것이 아니라 과거 그리고 미래의 상태에 의존한다는 뜻이 된다. 또 물과 빛 그리고 전하들이 사전에 미리 정보를 입수하여 더 빠르고 쉬운 길을 추적하여 자기들이 원하는 길을 찾아 나가게 됨을 뜻하기도 한다.

 최소의 원리는 사실 의인법적擬人法的 또는 목적론적 개념이 반영된 것이 아니라 일종의 인과율에 의한 과정이라고 이해할 수 있다. 먼저 분명하게 개념을 정리해 보자. 앞의 열역학 제2법칙의 예에서 볼 수 있듯이 항상 최소값만이 가능한 것은 아니며 최대가 될 수도 있다. 따라서 이 원리를 보다 정확하게 기술한다면 그 궤도가 아주 조금 변했을 때 다른 물리적인 수치들, 예를 들면 페르마의 정리에서는 빛이 움직인 전체 시간과 같은 물리량이 최소한 1차 질서 안에서는 변하지 않는다고 정의하는 것이 보다 적절하다. 이를 수학적으로 표현하면 물리량이 최대, 최소 또는 극값을 가지는 궤도를 선택한다는 것이다.

그렇다고 모든 물리계에 항상 최소의 원리가 적용되는 것은 아니다. 가끔 실패할 때도 있다. 간혹 시냇물도 최단 거리를 찾지 못할 때가 있다. 현재 움직이고 있는 궤도가 최단 거리 궤도에서 너무 많이 벗어나 있는 경우다. 물리계가 최소가 되는 궤도를 찾는 데에는 여러 가지 방법이 동원된다.

첫째, 푸리에의 원리에 의하면 모든 물리계는 어떤 형태로든 조화 진동이나 파동으로 분해가 가능하다. 또 파동은 시간과 공간상에서 일정한 영역을 차지하고 있다. 파동 앞엣선의 한 부분이 나머지 부분보다도 그 부분에 더 친화적인 매질을 만났다면 이어서 모든 파동들이 그를 따라서 궤도를 이탈하게 된다. 경우에 따라서 여기에 회절 현상이 덧붙여지기도 한다.

둘째, 물리계에는 항상 무작위적 요동인 소음이 있게 마련이다. 이것이 계를 다른 궤도로 인도할 수도 있다.

그렇더라도 궤도의 이탈과 무작위적인 요동이라는 두 요소가 계가 더 좋은 곳으로 옮겨 가는 것을 보장해 주지는 못한다. 그러나 이러한 요동과 이탈은 무작위적인 과정이므로 경우에 따라서 유리한 쪽 방향을 향할 수는 있다. 다음과 같이 자동차가 도로에 얇게 깔린 질퍽이는 눈 위를 달리는 예를 생각해 보자. 자동차의 타이어가 지나가는 곳은 깨끗해진다. 이는 자동차나 운전자가 의도적으로 원해서 되는 것은 아니며 단순히 등분배의 원리에 의하여 눈이 타이어의 양쪽으로 헤쳐지는 것에 불과하다. 이렇게 도로의 다른 부분으로 옮겨진 눈은 뒤에 따라오는 자동차에 의해 또다시 다른 곳으로 옮겨진다. 이 때 눈이 길 가장자리까지 혹은 길 밖으로 던져졌다면 이는 길 위에서 완전히 제거되었음을 의미한다. 결국 눈은 모두 길 가장자리까지 밀려나게 될 것이다. 이는 확률의 길에서 만났던 술취한 사람의 경우와 유사하다.

  시냇물이 지름길을 발견하게 되면 계속 그 곳으로 흐르려는 경향을 가진다. 다른 저항이 있는 곳보다 속도가 빨라지고 따라서 흐르는 유량이 증가하기 때문이다. 열쇠는 바로 여기에 있다. 계가 궤도를 바꾸었을 때 그것이 더 단거리가 되는 방향이었다면 계는 이로 인해 어떤 형태로든 보상을 받는다. 생물학적인 진화에서도 DNA 분자의 무작위적인 변이에 의해 종이 살아 남을 확률은 더욱 높아진다. 자연의 보상을 받는 것이다. 총작용 또는 총시간과 같은 계의 총체적인 성질이 최소 또는 최대가 되는 것은 바로 계의 요동에 의한다. 이는 마치 진동에 의해 모든 가루들이 파인 홈 속으로 들어가는 것과 비슷하다.

  최소의 원리는 거의 모든 물리계에 적용되는 일반적인 경향이다. 그러나 경우에 따라 다른 요소의 개입으로 그 양상이 바뀌기도 한다. 우리가 다루고자 하는 물리계가 여러 개의 자유도, 즉 물리적 변수를 가지고 있다고 하자. 이러한 자유도들은 각각 하나씩의 차원을 구성한다. 따라서 다차원의 계를 다루는 것이 된다. 이 때 계가 특정한 상태에 있게 되면 이러한 상태는 계의 위상 공간에서 하나의 점으로 표시된다. 계의 상태가 변하게 되면 이 위상 공간상의 점은 하나의 궤적을 그린다. 위상 공간상의 궤적이라는 개념을 이용하면, 최소의 원리라는 일반적인 원리는 물리계가 위상 공간에서 그리는 궤적의 길이가 극값을 가지는 경향이 있다는 의미다.

  여기서 어려움은 여러 개의 자유도 중 과연 어떤 변수를 택하여 이 원리를 적용하느냐는 것이다. 해밀턴의 원리에 의하면 계의 운동 에너지와 위치 에너지의 차이는 시간에 따라 변하는데 이것이 바로 가장 먼저 고려되어야 할 변수다. 보통 이 운동 에너지와 위치 에너지의 차이를 역학계의 라그랑지안Lagrangian이라고 부른다.

물리계가 그 위상 공간에서 하나의 궤적을 그리며 움직인다는 것은 계의 해당되는 물리적 변수가 초기 상태에서부터 마지막 상태까지 연속적으로 변화하고 있다는 뜻이다. 그런데 이 때 소음, 회절 그리고 불확정성에 의해서 이 궤적이 진동하게 되는데 이는 바로 무작위적 탐색의 과정이라고 볼 수 있다. 이 궤적이 최단 거리의 궤적에서 벗어나 있다면 이 궤적의 총길이는 최단 거리의 궤적보다는 더 길 것이다. 또 궤적이 변화할 때 그 길이가 짧아지는 비율은 최단 거리의 궤적에 가까이 갈수록 늦어진다. 파인만은 이러한 경향을 위상의 변화가 감소하기 때문이라고 보았다. 그러나 위상 또는 파동의 개념을 꼭 도입해야 설명이 가능한 것은 아니다. 계가 평형 상태에 접근할수록 그 변화율이 떨어지는 것은 화학적 반응에서나 열의 전달에서도 흔히 볼 수 있다. 그리고 이러한 현상들을 설명하는 확산 방정식은 바로 그 형태면에서 양자 역학의 방정식인 슈뢰딩거 방정식과 같은 모양을 가진다.

요동의 무작위적 본질은 곧 등분배의 좋은 예다. 비대칭의 요소가 제거되면 모든 가능한 경우들은 대칭의 분포를 가질 것이 분명하다. 최소의 원리란 말하자면 비대칭이 나타나는 것이다. 그러나 이 비대칭적 요소는 요동 그 자체에 있는 것이 아니라 요동의 결과로 나타난다. 신은 우주를 가지고 주사위 놀이를 하고 있다. 그러나 아주 특이한 방식의 비대칭적 요소를 가미하여 최종적으로 가장 쉬운 방법을 찾아가도록 돕고 있다. 시냇물이 호수에 근접하면 경사가 점점 수평에 가까워지고 그 흐름은 무작위적으로 꾸불꾸불해진다. 곧 등분배의 지배를 받게 되는 것이다. 인과율이란 곧 등분배의 원리가 깨지는 것으로부터 추론된다. 우리가 혼돈 속에서 하나의 형식을 분별하고 무작위적인 분포가 한쪽으로 기울기 시작하면 이것이 곧 질서와 규칙의 시작이다. 형식은 정보를 가지고 있지만 무작위적인 분포는 그렇지 않다.

등분배란 곧 인과 관계의 부재로부터 오는 자연스러운 결과다. 주사위 놀이는 그 무작위성에 어긋나는 어떤 형식이나 요인이 없을 때 공평하다. 우리가 인과 관계에 대하여 깊은 신뢰감을 가지고 있듯이 또한 주사위에 아무런 인과 관계가 없다면 모든 눈이 공평한 확률로 나올 것임을 굳게 믿는다. 완전한 인과율은 곧 결정론을 의미한다. 반면에 완전한 등분배는 곧 비결정론이다. 이들 사이의 관계를 그림 17에 그려 보았다.

앞에서 언급한 전일적 관점이란 바로 양자 역학의 확률론적 뼈대와 고전 역학의 라플라스의 악마로 대변되는 결정론적 함축이 결합한 것이다. 최소의 원리와 등분배의 원리가 절묘하게 서로 융해된다면 바로 이러한 결합이 될 것이다. 물리계가 가장 있음직한 상태

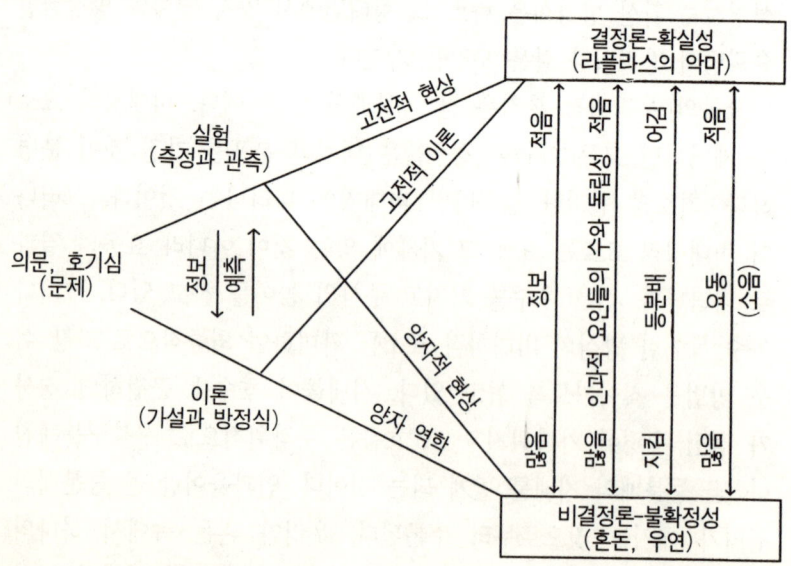

그림 17 과학에서 결정론과 비결정론과의 관계를 보여 주는 도표

에 있으려고 하는 경향은 곧 에너지가 가장 낮은 상태(열역학 제2 법칙), 등분배의 원리, 위상 공간에서 최소 거리의 궤도를 의미한다. 여기서 더 앞으로 나가려면 고전적 그리고 양자적 측정을 모두 포용하는 측정 이론이 필요하다. 그러나 이러한 작업은 이 책의 범위를 넘어서는 것이며 〈부록 3〉에서 간단하게만 다루기로 한다.

이러한 두 가지 측정의 개념을 하나의 이론으로 묶는 것이 얼마나 어려운 작업인지는 상보성 원리에 아주 잘 표현되어 있다. 런던 Fritz London과 바우어 Edmond Bauer가 지적했듯이 양자적 사건이란 측정 장치와 측정하고자 하는 계가 한데 혼합되어 그들간에 서로 구분이 불가능해진다는 것이 특징이다. 상대성 이론에서 관측자와 관측되는 대상이 속한 계가 서로 상대적으로 움직이고 있을 때 이 두 계가 대칭을 이루고 있는 것과는 좋은 대조다. 결과는 두 계에서 동일하게 나타나고 관측자는 이 두 결과를 모두 측정할 수 있다. 반면에 양자적인 측정에서는 관측자가 관측하려는 계 속에 포함된다. 이러한 점에서 물리학자는 마치 심리 치료사가 환자와 똑같은 경험을 직접 겪지 않고서도 그의 감정을 이해하고 설명하고 예측하고 또한 치료해야 하는 것 같은 역할을 해야 한다.

플랑크 상수 h는 무엇인가

양자 역학의 최대 불가사의는 플랑크 상수다. 그 값은 여러 가지 양자 현상을 이용한 측정으로부터 계산되는데 약 $6.626 \times 10^{-34} J \cdot S$다. 의문점은 다음과 같다. 왜 각기 다른 방법으로 측정한 값이 일치하는가? 약간 희미한 우주가 나누어진 알갱이의 크기는 어째서 우주적인 상수인가? 왜 여러 가지 조건에 따라 변하지 않는가?

아인슈타인의 상대성 이론은 뉴턴의 절대 시간과 절대 공간의 개념을 배제하고 새로운 절대 개념으로 광속 c를 도입했다. 양자론은 고전 물리학에서 관찰하고 관찰되는 시스템간의 절대적 분리가 가능함을 부인하고, 작용의 절대적인 상수로서 플랑크 상수 h를 소개했다. 물리 세계에서 세 번째의 절대적인 상수는 전자의 전하량 e이다. 물론 양성자의 전하는 부호만 다르다. 이 세 가지 상수 c, h, e는 물체나 관측자의 속도에 관계없이 일정한 값을 갖는다. 이는 공간, 시간, 질량 그리고 에너지 등 그 외의 거의 모든 물리량이 속도에 따라 변하는 것과 비교하면 예외적인 경우다. 전자의 전하량은 통상적으로 또 다른 전하와의 상호 작용을 통해 그 양을 측정한다. 따라서 전하량과 관련된 기본 상수는 e^2이라고 보는 것이 더 실제적이다. 이 세 가지 상수를 조합하면 차원 없는 상수인 e^2/hc가 된다. 그리고 이 값은 0.007297……이다. 이는 순수한 숫자이므로 표준 미터의 길이나 표준 초의 시간 그리고 표준 킬로그램의 질량 등에 영향을 받지 않는다.

이것을 미세 구조 상수라 부르는데 양자 역학 계산에 자주 사용된다. 이는 단순한 숫자의 장난이 아니고 실제적인 물리적 상수다. 이 양이 차원이 없다는 사실로부터 물리학자들은 이와 관련하여 아직도 발견되지 않은 물리적 우주의 특성이 있을 것이라고 추측하기도 한다. 빛의 속도는 시공간의 전자기적 특성을 나타내며, 플랑크 상수 h는 전자기 복사에서 전자기파의 진동수와 전자기파의 에너지의 비율의 단위를 나타내고, 기본 전하량 e는 물리학자들이 가정한 세 가지 다른 힘(중력과 두 가지 핵력)보다 더 기본적인 힘과 연관되어 있는 것 같다. 미세 구조 상수는 속도에 무관한 세 가지 상수를 조합하여 무차원의 상수를 만드는 가장 간단한 방법이다. 그리고 이 세 가지 상수는 모두 전기와 어떤 형태로든 관련이 있다.

미세 구조 상수의 역수는 약 137이다. 보다 정확한 측정에 의하면 그 값이 정확하게 정수 137은 아니다. 이 소수점 이하의 숫자들에 대하여 껄끄러움을 느끼는 사람들이 있는 것 같다. 어떤 사람들은 오직 수학적인 숫자들의 조합으로 또는 형이상학적 기초인 첫번째 원리로부터 이 숫자나 그 역수를 유도하는 방법을 시도했다. 이러한 노력 중 하나가 프랑스의 잡지에 실렸는데 이는 몇 단락 안 되는 것이었다. 필자는 이를 다섯 번이나 읽어 보았지만 그래도 이해할 수가 없었으며 따라서 비평도 할 수 없었다. 이는 다음과 같은 일화를 상기시킨다. 한 과학 잡지의 편집자가 제출된 논문이 이해되지 않자 이를 파울리에게 가져갔다. 파울리의 판정은 "이 논문은 심지어 틀리지도 않았어"였다.

어떤 약삭빠른 사람들은 컴퓨터를 동원하여 정수와 여러 가지 상수를 조합하여 실험 오차 범위 내에서 이 값과 같은 값을 가지게 하는 방법이 여러 가지 있음을 발견했다.

플랑크 상수 h에는 미세 구조 상수보다 더 많은 불가사의가 있다. 플랑크 상수 h는 플랑크가 흑체 복사 법칙을 유도하면서 처음으로 등장했다. 이는 복사 현상에서 특히 자외선 파국을 극복하기 위한 시도로 도입되었는데, 양자론의 발전사에서 가장 성공적인 일이었다. 플랑크의 원래 유도 과정에는 사실 약간의 허점이 보이나 16년 후 아인슈타인에 의해 이러한 문제들은 해결되었다. 플랑크 상수 h는 지금도 여전히 작용이나 각운동량의 단위로 중요한 역할을 하고 있다.

양자 역학은 그 기술 방법이 적어도 네 가지 정도 되는데, 슈뢰딩거의 파동 방정식, 하이젠베르크의 행렬, 디랙의 복소수 벡터를 이용하는 가설적 접근법, 파인만의 경로 적분을 이용하는 방법 등이 그것이다. 각각의 방법론에서 플랑크 상수 h는 실험적으로 구해진다. 이 플랑크 상수는 거의 모든 양자 문제의 계산에 이용된다.

때때로 소거되기도 하지만 그 의미만큼은 남아 있다. 양자 전기 역학QED의 핵심 과제는 플랑크 상수 h를 맥스웰 방정식의 수식 체계에 포함시키려는 것이다. 플랑크 상수 h를 0으로 간주하면 양자 현상은 고전 물리학의 방정식으로 복귀된다. 즉, 양자 현상은 플랑크 상수 h가 작아질수록 고전적인 현상에 접근한다. 이런 현상을 양자론의 대응 원리라 부른다.

그러나 플랑크 상수 h의 궁극적 의미, 아니 이 상수가 그러한 의미를 지녔느냐 하는 의문 자체가 불가사의로 남아 있다. 물리학자들은 이러한 걱정이 시간 낭비에 불과하다고 일축한다. 바보스런 질문은 하지 말고 그저 플랑크 상수 h를 사용하라고 말한다. 그러나 다음과 같은 주장 역시 줄기차게 제기되고 있다. 설명이 없는 예측만으로는 불충분하다. 그 외에 무엇인가가 더 있을 것이다. 당신은 어느 쪽인가?

10
별들을 향한 길

 마지막까지 읽어 온 독자에게 보답하는 의미에서 이 장은 좀 쉬운 내용을 다루고자 한다. 전문적인 지식도 그리 필요하지 않을 것이다. 고대로부터 시대를 이어 가며 계속되어 온 큰 의문으로 돌아가 보자. 도대체 무슨 힘이 우주를 창조했으며, 지구상의 생명체는 우주에서 유일한 존재인가? 아니면 우주의 어디엔가 또 다른 생명체가 존재하는가?
 뉴턴 시대의 과학자들은 사실 태양계보다는 이 문제에 더 많은 관심을 가지고 있었다. 과연 삶의 목적은 무엇이며 그것은 어디로부터 왔는가 하는 큰 의문이었다. 고대인들의 의문과 결국은 같은 맥락이었다. 오늘날 우리의 표현법은 더욱 정교해지고 과학적 지식의 양도 괄목할 만큼 증가했다. 그러나 이 질문들은 아직도 미해결의 상태로 남아 있다. 신은 우주를 가지고 주사위 놀이를 하는가? 생명의 기원을 포함하는 모든 사건들은 우연의 법칙을 따르는가, 아니면 우리가 보는 모든 것에는 타당한 이유가 있는가? 또는 타당한 이유는 없다 할지라도, 관찰되는 모든 것들이 원리에 입각한 합리적인 것이며 우리가 이해할 수 있는 것일까?

이 장에서는 이러한 질문들을 주제로 다루어 보고자 한다. 이를 위해 최근에 알려진 과학 정보, 특히 이 책을 통해서 이야기되었던 몇 가지 내용도 이용하고자 한다. 그렇더라도 그 대답은 결코 끝이 없으며 완벽하지도 못할 것임이 분명하다. 이러한 주제에 대하여는 항상 새로운 의문이 끝없이 꼬리를 물고 이어지기 때문이다. 우리는 누구이며 어디에 존재하는가에 대한 탐색도 결코 끝이 없을 것이다. 어떤 면에서는 이 끝없는 논쟁이 결코 끝나지 않기를 기대하기까지 한다. 논쟁을 피하기를 원하는 사람은 질문을 하지 않으면 된다. 한 연구 실장에 대한 일화가 있다. 실장은 조수에게 이러이러한 문제에 대하여 연구해 보고 그 결과를 보고하도록 지시했다. 조수는 지시에 따랐고 그 보고서에는 다소 강력한 건의 사항이 포함되었다. 실장은 화를 내며 말했다. "내가 연구해 보라고 지시했지, 언제 자네 의견을 물었나!"

태양계

우선 현대 물리학이 고대의 천문학적 질문들에 대하여 얼마나 잘 답변하고 있는지 이야기해 보기로 하자. 천문학 책에 나와 있는 태양계 그림은 실제 비율대로 그린 것이 아니다. 태양계를 일정한 비율로 축소하면서 동시에 화성과 지구의 크기가 얼마나 다른지를 눈으로 구분할 수 있을 정도의 크기로 그리려면, 태양과 목성 그리고 토성까지의 거리로 보아 책의 크기는 무척 커야만 될 것이다. 반면에 보통 크기의 종이 위에 태양계 전체를 그리려면 행성들은 모두 작은 점들로 표시할 수밖에 없다.

태양을 지름 8센티미터의 오렌지 크기에 비유한다면 지구는 오렌지로부터 8.6미터 떨어진 주위를 회전하는 작은 모래로 나타날 것이다. 또 목성과 토성은 오렌지로부터 각각 45미터 그리고 82미터 떨어진 곳에서 앵두씨만한 크기로 보일 것이다. 같은 비율로 따진다면 태양으로부터 가장 가까운 별인 알파 센추리는 얼마나 멀리 있을까? 1마일? 50마일? 300마일? 답은 1400마일이 넘는다. 밖에는 실로 엄청난 크기의 공간이 있는 것이다. 또 태양의 실제 지름은 140만 킬로미터다.

태양계의 질량 분포는 몹시 편향되어 있다. 전형적 별인 태양은 전체가 가스로 이루어져 있는데도 불구하고 태양계 전체 질량의 90 퍼센트 이상을 차지한다. 이어서 목성은 그 외의 모든 다른 행성들과 위성을 합친 질량보다 두 배 이상의 질량을 가지고 있다. 또 목성을 제외한다면 토성은 그 외의 다른 행성들과 그들의 위성들을 합친 것의 두 배가 넘는 질량을 가진다. 말하자면 지구가 태양계에 존재하는 대부분의 물과 산소 그리고 가장 좋은 날씨를 가지고 있다는 것을 제외하면 태양계 내에서 그다지 중요한 존재가 아니다. 많은 공상 과학 소설에도 불구하고 우리의 집 주변이라고 볼 수 있는 태양계 안의 어느 곳에도 생명체가 존재하지 않는다는 것을 확신한다. 그러나 이야기를 다른 은하계까지 확장한다면 이야기는 달라질 수도 있다. 이에 대해선 잠시 후에 다루기로 하자.

모든 행성은 태양 주위를 같은 방향으로 돌고 있으며, 태양 또한 같은 방향으로 회전한다. 극히 소수의 경우를 제외하고는 행성들의 위성들 또한 이와 같은 방향으로 회전한다. 수천 개의 소행성들과 수많은 혜성들도 마찬가지다. 이러한 사실들이 내포하고 있는 의미는 무엇일까? 그것은 이들 전체 계가 같은 시간에 한 방향으로 회전하고 있던 거대한 가스와 먼지 구름으로 만들어졌다는 뜻이다. 이 모형에 의하면 거대한 가스의 구름들이 응축되어 태양이 만들어졌고 그 과정에서 나머지 물질에 의해 행성들이 만들어졌다. 이러한 이유로 행성들은 태양의 적도 평면상에서 태양의 주위를 돌도록 그 궤도가 구속되었다. 명왕성과 수성을 제외한 모든 행성의 궤도 평면은 황도라고 부르는 지구의 궤도 평면으로부터 4도 안에 들어 있다. 수성의 궤도 평면은 단지 7도 기울었을 뿐이다. 명왕성은 나중에 가족에 합류한 양자養子이기가 쉽다. 아마도 이전에는 혜성이나 소행성이었을 것이다.

행성들이 태양 주위를 도는 궤도는 어째서 모두 하나의 평면상에 있는 것일까? 언덕이 많은 길을 달리는 열차처럼 행성들이 위아래로 움직인다면 태양계는 매우 복잡해질 텐데. 답은 첫번째 장에서 이야기한 뉴턴의 법칙에 있다. 태양은 각 행성에 대하여 중심력장인 중력장을 제공한다. 중력에 의한 인력은 두 물체를 잇는 선을 따라 나타나기 때문에 이 때의 운동은 그 선을 포함하는 평면으로 제한된다. 이 평면의 위나 아래쪽으로 움직이기 위해서는 수직 성분의 힘이 있어야만 한다.

케플러Johannes Kepler는 브라헤Tycho Brahe가 정밀하게 측정한 행성들에 대한 자료를 물려받았는데, 이는 오랜 기간을 통해 별들의 위치를 측정한 것으로 천체 망원경이 발명되기 전의 일이다. 브라헤는 프톨레마이오스의 천동설을 모방하여, 지구 주위를 태양과 달이 돌고 행성들은 태양 주위를 도는 모형을 생각했으나 자신의 자료와 일치하는 궤도를 찾을 수 없었다. 곧 이 일을 이어받은 케플러는 창조주가 태양계 속에 완벽한 규칙성을 숨겨 놓았다는 굳은 신념을 가지고 있었다. 코페르니쿠스는 행성의 궤도가 원으로 이루어졌을 것이라고 보았다. 원만이 가장 완벽한 기하학적 형태이며 또한 가장 단순한 곡선이기 때문이다. 그러나 케플러는 이러한 생각을 버려야 했다. 브라헤의 관찰 결과는 오히려 타원 궤도와 잘 맞고 있

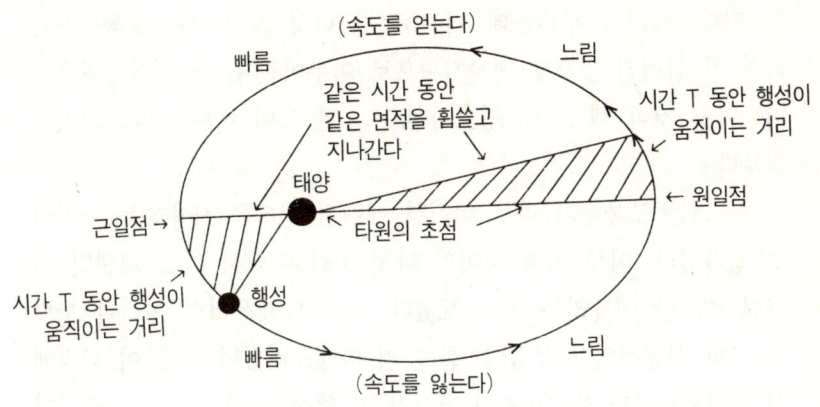

그림 18 케플러의 제1법칙과 제2법칙

다는 사실을 발견했던 것이다. 케플러의 첫번째 법칙은 다음과 같다. 행성의 궤도는 태양을 하나의 초점으로 하는 타원 궤도다. 케플러는 또 행성이 태양에 가까이 있을 때(근일점)는 빨리 움직이고, 그 반대쪽에 있을 때(원일점)는 천천히 움직인다는 사실을 알아냈다. 케플러의 두 번째 법칙은 태양과 행성을 잇는 직선이 같은 시간 동안에 쓸고 지나가는 면적은 언제나 같다는 것이다. 그림 18은 이 법칙을 그림으로 표시한 것이다. 케플러는 중력에 대해 알지 못했기 때문에 행성이 태양에 더 가까이 있을 때 중력에 의해 그 속도가 증가한다는 사실을 설명할 수 없었다. 케플러의 두 번째 법칙은 바로 각운동량의 보존을 나타낸다.

케플러는 당시에 알려진 여섯 개의 행성인 수성, 금성, 지구, 화성, 목성, 토성의 궤도에 조물주의 완벽함이 숨어 있을 것이라고 굳게 믿었다. 그는 유클리드의 기하학에 의하면 완벽한 입체는 다섯 가지가 있음을 알고 있었다. 이는 유클리드에 의해 증명된 사실인데 흥미 있는 독자라면 입체 기하학책에서 그 증명을 찾아볼 수 있을 것이다. 즉, 모든 변의 길이가 같은 정다각형으로 둘러싸인 입체를 정다면체라고 부르는데 이는 단지 다섯 개뿐이다. 정육면체는 가장 잘 알려진 것으로 정사각형으로 이루어진다. 또 정삼각형으로 이루어진 것이 세 가지, 정오각형으로 된 것이 하나 있다. 그것이 전부다.

케플러는 조물주가 바로 이러한 세련된 형태를 사용했을 것이라고 생각했다. 여섯 행성 사이의 다섯 공간은 역시 다섯 개뿐인 정다면체와 잘 어울리는 듯이 보였다. 그러나 케플러의 이러한 노력은 과히 성공적이지 못했다. 한 가지 다행스러웠던 점은 이 과정에서 태양으로부터 행성까지의 거리가 그 행성의 궤도 주기와 일정한 관계가 있음을 발견한 것이다. 즉, 더 멀리 있는 행성일수록 태양을 한 바퀴 도는 데 걸리는 시간이 더 길었다. 케플러의 세 번째 법칙은 행성 주기의 제곱은 평균 궤도 반지름의 세제곱에 비례한다는 것이다.

뉴턴은 케플러의 세 가지 법칙을 유도해 낼 수 있었다. 사실 뉴턴이 처음 했던 작업은 이와는 정반대의 과정, 즉 케플러의 법칙들로부터 그의 운동 법칙과 중력의 법칙을 유도해 내는 것이었다. 아무튼 뉴턴은 그의 결과를 책으로 펴내지는 않았다.

영국 왕립학회의 회원이었던 젊은 물리학자 핼리Edmund Halley의 이야기를 해보자. 이 이야기는 그의 이름이 붙어 있는 한 혜성과도 관계가 있다. 핼리는 한 혜성이 76년마다 한 번씩 지구에 출현하는 것을 발견하고 이것이 같은 물체라고 생각했다. 그는 이 혜성이 어떤 모양의 궤도를 가지고 있는지 궁금했으나 어떻게 그것을 계산할 수 있는지 알지 못했다. 그가 할 수 있는 최선의 방법은 뉴턴을 찾아가 물어 보는 것이었다. 뉴턴의 답변은 너무나도 간단했다. "물론 타원이지요." 이후 거의 핼리의 강요에 의해 뉴턴은 그의 연구 내용을 정리했으며, 2년 후인 1687년 드디어 라틴어로 된 걸작을 출간하게 되는데 그 경비는 모두 핼리가 부담했다.

 뉴턴이 명확하게 타원이라고 답변할 수 있었던 것은 다음과 같은 논리적 추리에 기인한다. 중력의 법칙은 거리의 제곱에 반비례한다. 제곱항을 포함하고 있는 방정식은 원, 타원, 포물선, 쌍곡선과 같은 원뿔 곡선이다. 여기서 포물선과 쌍곡선은 닫힌 곡선이 아니다. 이러한 궤도는 태양 주위를 단 한 번만 돌고는 영원히 우주 공간으로 날아가 버린다. 원 궤도를 갖기 위해서는 행성은 완전히 x-y대칭인 운동을 해야 한다. 이러한 가능성은 거의 0에 가깝다. 따라서 타원만이 남는다. 실제로 행성들의 궤도는 대부분 원 궤도에 가까운 타원이다. 그러나 핼리 혜성과 같은 혜성들이 그리는 타원 궤도는 아주 납작하다.

 케플러의 세 번째 법칙을 다시 유도하는 과정에서 뉴턴은 케플러가 구한 비례값이 정확하지 못하다는 사실을 발견했다. 사실 행성 주기의 제곱과 거리의 세제곱 사이의 비례값은 태양의 질량과 행성의 질량의 합에 의존한다. 행성의 질량이 서로 다르기 때문에 이 값은 행성에 따라서 아주 조금씩 변한다. 목성의 경우 0.1퍼센트 정도 차이를 보인다. 그러나 케플러의 세 번째 법칙을 쌍둥이 별과 같은 계에 적용한다면 이러한 차이는 매우 커진다. 뉴턴의 결과는 다음과 같았다.

$$\frac{(주기)^2}{(평균거리)^3} = \frac{4\pi^2}{G(M+m)}$$

여기서 M과 m은 각각 두 물체의 질량이고 G는 만유 인력 상수다.

 뉴턴의 연구로 인해서 케플러의 성취는 자신이 알고 있던 것보다 훨씬 더 큰 의미를 지닌다는 사실이 밝혀졌다. 어떤 물체가 다른 물체와의 만유 인력에 의해 그 물체를 돌고 있는 모든 경우에 이 법칙이 적용된다. 태양 가까이를 지나가는 혜성이나 소행성의 속도는 매우 빠르다. 우리가 단지 몇 주일 동안밖에 이들을 볼 수 없는 것은 이 때문이다. 그러나 이들이 저 명왕성 뒤쪽에서는 지루한 몇 년의 시간을 허비한다. 바로 케플러의 두 번째 법칙이 적용되는 것이다. 지구나 다른 행성 주위를 돌고 있는 달도 케플러의 세 가지 법칙을 따른다. 물론 지구를 돌고 있는 인공 위성들도 마찬가지다. 또 아직 발견되지는 않았지만 저 멀리 있는 별 주위를 도는 행성들도 이 법칙을 따라야만 한다.

우리의 태양계는 고대인들이 생각했던 것처럼 그렇게 특별한 존재는 아니다. 이로부터 자연스럽게 다음과 같은 질문이 떠오른다. 태양계가 유일한 존재가 아니고, 또 그것이 단순히 우주의 물리 법칙을 따르고 있다면 과연 인간이라는 존재는 유일한가? 왜 하필이면 생명이 지구에서부터 시작되었을까? 우리 인간은 얼마나 특별한 존재인가? 인체의 약 98퍼센트는 수소, 산소, 탄소, 질소 네 성분으로 이루어져 있다. 태양을 포함한 별들도 같은 원소들로 구성되어 있다. 화학적 반응을 거의 일으키지 않는 헬륨을 제외한다면 태양 또한 인체와 마찬가지로 그 98퍼센트가 네 가지 원소로 이루어져 있다. 이것은 우연의 일치인가? 이러한 일치는 인체의 혈액과 바닷물 사이의 유사성을 훨씬 뛰어넘는 것이다. 나의 손과 당신의 손을 이루고 있는 원자들은 아마도 태양이 형성되기 전에 그 주위에 있던 별의 일부분일지도 모른다. 우리가 생명 없는 우주와 그렇게 밀접한 관계가 있다면 또 다른 천체에도 생명체가 존재한다는 사실이 밝혀진다면, 우리의 존재는 무엇인가?

우리는 어디로부터 왔으며 어디로 가고 있는가

'창조에 대한 의문'은 인류의 문명과 같이 시작되었다. 아니 그 이전부터 있었을지도 모른다. 우리의 미래에 대한 의문 역시 마찬가지다. 점성술의 주된 관심도 바로 이 부분이다. 과학자들은 점성술을 받아들이지 않는다. 그러나 점성술이 제기하는 문제까지도 받아들이지 않는 것은 아니다. 오늘날 이 문제의 과학적 측면을 과학자들은 팽창하는 우주 모형과 빅뱅으로서 설명하고 있다.

순전히 과학적 호기심으로, 우리는 먼저 우주 크기를 계산하는 것으로부터 시작할 것이다. 다음에 이로부터 우주의 나이를 계산하여 본다. 또 앞으로는 과연 어떻게 될 것인가를 생각해 보게 되는데, 예를 들면 태양이 완전히 타 버려서 없어진다면 우리는 얼어죽게 될 것인가와 같은 문제들이다. 마지막으로 빅뱅과 같은 창조의 문제를 다루어 보기로 하자.

이러한 문제에 대한 현대적 논의는 1920년대에 허블Edwin Hubble과 그의 동료들이 우리가 살고 있는 은하계를 포함해 수십억의 별들을 가지고 있는 수많은 은하들을 관측하면서부터 시작되었다. 우리의 은하는 넓은 원판 모양을 하고 있으며 그 지름이 약 10만 광년에 달한다. 다른 은하들의 모습도 우리 은하와 비슷하다. 수백만 또는 수십억 광년의 지름을 가진 은하도 있다. 허블은 다른 은하로부터의 도플러 이동을 측정한 결과 일반적으로 더 멀리 있는 은하일수록 도플러 이동이 붉은색 쪽으로 더 커진다는 사실을 발견했다. 이는 곧 더 멀리 있는 은하일수록 우리로부터 더 빠른 속도로 멀어지고 있다는 사실을 의미한다. 허블은 은하로부터 오는 빛의 밝기로 은하까지의 거리를 추정할 수 있었다. 사실 우리가 육안으로 관측할 수 있는 은하는 아주 가까이에 있는 두세 개에 불과하다. 그 외 수십억 개의 은하들은 맨눈으로는 볼 수 없다. 허블은 당시로서는 가장 큰 망원경인 윌슨 산에 있는 100인치짜리 천체 망원경을 이용했다.

허블의 발견으로 불붙은 흥분과 논쟁은 곧 팔로마 산에 있는, 아직도 세계에서 가장 큰 200인치 천체 망원경을 만드는 원동력이 되었다. 문제는 상당히 복잡했다. 은하까지의 거리와 그 은하가 멀어지는 속도의 관계가 일정하지 않았기 때문이다. 그러나 평균적으로 이 은하들이 우리로부터 멀어지고 있다는 사실은 분명했다. 예를 들면, 우리와 가장 가까이 있는 안드로메다 은하는 300km/s의 속도로 우리 쪽을 항하여 달려오고 있다(그렇다고 걱정할 필요는 없다. 당분간은 여기에 도달하지 못할 테니까).

 허블의 상수, 곧 그 평균치는 이후 계속적인 측정에 의해 수정이 거듭되었는데 현재 대체로 인정받는 값은 100만 광년당 16km/s이다. 즉, 적색 편이에 의해 측정된 은하의 속도가 32km/s였다면 이 은하는 약 200만 광년의 거리에 있는 것으로 생각할 수 있다. 광년이란 시간의 단위가 아니라 거리의 단위인데 빛이 1년 동안 여행한 거리를 뜻한다. 이 거리는 5조 9000억 마일 혹은 9조 4637억 킬로미터가 된다.

 우주의 크기를 추정해 보기 위해 우리가 측정할 수 있는 가장 큰 값의 적색 편이에 허블 상수를 적용해 보기로 하자. 우주 저 멀리 있는 퀘이사는 적어도 광속의 15퍼센트 속도로 우리로부터 멀어지고 있다. 이 숫자들을 하나로 엮으면 대부분 멀리 떨어져 있는 퀘이사들까지의 거리란 25에서 30억 광년 사이의 값을 가진다는 것을 알 수 있다. 그 밖에는 무엇이 있을까? 그것은 아무도 모르는 일이다. 아마 그 곳의 공간과 거리라는 개념은 우리 주변의 그것과는 물리적 의미가 다를 것이다.

 퀘이사의 적색 편이가 단순한 도플러 편이로 해석될 수 있겠는가? 더 나아가 퀘이사란 실제로 존재하는가 등에 대한 논란은 여기서는 무시하기로 한다. 다만 앞에서 계산한 값들이 믿을 만하다는 전제하에 다음과 같은 계산을 해보자. 우주가 빅뱅 이후 같은 비율로 확장하고 있다고 가정한다면 우리는 거꾸로 거슬러올라가 얼마나 이전에 빅뱅이 발생했는지를 계산해 낼 수 있다. 우리가 300마일 떨어진 도시를 향해 평균 시속 60마일의 속도로 운전해 가고 있으며 이 도시에는 세 시에 도착할 예정이라고 한다면, 우리는 아침 열 시에 집을 출발했음이 분명하다. 계산은 이렇게 간단하다. 허블 상수로부터 빅뱅은 약 170억 년 전에 폭발했다는 결론을 얻을 수 있다.

이 결과는 별들의 세대과 관련하여 흥미 있는 질문을 제공한다. 태양과 같이 전형적인 별들의 수명이 약 100억 년이라고 한다면 그 동안 과연 몇 세대의 별들이 존재했을까? 약 2세대다. 바드Baard는 모든 별들을 그 종류에 따라 두 그룹으로 나눌 수 있음을 발견했다. 그 첫번째 그룹을 1세대 별 그리고 두 번째 그룹을 2세대 별이라고 부른다. 태양은 더 젊은 별 쪽에 속하므로 말하자면 2세대 별이다.

별들은 어떻게 죽는가? 아주 큰 별들은 신성이나 초신성처럼 어마어마한 폭발과 함께 격렬하게 죽는다. 그러나 태양 크기 정도의 별들은 적색 거성이 된다. 이들은 팽창되면서 약간 식는다. 붉게 변하는 이유는 이 때문이다. 태양이 적색 거성이 될 때쯤이면 금성 궤도를 넘어서까지 팽창할 것이다. 수성과 금성이 플라스마의 수프 속으로 사라져 버린다는 것을 의미한다. 우리 지구에는 어떤 일이 일어날까? 우선 바닷물이 모두 증발할 것이다. 다음에는 육지조차 모두 기화되어 버릴 것이다. 태양이 다 탔을 때쯤에는 우리는 이미 존재하지도 않기 때문에 얼어 죽지 않을까 걱정할 필요도 없다. 그러나 이 같은 일은 55억 년 후——550만 년 후가 아니라——에나 일어날 것이므로 염려할 필요는 없다. 그 동안이라도 최선을 다해서 살면 된다.

　우주가 한 점으로부터 시작한 빅뱅에 대하여 날짜 계산을 다 끝냈으니, 이번에는 그 사건 자체에 대하여 이야기해 보기로 하자. 그 폭발은 어떻게 점화되었을까? 그 작은 점은 어떻게 형성되었으며 그 이전에는 또 무엇이 있었을까? 이러한 질문에 대해 우리는 도저히 답할 수 없다. 그러나 수많은 연구들이 빅뱅의 존재를 증명하기 위해서 또 그것이 없었다는 것을 증명하기 위해서 수행되었다. 그 증거들이란 대체로 두 가지다. 하나는 관측된 도플러의 적색 편이를 기반으로 하는 우주의 팽창과 허블 상수다. 두 번째로 천문학자들은 빅뱅 이후 우주에 남아 있는 잔류 복사를 측정했다. 빅뱅 때 발생되었던 열은 170억 년이 지난 지금에도 완전히 사라지지 않고 파장이 긴 적외선의 형태로 매우 희미하게 남아 있다. 이 양을 그림 15의 흑체 복사 곡선과 맞추어 보면 그 온도는 절대 온도 3도 정도의 크기가 된다. 거리로 말하자면, 이 빅뱅에 의한 초기의 열은 약 27억 광년을 반지름으로 하는 우주 전체로 뻗어나갔다고 천문학자들은 보고 있다.

　독자들은 아마 빅뱅 이후 1초 혹은 10억 분의 1초 동안 어떤 일이 있었는가를 계산한다는 것이 매우 회의적이라는 나의 생각에 동의할 것이다. 그 바로 한 시간 전에 무슨 일이 있었는지 물어볼 수도 없는 상황에서 그러한 계산 결과를 과연 믿을 수 있겠는가 말이다. 빅뱅에 대하여 제시된 증거들은 이러한 믿음을 지지해 주기에 너무나 빈약한 것들뿐이다. 은하로부터 관측되는 적색 편이도 다른 측면에서 설명이 가능하다. 과학은 또한 끊임없이 창조적인 새로운 모형을 위해 마음을 열어 놓기를 권하고 있지 않은가. 또 항상 시작이란 있어야만 하는 것일까?

　천문학자들은 앞으로 또 어떤 일이 일어날 것인가에도 흥미를 가지고 있다. 우주는 끊임없이 팽창할 것인가? 아니면 팽창 속도가 느려지다가 급기야 수축이 시작되고 결국에는 대충돌Big Crunch이 일어날 것인가? 이는 곧 우주 공간에 있는 암흑 물질의 양에 달려 있다. 이 보이지 않는 물질은 죽은 별, 블랙홀 혹은 소립자의 형태로 있을는지도 모른다. 아무도 모른다. 다만 상상할 뿐이다.

왜 우리는 단 한 번의 빅뱅만 있었다고 생각하는 것일까? 한 가지 이유는 우리가 관찰할 수 있는 모든 물질이 같은 유형을 가지고 있기 때문이다. 모든 입자는 그 반입자를 가지고 있다. 즉, 두 개의 대칭적 형태 중 한 가지 형태로만 존재할 수 있다. 어째서 이 두 입자는 대략 반반의 비율로 발견되지 않는가? 이 반입자들을 가지고도 동일하게 원자나 화합물을 만들 수 있다. 그러나 입자가 자신의 쌍둥이 반입자를 만나면 그들은 서로 소멸된다. 두 질량은 사라져 버리고 그 대신 $E=mc^2$의 방정식에 따라 전자기적 에너지가 나타난다.

이것이 함축하는 의미는 물질들이 단 한 번, 많아야 서너 번밖에는 창조의 과정을 거치지 않았다는 것이다. 즉, 빅뱅 직후 주사위는 물질 쪽으로 던져졌고 이후 안정의 단계를 거쳤다. 전자기파로부터 물질과 반물질이 창조되는 과정이 여러 번 있었다면(쌍생성과 쌍소멸은 가역 과정임) 그 반은 물질 쪽에 그리고 나머지 반은 반물질 쪽에 주사위가 던져졌을 것이기 때문이다. 이것이 등분배의 원리다. 그러나 오늘날 우주에 한 가지 형태만 차고 넘치는 것은 바로 빅뱅이 단 한 번만 있었다는 사실을 입증하는 증거다. 오늘날에는 반입자가 만들어지는 즉시 소멸된다.

생물학에서도 물리학의 물질/반물질 현상과 유사한 대칭 현상이 있다. 지구의 생명체는 DNA 분자에 의해 특징지어지는데 이는 주로 왼쪽으로 꼬인 모습을 가지고 있다. 그러나 오른쪽으로 꼬인 모양도 생명체를 이루는 데는 아무런 문제가 없다. 다만 물질/반물질이 서로 만나는 것과 마찬가지로, 서로 다른 방향으로 꼬인 DNA끼리 만나면 두 DNA에게 모두 치명적이다. 지구상에 한 가지 형태의 DNA만이 발견되는 것은 지구에서 생명체의 창조 과정이 단 한 번, 많아야 서너 번밖에 있지 않았던 것이다.

물리적 과정에 목적이 없다면 삶은 목적이 있을까

생명체가 적당히 갖추어진 조건 속에서 우연히 탄생한 것이라면, 그래도 그것은 화산의 폭발이나 조수 그리고 다른 자연 현상 이상의 의미를 지니는 것일까? 과학자들은 예외라는 것에 대해서 일종의 반감을 가지고 있다. 우리는 항상 확률이 높은 쪽에 내기 걸기를 희망한다. 적어도 1000억 개 정도의 별을 가지고 있는 우리 은하 안에 또 다른 생명이 존재하지 않는다면, 우리의 존재가 엄청난 예외라면, 그리고 만일 적당히 갖추어진 조건하에서 생명체가 탄생할 가능성이 거의 희박하다면, 생명의 기원에 대한 과학적인 설명은 그 정반대 경우를 가정하는 것보다 더 어려울 것이다. 그러나 두 가지 중 어느 하나라도 설명하는 데에 아직 성공하지 못했다.

과학자로서 우리는 생물의 진화 과정이나 갑작스런 돌연 변이의 역할에 대하여 심각하게 생각해 보자. 또 다음과 같은 질문을 던질 수도 있다. 생명이 없는 물질로부터 생명이 만들어질 가능성은 어느 정도인가? 또 처음으로 세포 형태의 생명체가 발생한 사건뿐만 아니라 이것이 어떻게 더욱 복잡한 종의 형태로 성공적인 진화의 과정을 거치게 되었는지에 대하여도 마땅히 설명되어야 할 것이다. 다만 그 원리만이라도. 그러나 그것은 아직도 발견되지 않았다. 아니 최소한 폭넓게 인정받고 있지도 못하다. 인류의 출현을 진화의 절정이라고 간주하더라도, 그 수많은 요소들이 절묘하게 맞춰져서 생명체의 탄생과 진화가 가능했다는 것은 그야말로 경이로움 그 자체다.

파충류가 조류로 진화하기 위해서는 깃털뿐만 아니라 가벼운 뼈대와 다양한 근육, 무게 중심의 이동, 체온의 조절, 신진대사 변화의 방법 등을 개발해야 했을 것이다. 또한 이러한 다양한 변화는 서로 유기적으로 일어나야 했을 것이다. 이러한 변화들이 한 가지씩 순차적으로 또 독립적으로 이루어졌다는 것은 더욱 믿기 어렵기 때문이다. 어떤 원리가 이러한 변화를 이끌어냈을까? 어떤 사람들은 이러한 수수께끼 속에서 그들이 보기를 원하는 존재를 보기도 한다. 바로 신이다. 또 어떤 사람들은 이를 무작위적 돌연 변이와 적자 생존의 원리가 결합된 것으로 보기도 한다. 질량을 가진 물체는 관성을 가진다. 같은 의미에서 생명체가 가지고 있는 개별적인 그리고 종의 차원에서의 보존 본능은 이러한 관성의 한 형태일지도 모른다. 머지 않은 미래에 생명체가 실험실에서 인공적으로 창조될 가능성도 있다. 과학자들이 스스로 창조하게 될 이 생명체들을 더 잘 이해할 수 있기를 믿고 희망한다.

대부분의 천문학자들은 우리 은하에 있는 적어도 수십 개의 별들에 어떤 형태로든 생명체가 있을 것이라는 믿음을 조심스럽게 표현한다. 물론 이것은 그러한 생명체들이 우리 지구를 방문할 가능성하고는 전혀 다른 의미다. 코넬 대학교의 천문학자 드레이크Frank Drake는 이러한 논의를 조직적으로 할 수 있도록 하나의 방정식을 제안했다. 먼저 우리의 은하 속에 있는 전체 행성의 숫자를 계산하는데 그 방법은 다음과 같다. 별들 중에서 쌍둥이 별이 아닌 별의 숫자를 계산한다. 두 개의 별이 아주 가까운 거리에 있다면 행성들은 별에 흡수되어 버리기 때문이다. 그런 다음 여기에 별 하나당 행성의 평균 숫자를 곱한다. 이렇게 행성의 숫자를 구했으면 여기에 한 행성에 생명체가 살 수 있는 기후와 온도의 확률을 곱한다. 다시 이러한 적당한 조건에서 생명체가 탄생할 확률을, 또 이러한 생명체가 지능(우리의 기준에서)을 가지게 될 확률을, 또 이 문명이 평균적으로 얼마나 유지될 것인지를 곱한다. 지구가 유일한 문명세계가 아닌 것과 마찬가지로 그 문명 세계가 멸망하는 유일한 행성도 아닐 테니까 말이다. 이러한 각각의 확률들은 긴 토론의 과정을 거쳤고, 결국 마지막으로 얻은 숫자는 약 20에서 100만 사이가 되리라는 것이었다. 독자는 이러한 숫자의 외계 생명체란 아주 낙관적인 천문학자들에 의해서 그 수치가 너무 과대 평가된 결과라고 생각할 수도 있다. 그러나 아무튼 대부분의 천문학자들은 예외라는 것을 거부한다.

 1972년 3월 3일에 발사된 파이어니어 10호는 그 주목적이 외계의 생명체를 찾기 위한 것이었다. 태양계 밖으로 내보내진 우주선으로서는 처음이었다. 추측컨대 이 우주선에 담긴 전갈은 다음과 같을 것이다. "잘 지내고 있니? 우리에게로 올 수 있으면 좋을 텐데." 물론 이것이 글이나 편지 형식으로 씌어진 것은 아니다. 또 문제는 돌아오는 주소도 모른다는 것이다. 우주선에 '사인'의 의미로 실린 남자와 여자의 벌거벗은 사진은 한때 흥분을 불러일으키기도 했다. 몇몇 사람들이 외계에 보내는 첫번째 전갈로 포르노 사진은 곤란하다고 주장했던 것이다.

 드레이크의 방정식은 생명이란 일상적이며 당연히 기대되는 것인가 하는 의문에 대한 대답으로는 단지 시작에 불과하다. 또 이것은 생명의 탄생이나 종의 진화에서 인과율과 우연이 각각 어떤 비율로 작용했는지에 대하여 약간의 정보를 제공해 주고 있다. 아마 물리학자들은 이러한 문제들을 다루는 데에 생물학자나 화학자들의 도움을 받을 수도 있을 것이다.

신은 우리와 주사위 놀이를 하는가

인간에게 있어 생명이란 목적을 가지고 있다. 인간은 목적을 지향하는 특성이 있기 때문이다. 미덕, 범죄, 도덕, 부도덕은 우리의 특성이다. 상대성 이론이나 양자론을 실험하는 사람에게 적용되는 중요한 점은 좀 다른 형태이기는 하지만 윤리적 이론에도 나타난다. 어떤 행위의 도덕적 의미는 우리의 의도와 행동 모두에 달려 있다. 이는 마치 실험에서의 측정이 신호와 측정 장치 모두에 의존하는 것과 마찬가지다.

우리 시대에서 믿음은 표류하고 있다. 마치 물 위의 지푸라기와 같이. 우리는 손에 닿는 어떤 것이라도 붙잡으려고 한다. 한 자동차의 부착물에서 다음과 같은 절망적인 글귀를 본 적이 있다. "신은 말했다. 나는 믿는다. 그것으로 전부다." 과학은 회의하는 자세가 미덕이라고 가르쳤으며 사유는 도덕으로 통한다. 그러나 과학은 큰 의문에 대한 어떤 해답도 제시해 주지 못하고 있다.

과학의 신봉자는 결정론자일 것이다. 그는 라플라스의 악마와 같은 숙명을 믿는다. 목적론적인 도덕에서는 모든 것이 금지되거나 아니면 강제되거나 하는 두 가지 중 한쪽에 속한다. 우리에게 자유의지가 없다면 그리고 우리의 행동에 대한 선택권이 없다면 칭찬이나 비난도 있을 수 없다. 따라서 뉴턴적인 결정론자들에게는 도덕이란 무의미하다. 거기에는 도덕적 책임이 따르지 않는다. 어떤 범죄적 행동이 어린 시절의 학대, 가난 또는 물려받은 유전자 탓이라면 과연 우리가 이 범죄 행위에 대해 비난하거나 벌을 줄 수 있겠는가?

그러나 양자론이 제시하는 비결정론적인 관점 또한 도덕과는 거리가 있다. 우리가 자유 의지를 가졌다면 이는 무엇으로부터의 자유를 말하는가? 모든 것으로부터? 자유 의지를 가지고 있는 경우라면 하이젠베르크의 불확정성 원리에 의지할 수 없다. 그 이유는 불확정성은 개별적인 측정에만 적용되는 것이며, 불확정성이 곧 인간이나 신의 목적 또는 의지에 대한 신분증은 아니기에, 이는 다만 우리의 무지, 즉 우리가 가지고 있는 지식의 한계를 의미할 수도 있기 때문이다.

결정론이냐 비결정론이냐의 늪으로부터 빠져나오는 첫번째 단계는 앞에서 언급한 바와 같다. 곧 우리 스스로가 거대한 인과율의 한 연결 고리라는 사실을 인식하는 것이다. 우리가 자유 의지를 가졌건 안 가졌건 간에 마치 거대한 인과율이라는 태엽 시계의 한 톱니 바퀴처럼 우리 스스로도 하나의 원인 제공자이며 또한 원인 제공자일 수 있다는 것이다. 이는 과학자 자신이 곧 측정의 한 부분이 되며, 스스로가 자기 행동에 의한 효과의 일부분이 되는 것과 마찬가지다. 아르키메데스는 지구상에 자기의 지레를 받칠 만한 곳이 있다면 지구를 들어올릴 수 있다고 했다. 그러나 그는 할 수 없었다. 인간도 도덕적 측면에서 똑같은 무능함을 보여 준다. 어떤 하나의 사건으로부터 과학적으로 또 도덕적으로 완전히 독립되는 관점이 있을 수 있다고 보는 것은 이치에 맞지 않는다. 그러나 도덕이나 지식을 추구하는 것은 또한 사람의 자유다. 거울을 통해 스스로의 모습을 보는 것도 마찬가지다.

지적인 늪으로부터 벗어나는 두 번째 단계는 어떤 일에든지 복합적인 원인이 있다는 사실을 인식하는 것이다. 우리의 행위에도 수많은 원인이 관여한다. 그것들은 때때로 동시에 또는 순차적으로 관여할 수도 있다. 또 어떤 것은 결정적 요인이 되기도 한다. 때로는 원인들간의 상호 네트워크가 또한 의미를 가질 수도 있다. 일종의 시너지 효과synergism와 같은 것이다. 어떤 원인은 그 인과 관계가 희미할 수도 또는 다중적일 수도 있다. 실제로 전체는 단순히 각 부분을 합한 것과는 다르다. 수많은 분자들이 벽을 때리는 것이 일정한 압력을 이루는 것처럼 많은 수의 서로 관련된 인자들이 합쳐서 하나의 패턴을 이룬다. 감정이란 마치 구름과 같이 하나의 패턴인 것이다.

늪으로부터 벗어나는 세 번째 단계는 결정론과 자유 의지의 중간쯤에 사는 중간적 존재Mr. In Between를 인식하는 것이다. 곧, 모든 사건을 아리스토텔레스의 이분법적 논리에 따라 원인이 있는 것과 원인이 없는 것으로 가르는 것이 아니라, 사건을 희미하게 마치 초점이 맞지 않은 것처럼 볼 수 있어야 한다. 모든 사건에는 원인이 있으나 정도에 따라 우연적 확률을 인정한다는 것이다.

정확한 예측이 불가능하다는 것에 대한 인식이 곧 초자연적인 실체의 도입을 말하는 것은 아니다. 단지 불확정성이면 충분하다. 인과율의 한계는 유령과 같은 초자연적인 힘 때문이 아니라 주로 소음, 과학적 개념과 정의의 불명확성 그리고 물리적인 우주가 수학적으로 기술하는 것처럼 그렇게 꽉 짜여 있을 것이라는 우리의 선입관 때문에 생긴다. 라플라스의 악마야말로 이러한 잘못의 산물이다.

현대를 대표하는 수학자 괴델Kurt Gödel은 수학적으로 너무 꽉 짜인 공리와 가정들은 논리적 파탄에 이른다는 사실을 증명했다. 완전한 부조화가 아니라면, 계는 그것이 다룰 수 있는 최소한의 여유를 가지고 있어야만 한다는 것이다. 다음은 괴델 이론의 전형적인 예다. 한 마을에 단 한 명의 이발사가 있다. 이 이발사는 그 마을에서 스스로 면도하지 않는 모든 사람들을 그리고 그 사람들만을 면도해 준다고 한다. 그렇다면 이 이발사는 스스로 면도를 하는가? 그가 면도를 한다면 면도를 하지 말아야 한다. 또 면도를 하지 않는다면 면도를 해야 한다.

이 길은 어디를 향하고 있나

과학적 연구에서 대부분의 길은 막다른 골목이다. 그리고 그것은 보통 곧 잊혀진다. 또 일부는 잘못된 것이며 거짓의 늪으로 우리를 빠뜨리기도 한다. 점성술과 손금 보기 등이 아마 이러한 예일 수 있다. 그러나 뉴턴, 맥스웰 그리고 아인슈타인과 같은 사람들이 개척한 길은 우리를 새로운 세계로 인도하고 있다. 이는 어떤 측면에서는 콜럼버스가 발견한 신대륙보다도 더 새로운 세계다. 이 책을 통해 우리는 위대한 물리학적 발견들이 닦아 놓은 새로운 길들을 둘러보았다. 그러나 아직도 볼 만한 것들이 도처에 산재해 있다.

새로운 길들이 지금도 개척되고 있다. 물론 그 길들이 어디로 향하고 있는지는 확실히 모르지만 이는 현대 문명의 하나의 흐름이다. 과학은 우리 시대 정신의 한 부분이며, 문명이 스스로를 나타내는 방법 중 하나다. 새로 개척되는 길이 지향하는 바는 진보에 대한 믿음이며, 그 목적은 곧 우리 자신과 우리의 삶을 더 나은 차원으로 끌어올리는 데 있다. 진보란 단순히 과거의 덕목을 고집하는 전통이라기보다는 그 연속성 그리고 이어받은 가치와 관습을 발전, 계승하는 데 주안점을 두는 것이다. 이렇게 새로운 문명을 만들어 가는 과정을 통하여 우리는 우리 자신을 재창조해 간다.

뉴턴의 발자취를 따라가는 사람은 힘 그리고 완벽한 법칙에 의해 서로 상호 작용하는 질량과 같은 것들에 초점을 맞춘다. 또 맥스웰의 추종자는 장과 그것을 통해 전파되는 신호와 정보에 초점을 맞춘다. 아인슈타인의 추종자는 시간과 공간에 초점을 맞춘다. 더욱 과격한 이론인 양자론은 주로 원자 세계의 낯선 법칙들에 초점을 둔다.

오늘날 우리는 어디에 초점을 맞추고 있는가? 우리는 원자의 에너지를 이용할 수 있게 되었다. 또 달과 저 우주 공간에 영구적인 기지국을 건설하는 일, 초고속 정보 통신망을 구축하여 어디에 있는 어느 누구와도 통신이 가능하게 하는 일들을 꿈꾸고 있다. 유전자를 조작하며 머지 않아 원하는 생명체를 주문 생산하는 일이 가능할 것처럼 보이기도 한다. 우리는 과연 이러한 엄청난 힘들을 지혜롭게 통제할 준비가 되어 있는가? 콜럼버스가 신대륙을 발견했을 때 그것이 당시 유럽인들에게 단순히 혜택으로만 다가온 것은 아니었다. 아인슈타인도 자신의 상대성 원리가 원자 폭탄의 개발에 주도적 역할을 하게 된 것에 대하여 차라리 배관공이 되었더라면 하고 후회했다고 한다.

과학이 우리에게 쥐여 주는 새로운 힘과 기회에는 책임과 함께 해를 입힐 수 있는 가능성이 따른다. 진보에는 항상 그 대가가 따른다. 우리가 두려워해야 할 새로운 저주라기보다는 우리가 항상 지니고 있던 저주에게 새로운 기회를 제공하는 일인 것이다. 자동차, 컴퓨터 그리고 최신 의약품들은 현대적인 진보의 대표 주자들이다. 그러나 그들은 동시에 교통 혼잡, 음주 운전자, 부정한 컴퓨터 사용자 그리고 과잉 진료 등의 책임을 사회에 부과하고 있다. 과거에 많은 과학자들은 형평성을 내세움으로써 이러한 책임에서 벗어나려 했다. 북극 탐험가인 스테판슨Vilhjalmur Stefansson 박사에 대한 이야기가 있다. 그는 에스키모인들이 전혀 육류를 섭취하지 않는 다이어트 방법을 사용한다고 전했다. 한 식이 요법가가 여기에 반대하여 이런 다이어트 방법으로는 체력을 유지할 수 없다고 주장했다. 논쟁은 더욱 확대되었다. 또다시 북극 지방을 탐험하게 되었을 때 스테판슨 박사와 그의 동료들은 출발 전에 철저한 신체 검사를 거쳤고 이 후 1년 동안 전혀 육류를 입에 대지 않았다. 그들이 돌아온 뒤 다시 신체 검사를 했고 건강은 매우 양호한 상태였다. 이후 스테판슨은 한 강연회에서 에스키모인의 다이어트에 대하여 이야기하던 중 자신은 지금도 아주 적은 양의 육류만 섭취하고 있다는 이야기를 덧붙였다. 그러자 청중 가운데 한 사람이 물었다. "스테판슨 씨, 그런데 당신은 도대체 무엇을 증명하려 하신 겁니까?" 그는 그 실험을 하게 된 동기였던 논쟁은 까맣게 잊어버리고는 머뭇거리며 대답했다. "과학자는 어떠한 것을 증명하려고 애쓰는 것이 아닙니다. 단지 사실을 알고자 하는 것입니다."

과학자들이 자기들의 연구는 순수하다고만 생각하며 그 연구가 내포하는 의미에 눈을 감는다고 해도, 다시 말해서 자신들의 연구 결과나 그 응용에는 관심이 없는 척하더라도 그 결과와 응용은 당연히 따라온다. 그리고 경우에 따라 이들은 그리 환영을 받지 못할 수도 있다. 새로운 세계와 사실에 대해 연구하는 사람들은 그것들이 적절히 사용되는 데까지 세심한 주의를 기울여야 한다.

농아인 한 소녀가 있었는데 그녀는 13세가 될 때까지 전혀 다른 사람과 접촉이 없었다고 한다. 그녀의 상태는 언어학자와 의학자들을 흥분시키기에 충분했는데 이는 두뇌 발달과 언어 능력의 습득에 대한 이론을 시험해 볼 만한 좋은 기회였기 때문이다. 사실 과학자들에게는 좋은 기회였지만 소녀로서는 유쾌한 일이 못 되었다. 어쨌든 실험은 수행되었다. 소녀는 개인적 보호를 받았으며 약간 진전을 보여 주기도 했다. 그들은 한동안 소녀를 이곳 저곳 데리고 다니며 실험을 했다. 그러나 연구비가 끊어지자 소녀를 내팽개쳐 버리고 말았다. 심지어 그녀에게 그 간의 치료비를 받기 위해 재판을 신청하기까지 했다. 과학자들에게는 이러한 착취를 사전에 방지할, 그리고 이러한 일이 일어났을 때 행동을 취할 장치가 전혀 마련되어 있지 않다. 과학자들도 자신들의 책임의 한계를 분명히 해야 한다.

자동차를 몰고 가다가 긴급 자동차의 경적소리에 자동차를 길 한 쪽으로 붙였다고 하자. 아마 당신은 "이게 법이야"라고 생각할 것이다. 또 "아마 다음번에는 나나 또는 내 가족 중 한 명이 긴급한 도움을 필요로 하게 될지도 몰라"라고 생각할 수도 있다. 또 더 나아가서 "그래 가장 급한 사람에게 우선권을 주는 이런 사회가 좋은 사회지"라고 생각할 수도 있다. 처음 두 생각은 아주 논리적이다. 그러나 세 번째 생각은 여기서 한 발 더 나아간 것이다. 뉴턴 시대의 과학자였던 파스칼Blaise Pascal은 다음과 같이 말한다. "마음은 머리가 알지 못하는 이유를 알고 있다."

한때 나치의 친위 대장이었던 히믈러는 어떠한 것도 자기 자신만을 위하는 일이란 없다고 했다. 이 악마가 우리에게 암시를 던지고 있다. 우리는 행위 그 자체를 위하여 전심을 기울여야 한다. 거기에서 무엇을 얻을 수 있는가는 다음 문제다. 이는 미술이나 스포츠에서는 물론 과학에서도 마찬가지다. 최선의 행위란 그 자체가 목적이고 또한 방법이 될 때다. 그러나 제사보다는 젯밥에 더 관심을 기울이는 경우도 종종 있다. 우리 사회에서는 좋은 친구가 종종 꼴찌를 할 수도 있다. 과학 분야에서도, 자신의 지적인 용맹을 과시하고 명예를 추구하고자 하는 사람들과 오리의 발은 왜 얼지 않는가 하는 단순한 호기심에서 동기를 부여받는 사람들 사이에는 항상 팽팽한 긴장이 존재한다.

우리의 사회가 항상 주어진 두뇌와 재능을 최대한 효율적으로 사용하는 것은 아니다. 모든 재능은 경제적 유익을 창출하도록 사용된다. 미술가는 상업적인 그림을 그리게 되고, 음악가는 매년 반복해서 일상적인 음악을 연주한다. 작가는 복사기가 되기도 하고, 과학자는 판매원, 지적인 사람은 관리자, 연출가와 배우는 흥행사가 되기도 한다. 아무것도 낭비되는 것이 없으며 또한 모든 것이 낭비되고 있다.

　문명은 변하고 있다. 그것이 진보이든 반동이든 간에. 과학도 마찬가지다. 현대의 무기력증은 과학자들에게도 예외가 아니다. 물리학자들이 물리적 우주가 지적인 이해의 대상이라는 믿음을 기꺼이 포기할 준비(아인슈타인은 이를 '지적인 은퇴'라고 불렀다)가 되어 있음을 보여 주는 것이나 또는 그들의 연구 업적을 무기 생산을 위해 기꺼이 평가 절하하는 것은 이의 단적인 예라고 하겠다. 양자론의 수수께끼는 아직도 풀리지 않았다. 그러나 우리는 믿음을 가져야 한다. 콜럼버스와 마찬가지로 현대의 과학자들은 아주 이해하기가 힘든 낯선 신세계에 와 있는 것이다. 원자 폭탄 개발 계획을 주도했던 오펜하이머Robert Oppenheimer는 "집까지는 아직도 멀었다"라고 말했다. 뉴턴은 자기가 다른 사람보다 더 멀리까지 볼 수 있었던 것은 자기가 거인의 어깨 위에 타고 있었기 때문이라고 말한 적이 있다. 어떻게 보면 우리는 어깨에 올라탈 거인이 뉴턴보다도 더 많을 수 있다. 그리고 뉴턴으로부터 뻗어 나온 여섯 갈래의 길을 돌아보며 위대한 물리적인 발견을 주도했던 몇몇 거인들을 이미 만나 보기도 했다. 아직도 갈 길은 멀기만 하다. 과학의 혁명은 아직 끝나지 않은 것이다.

부록 1
에너지란 무엇인가

　에너지는 신바드의 이야기에 나오는 바다의 신과 같이 자기 자신의 모양을 자유 자재로 변화시킬 수 있는 존재다. 중요한 에너지의 형태들이 표 4의 가로 세로 첫 줄에 나타나 있다. 가로 첫 줄에 있는 에너지의 형태는 그 칸에 차례로 기록되어 있는 에너지 형태로 변환될 수 있다. 예를 들면 첫번째인 전기 에너지는 전구, 음극관, X선관 또는 번개에 의해 복사 에너지로 전환될 수 있다. 표의 각 항목들은 에너지가 한 형태에서 다른 형태로 변환되는 방법들을 보여 준다.
　역학 에너지는 대개 운동 에너지와 위치 에너지의 두 가지 형태로 나타난다. 앞뒤로 흔들리고 있는 진자에서는 끊임없이 운동 에너지와 위치 에너지 간의 교환이 일어나고 있는데 진자가 가장 낮은 위치에 있을 때 그 속도가 최대가 된다는 것이 이러한 사실을 보여 준다. 에너지는 보존된다. 진자가 저항에 의해 힘을 잃어 가면 에너지가 소실되는 것처럼 보이지만 이는 그 역학 에너지가 열 에너지로 전환되기 때문이다. 이것이 열역학 제1법칙의 내용이다.

표 4 에너지 전환 표

후 \ 전	전기	빛	화학	운동 에너지	위치 에너지	소리	자기 에너지	핵 에너지	열
전기	변압기	광전관, 열전대	축전지	발전기, 조수, 수정발진자	수력 발전	마이크	마그네토	베타 붕괴	캐스트, 열전대
빛	전구, CRT, 번개, X선관	형광등, 레이저	반딧불	유성			제만 효과, 패러데이 효과	원자 폭탄	발열 반응
화학	축전지의 충전	광합성, 화학 연료 생성		빵가루의 반죽					
운동 에너지	감바나니의 개구리	광도체	열중 근육, 내연 기관	플라이휠	공기총, 활	증음파, 공동	자기 수축	원자 폭탄	스팀 엔진, 팝콘, 바람
위치 에너지	축전기, 자계차	원자의 여기	화약 제조	진자, 용수철			자기 유도		열 기구
소리	스피커, 전등		폭음탄	북	자명종, 시계	보청기	카세트 녹음		물의 끓음
자기 에너지	전자석, 솔레노이드			사이클로트론, 싱크로트론		녹음기 재생			
핵 에너지	사이클로트론	쌍생성		유성의 충돌	유성	소리, 초점	히스테리시스		핵 융합
열	토스터	태양열 집전판	산화, 연소, 소화, 융해					원자 폭탄, 핵 융합	용해, 융고

부록 1 · 에너지란 무엇인가   271

 모든 에너지는 궁극적으로 열 에너지로 변환된다. 표에서 마지막 칸에 열 에너지를 배치한 것은 이러한 이유에서다. 표에서 비어 있는 칸들은 독자가 채워 보기 바란다. 경우에 따라 어떤 것들은 발명이 필요할지도 모른다. 어떤 요소는 두 가지 변환이 동시에 일어나는 경우도 있다. 예를 들면 증기 기관은 석탄의 화학 에너지를 증기 형태의 열 에너지로 변환시키고, 다시 열 에너지로부터 운동 에너지를 생성해 낸다.
 어떤 물리학 책에서는 에너지를 '일을 할 수 있는 능력'이라고 정의하기도 한다. 통상적으로 일이라 하면 트럭에 짐을 싣는 것과 같이 지구 중력장에서 무거운 물건을 들어올리는 것으로 생각하기 쉽다. 그러나 이런 정의는 잘못된 것이다. 일정한 양의 열 에너지는 같은 양의 전기 에너지만큼 일을 할 수 없기 때문이다. 당신이 평탄한 지역에서 32킬로미터 달렸다고 하자. 물리적으로는 매우 적은 양의 일을 한 것이지만 그럼에도 불구하고 많은 열을 발산했다. 체력적으로 많은 에너지를 소모한 것이다.
 세 명의 저명한 과학자가 '에너지란 무엇인가?'라는 주제로 토론하는 내용을 담은 다큐멘터리 필름이 있다. 이 세 사람이란 두 명의 노벨상 수상자 월드George Wald와 폴링Linus Pauling, 그리고 맨하탄 프로젝트에 참여했던 유명한 물리학자 모리슨Philip Morrison을 말한다. 이 세 명의 과학자는 에너지에 관해 많은 흥미 있는 논평을 했다. 그러나 필름을 보면 당신은 그들이 에너지가 무엇인지 정확하게 알고 있지 못하다는 것을 깨닫게 될 것이다. 그들과 마찬가지로 표 4도 단지 옷자락에 불과할지도 모른다.

부록 2
현대 물리학에서 불가능한 것들

　과학적 방법의 이점 중 하나는 그것이 성공했을 때뿐만 아니라 실패했을 때에도 우리에게 무언가를 가르쳐 준다는 것이다. 모든 과학적인 성취에서와 마찬가지로 모든 실패를 통해서도 무엇이 가능하고 무엇이 불가능한가에 대한 우리의 지식은 점점 자라 왔다. 한 이론이 다른 이론의 특별한 경우가 되는 것같이, 이전에는 독립적으로 생각되던 과정들이, 서로 연관되어 있다는 사실을 알게 되었다. 또한 도달이 불가능해 보였던 목표들이 가능해지고 반면에 곧 이루어질 것 같았던 목표들이 불가능하게 보이는 경우도 있었다. 과학이 점점 힘을 얻어가는 반면에 더욱 극복하기가 힘든 괴물들이 또한 등장하고 있다. 성공의 이면에서 어떤 일은 불가능함이 밝혀진 것이다.
　우리가 뉴턴으로부터 뻗어 나온 여섯 갈래 길에서 둘러보았듯이 이 불가능이라는 용어가 적용되는 것에는 다음과 같은 것들이 있다.

• 투입된 양보다 더 많은 일이나 에너지를 만드는 장치는 불가능하다. 에너지 보존의 원리는 영구 기관이 불가능하다는 것을 보여준다.

• 두 계의 온도 차이와 높은 온도와의 비보다도 더 큰 효율로 열에너지를 운동 에너지나 위치 에너지로 변환시키는 것은 불가능하다(열역학 제2법칙).

• 두 개의 관성 기준 틀에서 절대 운동을 찾아내는 것은 불가능하다(뉴턴의 상대성 이론).

• 전자기적 빔을 기준계로 사용하는 것은 불가능하다. 따라서 빛의 속도는 모든 관찰자에게 동일하다. 그러나 이러한 불변의 원리가 빛의 파장이나 진동수에도 적용되는 것은 아님에 유의해야 한다.

• 유한한 정지 질량(관성)을 가진 물체가 빛의 속도에 도달하거나 그것을 초과하는 것은 불가능하다(상대성 이론).

• 관성 질량과 중력 질량 사이에서 어떤 차이점을 찾는 것은 불가능하다(등가의 원리, 일반 상대성 원리).

• 에너지($E=mc^2$)와 운동량을 수반하지 않는 전자기 빔의 전파는 불가능하다.

• 어떤 물리계로부터 소음을 완전히 제거하는 것은 불가능하다. 따라서 어떤 과정을 정확하게 반복하거나 완전히 역으로 되돌릴 수는 없다.

• 완벽한 진공 상태, 절대 0도, 마찰력 없는 운동, 완전한 무작위성, 완전한 주기성, 완벽한 단색광 등을 얻는 것은 불가능하다. 완벽함이란 수학적인 계에서는 가능하지만 물리계에서는 불가능하다.

• 한 입자의 위치와 운동량을 동시에 측정하여 그 부정확성의 곱을 플랑크 상수보다 작게 하는 것은 불가능하다(하이젠베르크의 불

확정성의 원리).

• 같은 원자 내의 전자 두 개가 동일한 양자수를 갖는 것, 즉 같은 물리적 상태에 존재하는 것은 불가능하다(파울리의 배타 원리).

• 최소한 원리상으로, 측정 방법에 대한 명시적 지적 없이 물리계의 성격을 규정짓는 것은 불가능하다(논란이 있음).

• 한 과학적 진술이 완전히 진실이거나 또 완전히 거짓일 수도 없다(논란이 있음).

• 원자와 같은 물리계에서 두 에너지의 차이가 하나의 양자보다 더 작은 상태는 존재할 수 없다.

• 초기 상태가 같은 두 물리계로부터, 조건이나 과정이 다르지 않은데도 불구하고, 서로 다른 결과를 도출해 내는 것은 불가능하다. 이러한 인과율을 부정하게 되면 두 물리계가 같은 상태인지를 정확하게 결정할 수 있을지조차 의문스러운 결과를 초래한다.

• 한 물리적 측정이 0이나 무한대의 시간 동안 이루어지는 것은 불가능하다. 그러므로 완전한 분해능이나 완전한 정보는 얻을 수 없다.

부록 3
정보의 창출로서의 측정

　측정의 과정은 일반적으로 자료를 얻는 과정과 그것을 해석하는 두 과정으로 나누어진다. 또한 각각의 과정은 두 개 시스템 사이의 상호 작용 또는 중첩이라고 생각할 수 있다. 먼저 준비의 단계에서는 K시스템(관측자를 의미하는, 지적인 또는 심리적인)과 D시스템(관측의 대상) 사이의 상호 작용이 일어난다. 우선 무엇이 문제인가를 인식하고 거기에 대한 해답 또는 더 많은 정보를 얻고자 하는 의지가 개입된다. 그리고 방법의 선택, 계획의 수립, 기존의 가설과의 비교 그리고 또 다른 가능한 결과에 대한 기대 등이 뒤따른다. 이러한 준비 단계는 언제, 어디서, 어떤 장비를 가지고, 어떻게라는 등의 계획이 좀더 구체화되면서 완결된다.

　자료를 얻는 과정은 D시스템과 G시스템(관측 장비)을 시간과 공간상에 정렬하는 것으로 시작된다. 배선이 연결되고, 렌즈는 초점이 맞추어지며, 임피던스는 매칭이 되며, 필요한 경우 증폭 장치가 가동되고, 측정 장비들의 영점 조정을 끝내는 것 등이 있다. 장비에 전원이 공급되면서 D시스템과 G시스템 사이에는 에너지와 엔트로피의 교환이 일어나며 곧 안정된 상태에 이르게 된다. 이렇게 두 개의 시스템이 부분적으로 융화되는 일련의 과정은 경우에 따라서 비가역적이며 각자의 역할이 구분되지 않기도 한다.

측정 과정의 핵심에는 통상적으로 변환(표 4의 에너지 변환 참조)이 개입되는데 이는 같은 자유도(시스템의 변수)를 갖는 두 개의 양이 서로 비교되는 과정이다. 자료를 얻는 과정은 이렇게 두 개의 양이 중첩되면서 그 수치를 읽는 것으로 끝난다.

해석의 과정은 융화된 시스템과 K시스템 사이의 상호 작용에 의해 일어난다. 수치가 읽히면 의식적인 과정에 의해 정보가 처리된다. 즉, 필름이 현상되고, 수치가 기록되며, 데이터 포인트들이 찍혀진다. 이어서 만족스럽거나 미흡하다는 판단 과정이 뒤따르며, 실험을 끝낼 것인지 아니면 반복할 것인지 또는 어떤 변수를 바꾸어 주어야 할지가 결정된다.

예를 들어서 수은 온도계로 온도를 측정하는 간단한 실험을 생각해 보자. 적당한 온도계를 구한 다음 온도계의 둥근 끝 부분을 시료에 담근다. 이 경우 온도계가 변환기transducer의 역할을 하는데, 수은의 체적 변화를 수은 기둥의 길이 변화로 변환시켜 준다. 수은 기둥의 변화 비율이 거의 0에 가까워지면(안정된 상태) 이는 수은이 완전히 시료의 온도와 같아졌음을 의미하므로 이 때 그 위치를 유리관 위에 매겨진 눈금으로 읽는다. 이것은 곧 수은주와 유리관의 길이를 서로 비교 또는 중첩시키는 과정이다. 마지막으로 이 측정이 만족스러운 것인지 또는 충분한 정보가 얻어졌는지를 판단한다.

말하자면 준비의 단계란 엄마가 아이가 과연 아픈지 아닌지에 관심을 갖는 것과 같은 단계다. 측정의 단계는 엄마가 온도계를 아이에게 갖다 대고 안정된 상태에 이를 때까지 기다리는 단계다. 그런 다음 온도계의 눈금을 읽고 결정을 내린다. 이 과정에서 가장 비가역적인 과정은 K시스템, 즉 엄마의 마음인 것을 주목하라.

측정은 넓은 의미에서 능동적, 수동적 그리고 간접적 측정의 세 가지 종류로 분류된다. 능동적 측정에서는 D시스템과 G시스템 사이에 에너지와 엔트로피가 교환된다. 예를 들면 우리가 사진을 찍을 때 이는 D시스템으로부터 반사되어 나오는 빛을 포착하는 것이다. 수동적 측정에서는 D시스템의 파생물과 G시스템 사이에 에너지와 엔트로피가 교환된다. 예를 들면 별빛을 관측하는 경우인데 관측에 의해 별은 아무런 영향을 받지 않는다. 다만 그 파생물인 별빛에 영향을 줄 뿐이다. 간접적인 측정은 둘 또는 그 이상의 단계를 거친다. 즉, D시스템의 두 부분을 일치시킨 다음 이 두 부분을 분리시키고 나서 그 중 하나를 측정한다. 바로 EPR 역설과 벨의 이론이 그 예다.

창조된 정보의 양

관심의 대상이 되는 D시스템에 대한 정보는 G시스템을 통해 늘어난다. 다시 말하면 푸리에 광학의 회전 이론 convolution theorem이 적용된다. 우리가 어떤 것을 잊어버리거나 또는 자료가 손실되는 것으로 보아 정보의 양이 보존되지 않는다는 것은 분명하다. 그러나 자료 형식으로 표현된 정보의 양이 부분적으로 주관적 관점이나 그 전후 관계에 의존한다는 것도 의미 심장하다.

예를 들어 보자. 주사위 세 개를 던져서 합이 7이 될 확률은 216분의 75다. 처음 던져서 7이 나왔다고 하자. 그러면 확률은 216분의 150이다. 즉, 첫번째 던진 정보의 가치는 216분의 150 빼기 216분의 75, 즉 216분의 75가 되는 것이다. 내가 두 개의 주사위로(세 개가 아니라) 7을 던지는 것에 내기를 걸었다고 하자. 그러면 첫번째 7을 던진 것의 정보의 가치는 36분의 30 빼기 36분의 10, 즉 216분의 120이 된다. 처음에 7을 던졌다는 같은 사실도 경우에 따라 그 정보의 가치가 달라지는 것이다.

물리적 측정에서 자료가 가지는 정보 가치의 유동성은 주사위 던지기에서보다 훨씬 더 복잡하다. 추리 소설에서 보듯이 어떤 실마리가 가지는 정보의 가치는 민완 형사냐 아니면 신출내기냐에 따라서 달라진다. 일반적으로 정보의 양은 그 정보들의 전후 관계가 잘 맞아떨어지는냐, 즉 결이 맞느냐에 부분적으로 의존한다. 결이 맞는다는 광학적인 개념을 유추해서 사용한 것인데 두 가지 경우 모두 중첩이라는 점에서 서로 관련이 된다. 앞의 주사위 예에서 보면 자료의 중첩이란 그 앞에 내기한 것들에 대한 자료를 말한다. 실험실과 같은 실제적인 상황에서는, 중첩되는 시스템이란 K시스템, 즉 민완 형사의 두뇌다. 깊은 사유 역시 정보가 창조되는 한 방법이다.

주사위의 예에서 다음과 같이 가정했다.

$$I = P_2 - P_1 = \Delta P$$

여기서 I는 정보, P는 확률을 말한다. 확률은 차원이 없으며 항상 0(불가능)에서 1(확신) 사이의 값을 갖는다. 정보는 여러 가지 단위로 표현될 수 있다. 컴퓨터에서는 비트나 바이트를 사용한다. TV 스크린이나 그림, 사진에서는 가장 작은 알갱이 단위인 화소라는 것을 사용한다. 따라서 다음과 같은 표현은 적절한 것이다. "이 그림은 9234단어의 가치가 있다." 정보의 양을 차원이 없는 숫자로 표시하기를 원한다면, 그래서 그것이 어떤 확률적인 의미를 갖게 만들려면 다음과 같이 쓰면 된다.

$$\frac{I}{I_{max}} = \Delta P$$

여기서 I_{max}는 가능한 최대 정보량을 말하는데 그 이상의 정보 또는 그 이상의 분해능이 확률에 미치는 영향은 무시할 정도임을 의미한다.

일반화된 띠 폭

맥스웰의 악마를 퇴치하는 데 있어서 질라드와 브리유앵은 정보를 음수의 엔트로피라고 보았다. 이는 곧 정보의 단위가 볼츠만의 상수와 같은 joule/K가 된다는 것을 의미한다. 물리적 측정 내용을 지닌 정보는 그 측정 자체의 차원을 가지는 것이 보통이다. 여기서 이러한 일반적인 문제를 다루기 위해 푸리에의 방법을 사용하게 된다.

시간에 대하여 변하고 있는 어떤 회로의 전위차 $f(t)$가 측정되었다고 하자. 이 정보는 시간에 대한 표현으로부터 푸리에 변환을 통하여 주파수에 대한 표현으로 변환이 가능하다. 이는 곧 $f(t)$를 푸리에 급수로 표현한 다음, 각 항의 계수를 취하는 방법이다. 일반적으로 큰 주파수일수록 그 진폭(푸리에 계수)은 감소한다. 이렇게 주파수가 커지며 감소하는 진폭이 소음의 크기 이하로 떨어질 때 그 주파수를 신호의 띠 폭 한계라고 부른다. 전위차와 시간의 함수 관계가 급하게 꺾어지는 곳이나 날카로운 피크가 있을 경우에 그 곳에서는 그림 13과 같이 고주파수의 푸리에 계수가 커진다.

똑같은 푸리에의 방법이 광학적인 상에도 그대로 사용된다. 즉, 덴시티미터가 상의 밝기를 훑어 나가며 그 밝기를 위치 x에 대한 함수로 얻게 된다. 이렇게 상의 밝기를 훑어 나가는 데는 아주 작은 슬릿이나 바늘 구멍이 사용되며 밝기는 시간 t가 아니라 위치 x 의 함수가 된다. 이렇게 얻어진 곡선의 푸리에 계수들은 그 상의 질에 대한 값진 정보를 가지고 있다. 이 푸리에 계수들은 공간상의 주파수라고 불리는데 단위 길이당 검은 점과 흰 점으로 이루어지는 상점(像點) 쌍의 개수를 의미한다.

푸리에의 방법이 적용되는 영역은 비단 시간과 공간에만 제한되어 있는 것이 아니며 모든 물리적 계의 자유도에 사용이 가능하다. 이 때 띠 폭은 그 자유도에 해당되는 변수 단위 크기당 주파수로 계산될 것이다. 예를 들면 온도에 따른 압력이나 전위차의 함수로 표시된 전기장의 세기에도 적용될 수 있다. 다만 여기에는 그 함수가 연속이어야 한다는 조건이 따른다. 그러나 그 조건조차도 매우 여유가 있다. 특히 이 방법은 자유도가 2를 넘을 때에도 적용 가능하다.

우리의 관심사였던 측정 도구와 실험 과정의 성능에 관한 문제로 돌아가 보자. 푸리에 변환에 의해 변조된 함수는 진폭이 소음의 크기 이하로 떨어지는 주파수를 찾는 데 사용될 수 있었다. 여기서 주파수란 단위 자유도당 주파수라는 것을 다시 한 번 기억하기 바란다.

휘태커-섀넌의 표본 추출 이론에 의하면, 실험적으로 얻은 곡선의 모든 정보가 보존되려면 그 표본의 개수는 띠 폭의 두 배가 되어야 한다. 표본의 수란 단순히 데이터 포인트의 개수가 아니라 단위 자유도당 표본의 개수임에 주의해야 한다. 여기서 말하고자 하는 것은 도표로 그려진 곡선이 유한한 폭(가능한 오차)을 가지고 있다는 점이다. 그렇다고 데이터 포인트들이 너무 밀집되어 있을 필요도 없다. 경우에 따라서 데이터 포인트가 쓸데 없이 너무 많을 수도 있다. 따라서 데이터 곡선의 띠 폭을 먼저 구한 다음에 어느 정도의 표본이 필요한지를 정한다. 자유도가 3인 계라면 표본의 개수는 단위 면적당 계산한다.

따라서 정보의 양에 대한 결정은 다음과 같은 두 가지 단계를 거쳐 이루어진다. 첫째로, 실험 곡선의 띠 폭을 구한 다음 표본 추출의 이론을 적용한다. 둘째로, 구해진 표본의 숫자를 무차원의 양으로 전환함으로써 이를 방정식 A2에 의거하여 확률의 변화와 연관 짓는다. 정보를 확률의 변화로 표시해 보면 고전 물리학적 측정과 양자론적 측정 사이의 관계가 드러난다. 양자론적 측정은 파동 함수로 표현되는데 그것의 제곱은 바로 확률과 직접 관련되기 때문이다.

양자론적 측정

고전 물리학이 물리학적 과정에 초점을 맞춘다면 양자론은 계의 물리적 상태에 초점을 맞춘다. 고전 물리학의 한계는 우리가 측정하고자 하는 물리적인 과정이 측정 그 자체에 의해 변질된다는 데에 있다. 반면에 양자론의 한계는 그 물리적인 과정에 대하여는 아무런 설명이 없이 다만 가능한 결과들에 대한 확률값만을 제공해 준다는 것이다. 고전적 관점이나 양자론적 관점 모두 측정이란 D 시스템(측정 대상)과 G시스템(측정 도구)의 중첩이라고 본다. 그러나 한쪽에서는 D와 G 사이의 상호 작용이 2차적 중요성밖에는 없다고 보는 반면에, 다른 한쪽에서는 그 상호 작용으로 인해 불확정성이 유입된다고 본다.

양자론에는 일반적으로 인정되는 측정에 대한 이론이 없다. 다만 다음과 같은 두 가지 사항이 자주 언급된다.

1. 측정의 결과로 D시스템은 명확한 상태에 있게 된다. 과거에 이것은 단지 가능한 상태에 불과했다. 슈뢰딩거의 고양이에서도 사용되었던 지적이다.
 2. 측정에 의해 불확정성이 유입되는 것은 위상에 대한 정보가 상실되기 때문이다. 이 정보의 상실은 또한 계가 비가역성을 띠게 하는 원인이 된다.

 첫번째 명제가 더 많은 논란을 불러일으키고 있는데 아인슈타인, 포돌스키 그리고 로젠의 논문(EPR)도 그 한 예다. 또 런던과 바우어는 두 번째 명제를 다음과 같이 요약하고 있다. "인과율이란 더 이상 적용할 수 없다. 그러나 이는 해석이나 또는 실험상 완전히 동일한 조건을 재연출하는 것이 불가능해서만은 아니다. 문제의 핵심은 측정 대상과 관측자를 분리하기가 매우 어렵다는 것이다."
 홀로그래피는 기록과 위상에 대한 정보의 손실이 관계되는 하나의 고전적인 예라고 볼 수 있다. 어떤 물체의 사진을 찍는다는 것은 물체의 각 점으로부터 발산되는 파동의 세기를 기록하는 것이다. 그러나 이 경우 인접한 파동 사이의 위상 관계는 손실된다. 홀로그래피에서는 반대로 이 위상 관계가 기록된다. 결과적으로 보통 사진보다 더 많은 정보를 필름에 기록할 수 있다. 일반적으로 홀로그래피에 더 섬세한 감광 화소를 가진 필름이 사용되는 것은 이 때문이다.

부록 4
물리학자들은 수학을 너무 심각하게 생각해서는 안 된다

초등 학교 시절에 우리는 수학적인 증명이야말로 궁극적인 진실이요 확신에 이르는 길이라고 생각했다. 정치적인 그리고 도덕적인 문제에 이와 같이 확실한 정답이 존재한다면 얼마나 좋을까. 과연 우리는 한 증명이 확실하며, 한 점 오류도 간과한 부분이 없다는 사실을 의심의 구름을 넘어 확신할 수 있을까. 물론 그럴 수는 없다. 수학과 과학의 역사가 잘못된 증명들로 점철되어 있다는 사실이 그것을 보여 준다.

어떤 이론을 증명하고 방정식을 유도하는 가장 중요한 이유는 그 결론 속에 어떠한 개념과 사실이 숨겨져 있는가를 밝히려는 것이지, 결코 그 증명자의 정직성이나 정확성을 보여 주기 위해서가 아니다. 곧, 증명이란 질문에 대한 한 대답에 불과하다. 따라서 또 다른 증명에 대한 가능성도 항상 열려 있다. 그것들은 단지 어떤 특정한 요소들이 최종적 결론에 중요한가 아닌가를 보여 준다.

수학은 물리적인 양들이 아니라 추상적인 양들을 다룬다. 독자는 선생님이 학생들에게 두 사람이 각각 다섯 개의 사과를 가져왔다면 사과는 몇 개가 있는가라고 물었던 때를 기억할 것이다. 경우에 따라 선생님은 "일곱 개의 오렌지가 있는데 그 중 세 개를 먹으면 몇 개가 남는가?"라고 묻기도 한다. 그러다가 어느 날 선생님은 단도직입적으로 "다섯에 넷을 더하면 얼마인가?" 하고 묻는다. 그러면 학생들은 "무엇이 다섯 개, 네 개가 있는데요?"라고 소리 친다. 그러나 수학이라는 추상의 강은 한 번 건너면 돌이킬 수 없다. 다음에는 숫자를 숫자로 나누어 분수가 되고, 숫자 대신에 문자를 사용하며, 미지수라고 부르는 것들 그리고는 0보다도 더 작은 음수들이 이어진다. 우리는 장의 길에서 벡터라는 수를 만나기도 했다. 수학으로 깊이 들어갈수록 상황은 점점 어려워진다.

크로네커Leopold Kronecker는 신은 자연수를 만들었으나 그 외의 숫자들은 인간의 작품이라고 말했다. 자신이 수의 개념을 확장한 데 대한 불편한 마음을 표현한 것이리라. 그러나 그는 양의 정수야말로 인간이 있는 그 곳에 '자연스러운' 것이라고 믿었다. 혹자는 크로네커의 주장에 대하여 그러면 '그 곳'이란 구체적으로 어떤 곳을 말하는가 하고 이유 있는 논쟁을 시작할 수도 있다. 그 곳이 어디를 말하는지에 대한 의미 있는 답변은, 수학적인 개념과 거기에 상응하는 물리적 개념의 차이를 살펴보는 과정에서 얻을 수 있을지도 모른다. 수학적으로는 어떤 하나와 각각 같은 두 개가 있다면 이 두 개는 서로 같다. 그러나 물리학에서는 두 개의 금속이 각각 같은 전해질과 평형 상태에 있다고 하더라도 이 두 개의 금속을 도선으로 연결하면 도선에는 전류가 흐르게 된다. 곱하기란 목욕탕 바닥의 타일을 그 가로의 개수와 세로의 개수를 세어 타일 전체의 개수를 세는 쉬운 방법에 불과한 것인가 아니면 추상적인 연산인가? 곱셈은 수학적 논리에 의한 연산이라고 정의될 수도 있고 또 반복되는 덧셈으로 이루어지는 물리적 과정이라고 볼 수도 있다.

양적인 문제를 다루는 데 있어서 수학적 접근과 물리적 접근 사이의 차별성을 보여 주는 세 가지 유형의 수가 있다. 무리수, 무한수 그리고 허수가 그것이다. 무리수를 먼저 살펴보자. 전기 회로로 구성된 물리계의 서로 다른 지점에서 두 전위차를 측정했다고 하자. 우리는 언제나 두 전위차 값의 비를 계산할 수 있다. 그러나 수학적으로는 그렇지 않다. 두 양은 그 크기를 서로 비교할 수 없으며 비례값은 없다. 또 다른 간단한 예는 2의 제곱근이다. 2의 제곱근은 어떤 두 정수의 비로도 나타낼 수 없다. 원의 지름과 둘레 사이의 비례값이나, 한 변의 길이가 1인 정삼각형의 수직 이등분선의 길이도 마찬가지다. 어떤 기하학자는 원의 둥근 부분을 잘라서 그것을 작게 자른다면 구할 수 있다고 말하기도 한다.

윤년을 조정하는 문제에 대하여 생각해 보자. 우리가 윤년을 정하는 것은 달력상 같은 날짜, 같은 시간에 지구가 타원 궤도상의 같은 위치에 오도록 하려는 것이다. 아마도 당신은 어째서 교황 그레고리 13세가 1582년 10월 4일의 다음날을 10월 15일로 선포했는지, 또 어째서 1900년이 윤년이 아닌지에 대하여 읽은 기억이 있을 것이다. 그레고리 교황의 개혁이 완벽했던가. 지구상에는 완벽이란 있을 수 없다. 그것은 하늘이나 수학에만 있는 것이다. 이러한 사실을 알고 있기 때문에 오늘날 우리는 때때로 천문학자들의 지시에 따라 간혹 우리의 원자 시계를 조금씩 앞으로 당겨 놓아 시간을 다시 맞춘다. 말하자면 속이는 것이다. 1년을 하루의 길이로 나눌 때 딱 떨어지지 않는다. 따라서 이들은 실제로 비교할 수 없는 양들이다.

무한수는 수학과 물리학의 또 하나의 차이점이다. 짝수의 개수가 많은가 아니면 짝수와 홀수의 개수를 합한 것이 더 많은가? 짝수의 개수는 무한히 많다. 또 정수의 개수도 마찬가지로 무한히 많다. 따라서 이들은 1 대 1로 대응시킬 수 있다. 이 정도면 수학자들은 충분히 납득한다. 그러나 나는 아니다. 수학자들은 유리수의 개수가 무한하다고 한다. 그러나 무리수의 개수는 그렇지 않다. 또 직선상에 있는 점들의 개수는 무한하지 않다고 한다. 각자 이러한 수의 놀이를 즐겨 보기 바란다.

자, 그러면 물리학적 측면을 한번 보자. 렌즈에 의한 상이 무한대의 거리에 맺혔다고 할 때 이 말은 실제로 다음과 같은 것을 의미한다. 상이 실제로 형성되었다는 것이 아니라, 다른 길이들은 거의 무시해도 좋을 정도의 아주 먼 거리에 상이 형성되었다고 생각할 수 있다는 것이다. 또 다른 말로 표현하면 상이 맺히는 거리가 너무 멀어서 두 배가 되더라도 아무런 차이가 없다는 것이다. 그러나 상이 무한대에서 더 밖으로 나가도록 렌즈를 움직이고, 또 거기서 조금 더 렌즈를 움직인다면 이번에는 그 상이 음수의 무한대에서 나타나게 됨을 주목하라. 즉, 음수의 무한대는 양수의 무한대 바로 옆에 있다. 이와 유사한 현상을 각도 90도 직전과 직후의 탄젠트 값에서 볼 수 있는데, 수학과 물리학이 서로 대응되는 한 예다.

수학자들에게 무한대란 끝이 없다는 개념이지 어떤 크기를 의미하지 않는다. 물리학자들에게는 무한대란 제한은 없지만 그렇더라도 셀 수 있는 크기를 가진다. 이는 마치 '네가 원할 때면 언제라도'와 '영원히' 사이의 차이와 같다고 보면 알기 쉽다.

제논의 유명한 역설을 보자. 아킬레스가 거북이를 뒤쫓고 있다. 그러나 그가 거북이 있는 곳에 도착할 때마다 거북이는 또 조금 움직인다. 이는 영원히 계속된다. 따라서 아킬레스는 거북이보다 훨씬 더 빠름에도 불구하고 거북이를 영원히 따라잡을 수 없다. 마찬가지 논리로, 화살은 영원히 목표물을 맞출 수가 없다. 목표물을 향해 반만큼을 가면 또다시 반이 남아 있기 때문이다.

이러한 교묘한 논리로부터 발전된 이론이 있다. 즉, 한정된 숫자의 시행으로부터 무한한 시행의 결과를 추정하려면 추가적인 조건이 필요하다는 것이다. 다시 말하면 매우 큰 횟수만큼 시행한 결과로 미루어, 무한번 시행한 결과 역시 그것과 같다고 결론을 내리는 것은 옳지 않다는 것이다. 실수는 아무리 작은 숫자로도 나눌 수 있다. 그러나 실수를 0으로 나눌 수는 없다. 2가 하나, 4가 둘, 6이 셋. 이렇게 짝수의 개수를 세어 보자. 이런 식으로 짝수를 세어 가는 것은 정수인데 세면 셀수록 정수와 짝수의 사이는 벌어진다. 극한적으로 생각하면 우리는 세지 않고 있는 것이 된다. 제논의 역설로 돌아가 보면 아킬레스와 거북이 그리고 화살과 목표물 사이의 거리는 반복되는 시행에서 그 거리가 계속 짧아진다. 극한적으로 그들은 정지하게 되는데 이는 움직이고 있다는 조건에 위배되는 것이고 제논의 결론도 마찬가지다. 무한대를 포함시키기를 원한다면 추가적인 가정 또는 정보가 필요하다.

허수

우리는 근사적으로라도 빼기 4의 제곱근을 나타낼 방법이 전혀 없다. 그런데도 이 허수라는 것이 물리학이나 공학에서 아주 유용하게 쓰이고 있다는 사실은 참 놀라운 일이다. 음수의 제곱근이라는 것이 불가능해 보이고, 부호를 붙이는 규칙에서 벗어나 있는 듯 보이지만 사실 허수는 아주 정정 당당한 숫자 가족의 일원이다. 아니 그것이 꼭 있어야만 숫자 가족은 완전해진다. 사실 실수 함수에 대한 이론을 증명하는 것은 더 어려울 뿐만 아니라 복소수(실수와 허수를 모두 포함) 함수만큼이나 일반적이지도 못하다. 방정식이 복소수로 된 항을 포함하고 있다면, 실수 부분과 허수 부분으로 완전히 분리한 다음 이 각각의 방정식을 풀면 된다. 복소수는 벡터를 표기하는 방법과 비슷하게 색깔이 진한 문자를 사용한다.

전기 회로에서 전위차는 보통의 경우 실수다. 그러나 복소수를 사용함으로써 그 위상을 나타내기도 한다. 유리의 굴절률도 일반적으로 실수다. 그러나 복소수의 굴절률을 사용하면 이 유리 재질이 얼마만큼 빛 에너지를 흡수하는지를 나타낼 수 있다. 양자 역학만큼 복소수 벡터를 많이 사용하는 분야도 드물 것이다. 슈뢰딩거 방정식은 아예 그 속에 단위 허수인 -1의 제곱근을 포함하고 있을 정도다. 상대성 이론에서 4차원의 벡터도 허수를 이용하면 아주 깔끔하게 표현할 수 있다.

실수와 허수 사이에는 외견상 보기보다 훨씬 긴밀한 관계가 있다. 무슨 뜻인지 쉽게 알기 위해서, 서로 교차하는 두 개의 곡선과 각각 이 곡선을 나타내는 방정식을 살펴보자. 그림표에서 두 곡선이 교차하는 점의 좌표는 곧 곡선들을 나타내는 두 방정식을 모두 만족시킨다. 예를 들어 $y=1$의 수평선과 $y=x$의 대각선을 생각해 보자. 두 식을 연립 방정식으로 풀면 (1, 1)의 좌표를 얻을 수 있는데 이는 바로 두 직선이 교차하는 점이다. $y=1$과 $y=2$ 두 방정식을 연립으로 푼다면 해는 없다. 두 직선은 서로 평행이어서 교차하는 점이 없기 때문이다.

이번에는 그림 19에서 보여 주는 것같이 좀더 복잡한 방정식의 교차점을 다루어 보기로 하자.

$$x^2 + y^2 = 4$$
$$x^2 + y^2 = 5$$

이 방정식들은 두 개의 동심원이 되며 서로 평행하기 때문에 교차점이 없다. 따라서 두 방정식을 모두 만족시키는 해도 없다. 그러면 이번에는 작은 원인

$$x^2 + y^2 = 4$$

과 y=3이라는 수평선을 생각해 보자. 이 수평선은 너무 높이 있어서 원과는 교차점이 없다. 정말 그런가? 이 두 개의 방정식을 연립으로 풀면 두 쌍의 해를 얻을 수 있다. 그들은 $(i\sqrt{5}, 3)$ 그리고 $(-i\sqrt{5}, 3)$이다. 그러면 이 점들이 의미하는 두 곡선의 교차점은 어디란 말인가? y=3 대신에 y=2를 사용하면 교차점은 두 곡선의 접점이 된다. 도대체 허수의 평면이란 어디에 있다는 말인가?

여러 가지 다른 함수들을 사용해 이러한 분석 방법을 계속 확대시켜 나가면 허수의 평면이 어디에 존재하는지를 추적해 갈 수 있다. 그러나 여기서 지적하고자 하는 것은 단순히 실수와 허수 사이에 숨겨진 관계가 있다는 점이다. 이러한 미묘한 성질은 전위차와

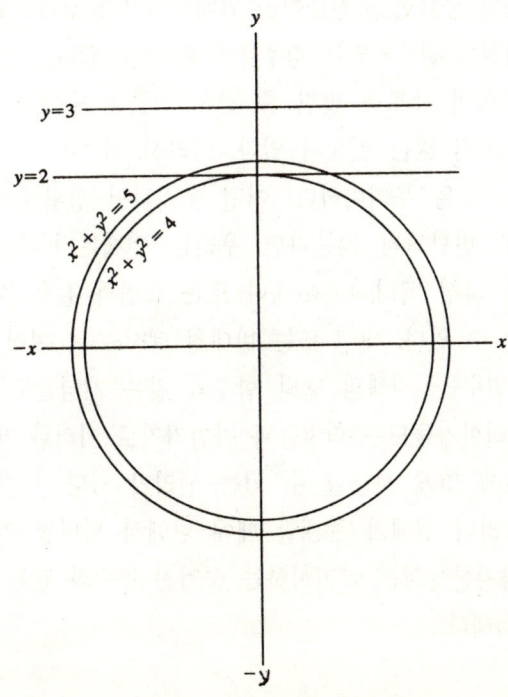

그림 19 두 곡선의 교차점

그 위상, 굴절과 에너지 흡수와 같은 물리적 변수들 사이에서도 발견된다. 하이젠베르크의 불확정성의 원리도 이와 같이 움직이는 물체의 운동량과 그 물체의 위치 사이의 숨겨진 관계를 보여 준다. 또한 벨의 이론은 서로 떨어져 있는 한 쌍의 물체 사이의 숨겨진 관계를 다루고 있다.

이제까지 알아보았듯이 수학이라는 학문을 물리학에 응용하는 데에는 다소 모호한 부분들이 있다. 물리학자의 입장에서 보면 제한과 함께 위험을 감수해야만 한다. 수학적으로 얻어진 해가 반드시 물리적인 의미를 갖는 것은 아니다. 역으로 말하면 물리적 상태는 존재하지만 그에 대한 수학적 방정식은 해가 없을 수도 있다. 또 수학적 이론의 중요한 조건들에는 위배되지만 물리적으로는 유용한 결과들을 이끌어 낼 수 있는 경우들이 있을 수 있다.

현대 물리학의 새로운 발견 중 간혹 기존의 수학적 개념들로는 도저히 표현되지 않는 것들이 있다. 따라서 기존의 수학적 개념에만 매달리는 것은 무의미하다. 어떤 물리적인 상황에서 벡터들이 원하는 대로 변환되지 않는다면 우리는 언제든지 축성 벡터axial vector 대신에 극성 벡터polar vector나 또는 스핀과 같은 것들을 정의하여 사용할 수 있다. 대칭 또는 반대칭 텐서tensor, 여러 가지 다양한 복소수 변수들, 디랙의 델타 함수와 같은 개념들도 만들어 낼 수 있다. 물리학자들도 수학자들과 마찬가지로 이러한 개념들을 자신들의 필요에 맞게 사용할 수 있는 권리가 있다. 다만 그것들은 상응하는 물리적 실체가 존재할 때에 한해서 의미를 지니는 것은 당연하다. 양자론에서는 금기시하는 숨겨진 변수와 같은 것들이 바로 적절한 실례다.

부록 5
벡터의 불변성

　벡터는 두 가지 인자를 가진 수학적 양이다. 장에 대해 이야기할 때 벡터를 언급한 바 있다. 장의 각 지점에서 그 특성이 자기력의 크기와 방향(북극을 향하는 방향을 기준으로)과 같이 두 가지 양에 의해 결정되는 경우라면, 벡터는 가장 적합한 수학적 도구다. 그러나 벡터는 그 외의 성질도 가지고 있으며 특히 상대성 이론을 다룰 때 유용하다. 이 두 번째 특성이란 벡터의 불변성이다.

　쉽게 표현하자면, 불변성이란 좌표축을 바꾸어 주더라도 그대로 남아 있다는 것을 의미한다. 우리가 벡터의 양쪽 끝을 나타내는 좌표를 가지고 있다면 그림 20과 같이 그 두 점 사이의 거리가 곧 벡터의 길이가 된다. 벡터의 유용한 점은 다른 좌표축을 사용할 때 벡터의 양 끝점을 나타내는 좌표는 변할지라도 그 벡터의 길이는 변하지 않는다는 것이다.

　그림 20에서 벡터 길이의 제곱은 13이다. 벡터의 한 끝점의 좌표는 (1, 1)이고 다른 끝점은 (4, 3)이다. 좌표축을 x축을 따라 왼쪽으로 3만큼, y축을 따라 아래쪽으로 2만큼 이동시키면 각 끝점의 좌

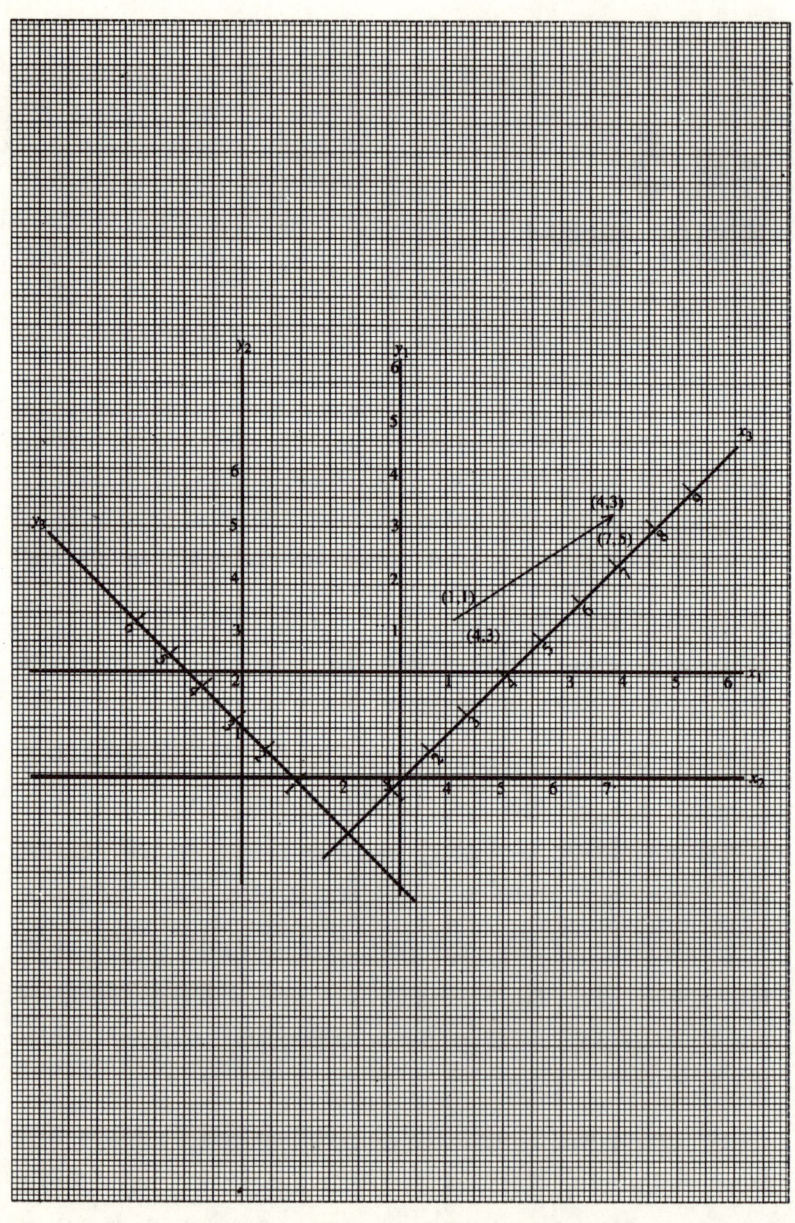

그림 20 좌표의 변환

표는 (4, 3)과 (7, 5)가 된다. 또다시 좌표축을 이동하는데 이번에는 45도 회전시킨다면 각 끝점의 좌표는 (4.2, 1.41)과 (7.74, 0.71)이 된다.

각 좌표계에서의 좌표와 피타고라스의 정리를 이용하여 세 벡터의 길이를 각각 계산하면 아래와 같은 결과를 얻게 된다. 자세한 내용은 해석 기하학 교재를 참조하기 바란다.

$$d^2 = (4-1)^2 + (3-1)^2 = 3^2 + 2^2 = 13$$
$$d^2 = (7-4)^2 + (5-3)^2 = 13$$
$$d^2 = (7.74 - 4.20)^2 + (0.71 - 1.41)^2 = 3.54^2 + 0.7^2 = 13$$

물리학에서 이 불변성은 매우 중요하다. 물리적 과정이란 그것이 일어나는 장소에는 무관하기 때문이다. 독자의 실험실에서 실험한 결과가 저자의 실험실에서 실험한 결과와 같을 것이다. 좌표축을 어디에 정하건 또 어느 방향으로 향하도록 정하건 간에 그것은 문제가 되지 않는다. 그림 20에 제시된 예는 이차원에서의 이야기이지만 벡터의 불변성은 삼차원, 사차원 그리고 그 이상의 차원에서도 역시 성립한다. 이제 두 가지 인자를 가진 양에 대한 개념을 세 가지 인자, 네 가지 인자 그 이상으로 확장시켜 보자. 이렇게 여러 개의 인자를 갖는 양을 텐서라고 부른다. 벡터는 랭크 1의 텐서다. 보통의 스칼라 숫자는 랭크 0의 텐서다. 일반 상대성 이론에서는 복잡한 랭크 2, 랭크 3의 텐서들이 사용된다.

부록 6
최소의 원리로부터 스넬의 법칙 유도(페르마의 원리)

그림 21은 빛이 한 점에서 출발하여 빛의 속도가 느려지는 다른 매질 속으로 굴절해 들어가 최종적으로 또 다른 한 점에 도달하기까지의 과정을 보여 준다. 빛이 이러한 전 과정을 가장 짧은 시간 안에 마칠 수 있도록 하는 조건을 찾아보자. 총여행 시간은 각 매질에서 소요한 시간의 합이다. 각 매질에서 소요된 시간은 거리(그림에서 삼각형의 빗변의 길이)를 그 매질에서의 빛의 속도로 나누어 구할 수 있다. 피타고라스 정리를 이용하면 그 소요 시간은 다음과 같다.

$$\text{궤도 시간} = \frac{\text{빠른 매질에서의 거리}}{v_1} + \frac{\text{느린 매질에서의 거리}}{v_2}$$

$$T = \frac{\sqrt{a^2+x^2}}{v_1} + \frac{\sqrt{(L-x)^2+b^2}}{v_2}$$

최소의 원리(이 경우는 페르마의 원리와 같음)란

$$\delta \int_{t_0}^{t_1} T \, dx = 0$$

으로 쓸 수 있는데, 여기서 t_0는 빛이 출발한 시간이고, t_1은 빛이 도착한 시간이다. 이 적분은 다음과 같이 표현된다.

$$\int \left[\frac{1}{v_1}(a^2+x^2)^{\frac{1}{2}} + \frac{1}{v_2}((L-x)^2+b^2)^{\frac{1}{2}} \right] dx$$

피적분 함수가 어떤 도함수도 갖지 않으므로 $dT/dx=0$의 조건으로부터 안정된 값을 간단히 구할 수 있다.

$$\frac{dT}{dx} = \frac{1}{2v_1}(a^2+x^2)^{-\frac{1}{2}} \times 2x$$
$$+ \frac{1}{2v_2}[(L-x)^2+b^2]^{-\frac{1}{2}} \times -2(L-x) = 0$$

따라서

$$\frac{2x}{2v_1\sqrt{a^2+x^2}} = \frac{2(L-x)}{2v_2\sqrt{(L-x)^2+b^2}}$$

가 된다. 그림 21에서 삼각형을 사용하여 코사인 형태로 바꾸면 다음과 같다.

$$\cos\frac{\theta_1}{v_1} = \cos\frac{\theta_2}{v_2}$$

각 θ_1과 θ_2는 빛과 매질의 경계면이 이루는 각도다. 그림 21에

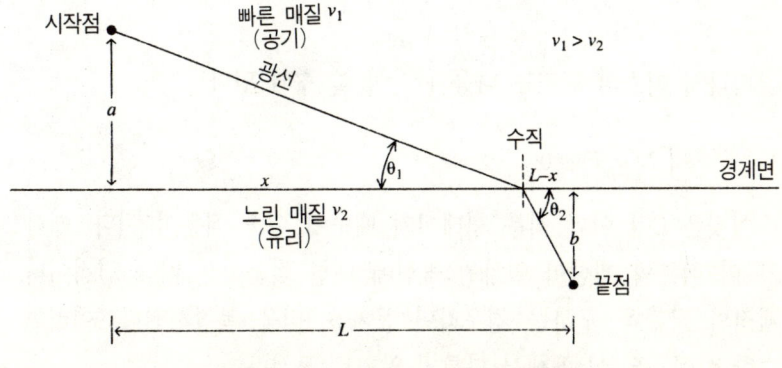

그림 21 유리 표면에서 빛의 굴절에 대한 도표

는 표시하지 않았지만 광학에서는 빛과 경계면의 법선 사이의 각도를 사용하는 것이 통례다. 이 각은 입사각 i와 굴절각 r로 알려져 있다. 곧 다음과 같은 스넬의 법칙을 얻을 수 있다.

$$\frac{\sin i}{\sin r} = \frac{v_1}{v_2}$$

이 문제는 매질의 개수가 두 개 이상인 경우에도 사용할 수 있다. 또 통과하는 매질의 폭을 짧게 하여 0으로 접근시킴으로써, 연속적으로 변하는 굴절률을 갖는 매질 속에서의 굴절도 묘사할 수 있다. 이러한 경우 빛의 궤도는 곡선을 그린다. 파인만은 그의 《물리학 강의 노트》에서 반사의 법칙도 페르마의 원리로부터 유사한 전개를 기하학적으로 증명할 수 있다는 사실을 보여 주었다.

이차원 공간에서 a에서 b까지의 곡선의 길이는, 함수가 미분 가능하고 연속이라면 아래와 같이 주어진다.

$$L(a, b) = \int_a^b \sqrt{1 + \left(\frac{dy}{dx}\right)^2} \, dx$$

n차원 공간에서 이 궤도는 다음과 같다.

$$L(a, b) = \int_a^b \sqrt{\left(\frac{dy_1}{dx}\right)^2 + \left(\frac{dy_2}{dx}\right)^2 + \cdots + \left(\frac{dy_n}{dx}\right)^2} \, dx$$

$$= \int_a^b \sqrt{\sum_i^n \left(\frac{dy_i}{dx}\right)^2} \, dx$$

따라서 최소의 원리는 다음과 같이 쓸 수가 있다.

$$\delta \int L(a, b) = 0$$

이것은 L이 이미 적분 형태이기 때문에 이중 적분이 된다. 게다가 이 적분의 계산이 일차원 곡선에 대한 적분이 아니라 면적이나 체적의 극값을 구하는 경우라면 문제는 더욱 복잡해진다. 이러한 수학적 내용은 이 책에서 다루지 않기로 하겠다.

찾아보기

(ㄱ)

간섭 현상 71~77
간섭계
    ~와 영의 이중 슬릿 실험 65
    ~와 파동 실험 74~76
갈릴레이(Galileo Galilei) 28~31
갈바니(Luigi Galvani) 89~90
거리 측정 144
결 맞는 길이 221~223
결정론
    ~과 인간의 행동 261~262
    ~과 인과율 240~241
    ~의 정의 225
공간적 거리와 시간 간격 147~149
공간적 차원과 상대론 145~146
과학 연구
    ~의 단계 53~55
    ~의 최근 초점 265
    응용과 결과 265~268
과학의 수치화 단계 54

관성
    뉴턴의 법칙 32~35
    불가능성 272~274
    아인슈타인의 이론 189~195
광속 133~135
광전 효과 162~164
    ~와 파동의 입자성 229~230
괴델(Kurt Gödel) 263~264
교란 전반사 84
그리스 시대와 과학적 사고 21
기체 분자 속도 113~114
〈기하학의 기본에 대한 가설〉 99

(ㄴ)

논리 24
뉴턴(Isaac Newton)
    ~ 링 73, 75
    ~과 상대론 34, 128~130, 141, 273
    ~과 중력 40~43
    ~과 천문학 250~251

~과 파동 60~62
~과 회절 62
~의 물통 184
~의 법칙 31~38
   가속도의 ~ 33, 35~36
   관성의 ~ 32~35
   반작용의 ~ 33, 36~38
우주인 43~48

(ㄷ)

다윈(Charles Darwin) 55
닮음성 126
데모크리토스(Democritos) 21
데이비슨과 저머의 실험 169
도플러 이동 136~141, 143
드 브로이(Louis De Broglie) 168~171
   ~ 공식 227
   ~파 226~228, 230
드레이크 방정식 260
등가 원리 273
등분배의 원리
   ~와 인과율 239~240
   ~와 확률 108, 111~113
디랙(Paul Dirac) 215
띠 폭 279~281

(ㄹ)

라그랑지안(Lagrangian) 239
라이먼 계열 166
라이프니츠(Gottfried Leibniz) 183
라플라스(Pierre Laplace) 48~53
   ~의 악마 48~53, 263
램소어 효과 171~172, 175
   ~와 전자기파 228
러더포드(Ernest Rutherford) 197
런던(Fritz London) 241
레일리-진스의 법칙 159
로렌츠(Hendrik Lorentz) 94
   ~의 변환 145
   ~의 수축 133, 148

뢰머(Olaus Römer) 131
리드베리 상수 165
리츠의 공식 165
린네(Carolus Linnaeus) 54

(ㅁ)

마이컬슨 간섭계 74~77
마이컬슨-몰리의 실험 133
맥스웰(James Maxwell)
   ~과 광파 61~62
   ~과 상대론 131~134, 185~186
   ~과 양자 전자기학 244
   ~과 열역학 114~121
   ~과 장이론 93~94, 99
   ~과 콤프턴 효과 168
   ~의 악마 118~120
모리슨(Philip Morrison) 271
모트(N. F. Mott) 224
무리수 285~286
무작위성과 확률 115, 123
무한수 287
미세 구조 상수 242~243

(ㅂ)

바우어(Edmond Bauer) 241
바이스코프(Victor Weisskopf) 221
발머 계열 165
방사능 198, 224
백색광 61
벡터
   ~의 불변성 291~293
   ~ 장 97~101
벨(John Bell) 210, 225
벨의 이론
   ~과 EPR 실험 208~212
   ~과 상대론 148
   ~과 이중 슬릿 실험 235
   ~과 허수 289~290
변조 함수 280
변환 145

별의 광행차 141~146
보어(Niels Bohr)
　　~와 리츠의 공식 167
　　~와 초기 양자론 170
　　상보성 원리 164, 175
볼츠만 상수 158
볼타(Alessandro Volta) 90~91
　　~ 전지 91
봄(David Bohm) 215, 216, 225
분류의 단계 54
분해능 102
불가능성 272~274
불변성 291~293
브라헤(Tycho Brahe) 248
비결정론 240, 262
빅뱅 이론 26, 253~258
빈의 법칙 159, 160
빛의 반사 83~84
빛의 입자설 63
빛의 편광 80~82

(ㅅ)

상대론
　　~의 주요 원리 146~149
　　뉴턴의 법칙과 ~ 128~129, 183~189
　　도플러 효과와 ~ 136~141
　　맥스웰 방정식과 ~ 132~133
　　별의 광행차와 ~ 141~146
　　불가능성 273
　　붕괴된 별과 ~ 194
　　쌍둥이 역설과 ~ 150~153
　　아인슈타인의 원리 188~195
　　원심력과 ~ 186
　　중력 장의 휨 183~195
　　중력 적색 편이와 ~ 193
　　코리올리 힘과 ~ 187
　　행성의 궤도와 ~ 192
상보성 원리 164, 175
색깔 장 97
생명, 외계의 260
소음 273

속도, 시공간의 149
수셈성 126
수학, 문제의 해결 283~290
　　무리수와 ~ 285
　　무한수와 ~ 285~287
　　허수와 ~ 287~290
쉬프(Leonard Schiff) 215
슈뢰딩거(Erwin Schrödinger) 170
　　~의 고양이 177~182, 219
　　~의 방정식 147~149
슈테판과 볼츠만의 법칙 160
스넬의 법칙
　　~과 전반사 83
　　~과 최단 거리의 원리 294~296
　　~과 페르마의 원리 100~101
스칼라 장 98
스테판슨(Vilhjalmur Stefansson) 265
스핀 205
시간
　　~ 역전 208
　　~ 측정 144~146
　　~의 늘어남 146
시차 운동 27
쌍둥이 역설 150~153
쌍소멸 203

(ㅇ)

아르키메데스(Archimedes) 21
아리스타르코스(Aristarchos) 21
아리스토텔레스(Aristoteles)
　　논리학 24
　　힘의 개념 22~24
아인슈타인(Albert Einstein)
　　EPR 실험 208~212, 282
　　~과 광전 효과 162~164
　　~과 뉴턴의 상대론 134
　　~과 도플러 이동 136, 141
　　~과 별의 광행차 142~146
　　~과 상대성 이론 188~195
　　상대론의 첫 논문 148
　　원자폭탄과 후회 265

알갱이성 102~104
앙페르(André Ampère) 92
　~의 법칙 93
양자 역학적 불확정성의 원리 176
양자 전기 역학 244
양자 측정 281~282
양자론 154~182
　~의 불확정성 원리 176
　~의 상보성 원리 175
　~의 주요 원리 174~177
　고전 물리학과의 관계 214~217
　광전 효과와 ~ 162~164
　등분배와 ~ 239
　램소어 효과 171~172, 175
　슈뢰딩거 고양이와 ~ 177~182
　원자의 선 스펙트럼 165~167
　이중 슬릿 실험과 ~ 231~235
　임시적 과정과 ~ 218~226
　입자 광선의 회절 168~171
　입자의 파동성 226~228
　최단 거리의 원리와 ~ 235~239
　콤프턴 효과와 ~ 168
　터널 효과와 ~ 173, 175
　파동의 입자성 229~230
　플랑크 상수와 ~ 241~244
　확률과 ~ 175~176
　흑체 복사와 ~ 156~162
에너지
　~의 변환 147, 166 표
　~의 정의 271
　~의 형태 269
　불가능성 272~274
　핵 196~205
에라토스테네스(Eratosthenes) 21
에어리(George Airy) 143
엔트로피 117~121
역행 26~28
열역학 제2법칙 114~119
영(Thomas Young) 63
　~의 이중 슬릿 실험 63~65, 231~235
예측과 확률의 이론 105~111
오컴(William of Occam) 25

　~의 면도날 25~27
오펜하이머(Robert Oppenheimer) 268
옴의 법칙 218
외르스테드(Hans Örsted) 91
우주의 4차원 개념 148
우주인과 뉴턴의 법칙 43~48
　무중력 45
　원심력 47~48
　위성의 궤도 47 그림
　중력 43~45
운동 32~33, 36, 183~189
원심력 187
원자의 선 스펙트럼 165~167
월드(George Wald) 271
월리스(Alfred Wallace) 55
유착의 단계 54~55
의인적 단계 53~54
이론 물리학 56
2진 논리 24
EPR 실험 208~212, 282
인과적 과정
　~과 등분배 239~241
　~과 인간의 행동 262
　~과 최단 거리의 원리 235~241
　~의 의미 225
임시적 현상 218~226
입자
　성질 200
　원자보다 작은 ~ 199~201
　파동성 226~229
　현상 169~171

(ㅈ)

자기력 148
자기장 90~94
《자연 철학의 수학적 원리》 32
장 88~104
　미세 구조 102~104
　벡터 ~ 98~101
　분해능 102
　색 97

수학적 공식 93~94
　　자기~ 89~93
　　전구의 예 96
　　전기~ 89~93
　　중력장의 힘 183~195
　　~의 기울기 100
전기
　　발전기 92
　　~장 90~94
　　전류 89~92
　　전자기파 스펙트럼 67
　　전자기파 신호 95
　　최초의 전기 모터 92
전류 89~92
전하 켤레 206~208
점성학, 초기의 천문학 형태 21
제논의 역설 121, 286~287
종교와 과학 19~21
좌표의 변환 292 그림
주사위 놀이 105~110
중력
　　~과 관성 189~194
　　~과 장의 왜곡 183~195
　　뉴턴의 만유 인력 38~43
　　빛의 ~ 193~194
중성자 197
진화 55, 258~259

　　　　(ㅊ)

창조
　　인간의 ~ 252~258
　　핵~ 201~204
채드윅(James Chadwick) 197
천문학
　　초기의 ~ 20~21
　　현대 물리학과 ~ 246~252
최소 거리 원리
　　~와 물리적 관계 39~40
　　~와 장 100
　　~와 페르마의 원리 101
　　~와 인과적 과정 235~241

상대론 194
스넬의 법칙 294~296
측정 과정 275~282
　　양자론적 측정 281~282
　　일반화된 띠 폭 279~281
　　정보의 양 277~279
　　준비 단계 275
　　측정 단계 275~277
　　측정의 종류 277
　　해석 단계 276

　　　　(ㅋ)

케플러(Johannes Kepler) 28, 248~249
　　~의 법칙 248~252
코리올리의 힘 187~188
코페르니쿠스(Copernicus) 27~28
콜럼버스(Columbus) 21
콤프턴(Arthur Compton) 168
　　~효과 229~230
쿼크 197

　　　　(ㅌ)

터널 효과 83, 173, 175
톰슨(Joseph Thomson) 196
통계 물리학 111~114
통계적 방법과 확률 123~125
통일장 이론 195

　　　　(ㅍ)

파동 60~87
　　~과 간섭 현상 71~77
　　~과 반사 83~84
　　~과 불가능성 273
　　~과 중력 192~194
　　~과 편광 80~82
　　~과 푸리에 성분 84~87
　　~과 홀로그래피 77~80
　　~과 회절 62~71
　　~의 물리 61

~의 입자성 229~230
스펙트럼 69
입자와 ~ 이중성 175
파울리(Wolfgang Pauli) 58
~의 배타 원리 166, 274
파인만(Richard Feynman) 215
패러데이(Michael Faraday) 92~93
패리티 205~208
페르마의 원리
～와 스넬의 법칙 294~296
～와 최단 거리 101
페시바흐(Herman Feshbach) 221
폰 노이만(John Von Neumann) 181, 225
폴링(Linus Pauling) 271
푸리에(Jean Fourier) 84~87
푸리에 성분 84~87
～과 띠 폭 280
푸아송(Siméon Poisson) 65
～의 밝은 점 65, 66 그림
프랭클린(Benjamin Franklin) 90
프레넬(Augustin Fresnel) 61, 66~67
프톨레마이오스(Ptolemaios) 21, 26, 28
～의 천체계 26
플랑크(Max Planck) 154, 160
플랑크 법칙 160~161
플랑크 상수
～와 레일리-진스의 법칙 161
～와 불확정성의 원리 176
～와 상보성 원리 175
～와 양자적 계산 241~244
～와 입자의 회절 169, 228
정의 154
플루토늄 204~205
PCT 205~208
피조(Armand Fizeau) 133

해밀턴의 원리 238
핵 에너지
～표 203
변환 201~205
입자 199~201, 203
힘 198~201
핵물리학 196~198
핵분열 202
핵융합 204
핼리(Edmund Halley) 250
행성 궤도 192
허블(Edwin Hubble) 253
～ 상수 254
허수 287~290
호기심 56
호이겐스(Christiaan Huygens) 60
호이겐스-프레넬 이론 229
혼돈 계 125
홀로그래피 77~80
확률 105~127
가설과 ～ 121~127
맥스웰의 악마와 ～ 118~120
무시된 임시성과 ～ 220
양자론과 ～ 175~176
열역학 제2법칙 114~119
예측과 ～ 105~111
통계 역학 111~114
확산 112
회절 62~71
횡파 80
휘태커-섀년의 표본 이론 280
흑체 복사 156~162
힘의 개념 23~24
힘의 작용 선 91

(ㅎ)

하이젠베르크(Werner Heisenberg) 170, 176
하이젠베르크의 불확정성 원리 273
～와 양자론 176
～와 허수 289~290

| 현대 물리학의 위대한 발견들 | 지은이 : 에드워드 스파이어
옮긴이 : 조영석
펴낸이 : 이은범
펴낸곳 : (주)범양사 출판부
주　소 : 서울시 용산구 동빙고동 7-14
전　화 : 799-3851~5
FAX : 798-5548
등　록 : 1978. 11. 10. 제2-25호 |

1997년 7월 25일 제1판 제1쇄
1998년 8월 5일 제1판 제2쇄

값 9,000원

ⓒ (주)범양사 출판부, 1997